国之重器出版工程
网络强国建设

5G 丛书

国家出版基金项目
NATIONAL PUBLICATION FOUNDATION

★ ★ ★
★ "十三五" ★
国家重点出版物出版规划项目

U0353531

第五代移动通信
创新技术指南

Guide for the Innovative Technologies of
the Fifth Generation Mobile Communications

粟欣　许希斌　吕铁军　邵士海　等 编　著

人民邮电出版社
北　京

图书在版编目（CIP）数据

第五代移动通信创新技术指南 / 粟欣等编著. -- 北
京：人民邮电出版社，2020.12（2022.8重印）
（国之重器出版工程·5G丛书）
ISBN 978-7-115-55020-0

Ⅰ. ①第… Ⅱ. ①粟… Ⅲ. ①无线电通信－移动通信
－通信技术－指南 Ⅳ. ①TN929.5-62

中国版本图书馆CIP数据核字(2020)第191729号

内 容 提 要

第五代移动通信（5G）为第四次工业革命提供信息基础网络设施，具有前沿性、引领性
和创新性。5G开启了从人与人之间互联到万物之间互联的新纪元，通过一系列重大技术突破
和基础装备能力打造，可以应对足够多样的业务场景和趋于极致的性能指标带来的挑战。本
书聚焦具有创新特征的一系列 5G 技术，全面探讨了新型天线、新型双工、新型多载波、新
型调制编码、新型多址接入、新型密集组网、新型网络架构和新型无线安全等内容，以此勾
画条理清晰的 5G 创新技术脉络，力图为正在从事或希望了解 5G 创新技术的读者提供有价值
的参考内容。

本书适合无线通信领域的研究开发人员、相关专业高年级学生和企业技术管理人员阅读。

◆ 编　著　粟　欣　许希斌　吕铁军　邵士海　等
　　责任编辑　吴娜达
　　责任印制　杨林杰

◆ 人民邮电出版社出版发行　　北京市丰台区成寿寺路 11 号
　　邮编　100164　　电子邮件　315@ptpress.com.cn
　　网址　https://www.ptpress.com.cn
　　北京捷迅佳彩印刷有限公司印刷

◆ 开本：720×1000　1/16
　　印张：24.5　　　　　　　　　　2020 年 12 月第 1 版
　　字数：453 千字　　　　　　　　2022 年 8 月北京第 2 次印刷

定价：199.00 元

读者服务热线：**(010)81055493**　印装质量热线：**(010)81055316**
反盗版热线：**(010)81055315**

专家委员会委员（按姓氏笔画排列）：

于　全　中国工程院院士

王　越　中国科学院院士、中国工程院院士

王小谟　中国工程院院士

王少萍　"长江学者奖励计划"特聘教授

王建民　清华大学软件学院院长

王哲荣　中国工程院院士

尤肖虎　"长江学者奖励计划"特聘教授

邓玉林　国际宇航科学院院士

邓宗全　中国工程院院士

甘晓华　中国工程院院士

叶培建　人民科学家、中国科学院院士

朱英富　中国工程院院士

朵英贤　中国工程院院士

邬贺铨　中国工程院院士

刘大响　中国工程院院士

刘辛军　"长江学者奖励计划"特聘教授

刘怡昕　中国工程院院士

刘韵洁　中国工程院院士

孙逢春　中国工程院院士

苏东林　中国工程院院士

苏彦庆　"长江学者奖励计划"特聘教授

苏哲子　中国工程院院士

李寿平　国际宇航科学院院士

李伯虎	中国工程院院士
李应红	中国科学院院士
李春明	中国兵器工业集团首席专家
李莹辉	国际宇航科学院院士
李得天	国际宇航科学院院士
李新亚	国家制造强国建设战略咨询委员会委员、中国机械工业联合会副会长
杨绍卿	中国工程院院士
杨德森	中国工程院院士
吴伟仁	中国工程院院士
宋爱国	国家杰出青年科学基金获得者
张　彦	电气电子工程师学会会士、英国工程技术学会会士
张宏科	北京交通大学下一代互联网互联设备国家工程实验室主任
陆　军	中国工程院院士
陆建勋	中国工程院院士
陆燕荪	国家制造强国建设战略咨询委员会委员、原机械工业部副部长
陈　谋	国家杰出青年科学基金获得者
陈一坚	中国工程院院士
陈懋章	中国工程院院士
金东寒	中国工程院院士
周立伟	中国工程院院士

郑纬民　　中国工程院院士

郑建华　　中国科学院院士

屈贤明　　国家制造强国建设战略咨询委员会委员、工业
　　　　　和信息化部智能制造专家咨询委员会副主任

项昌乐　　中国工程院院士

赵沁平　　中国工程院院士

郝　跃　　中国科学院院士

柳百成　　中国工程院院士

段海滨　　"长江学者奖励计划"特聘教授

侯增广　　国家杰出青年科学基金获得者

闻雪友　　中国工程院院士

姜会林　　中国工程院院士

徐德民　　中国工程院院士

唐长红　　中国工程院院士

黄　维　　中国科学院院士

黄卫东　　"长江学者奖励计划"特聘教授

黄先祥　　中国工程院院士

康　锐　　"长江学者奖励计划"特聘教授

董景辰　　工业和信息化部智能制造专家咨询委员会委员

焦宗夏　　"长江学者奖励计划"特聘教授

谭春林　　航天系统开发总师

前　言

　　第五代移动通信（the Fifth Generation Mobile Communications，5G）是全球正在进入大规模商用的新一代无线移动通信。作为第四次工业革命的信息基础网络设施，5G 以其前沿性、引领性和创新性独占鳌头。5G 注重以业务应用为中心，融合移动互联网、物联网和云计算等，面向各行各业构造信息基础网络，创建基于通信-计算-数据-智能融合技术（ICDT）的全新信息生态系统。

　　5G 面向移动互联网和物联网等场景，开启了从人与人之间互联到万物之间互联的新纪元。通过新频谱、新技术、新体系、新协议和新器件等重大技术突破和基础装备能力打造，为社会生产生活提供全频谱、全覆盖、全应用的移动信息连接和智能信息服务，最终实现人们为 5G 描绘的"信息随心至、万物触手及"的万物互联愿景。

　　5G 具备有别于以往任何一代移动通信网络的全新能力，在极大丰富个人应用的同时，广泛拓展以业务应用为中心的行业信息生态系统，驱动产业稳步升级和不断增值，促进移动互联网、车联网、工业互联网、健康医疗和消费娱乐等领域快速发展。由此，5G 需要应对足够多样的业务场景和趋于极致的性能指标所带来的挑战。用户体验速率、连接数密度、流量密度、时延和能效等，都成为 5G 不同应用场景的挑战指标。

　　面对全球达成共识的与更高频谱效率、更大连接数密度、更低端到端时延和更低单位面积能量消耗等有关的、全面支撑 5G 愿景实现的技术能力指标要求，国内外众多企业、高校和科研单位持续投入了大量人力、物力和时间，深入开展与 5G 相关的支撑技术的攻关研究和试验验证，完成了一系列 5G 技术创新工作，形成了可以满足 5G 性能指标要求的创新技术成果。

本书聚焦具有创新特征的 5G 技术。从国内外大量 5G 研究输出的原理性、理论性和实践性成果中，识别具有 5G 核心作用、关键能力和典型意义的主流技术领域，精选出能够满足 5G 技术能力指标要求、起实际支撑作用的一系列具有创新性的技术。材料来源除了国内外公开发表的学术论文和专著外，也包括一些未曾公开发表过的正式研究报告等。内容全面系统，为读者勾画出条理清晰的 5G 创新技术脉络，力图为从事或了解 5G 技术与标准化相关工作的读者提供有价值的参考内容。

本书所选 5G 创新技术包括新型天线、新型双工、新型多载波、新型调制编码、新型多址接入、新型密集组网、新型网络架构和新型无线安全。选定这些 5G 创新技术作为本书内容的主要原因如下。

（1）它们基本都是针对 5G 进行研发的、未在 4G 及以前的系统中应用过的创新技术或改进技术，例如新型天线和新型密集组网技术。同时，它们中一些虽然是面向 5G 研发的，但其应用却会延伸到 5G 后甚至 6G 的特别超前的新技术，例如新型网络架构和新型多址接入技术。

（2）在全球 5G 标准制定过程中，我国已成为 5G 技术标准的主导力量之一，研究提交的 5G 大规模天线、先进编码和新型网络等技术已被纳入国际标准。同时，我国发布的 5G 概念需求、技术指标和关键技术等，获得了 ITU、3GPP 等国际通信标准化组织高度认可，与入选本书的 5G 创新技术相关的研究具有世界先进水平。

（3）5G 丰富的业务应用以及万物互联的连接方式将信息网络空间边际进一步扩大，千亿量级的设备和大量的应用接入 5G 网络，加上各种开源管道和通用框架的迅速发展，带来了大量潜在的网络安全风险，5G 采用新型网络安全技术（特别是新型无线安全技术），已被提上维护国家信息基础网络设施安全的高度。

本书由粟欣主持编写，主要作者是粟欣、许希斌、吕铁军、邵士海、曾捷、高晖、刘蓓、唐友喜、吕永霞、容丽萍，参加编写工作的还有万蕾、郭志恒、沈祖康、黄平牧、肖驰洋、林小枫、龚金金、孔丹、张琪、贺文成、崔欢喜、林志鹏、郝匀琴、姚东东、罗嘉诚、彭明遥、张洪星、李忆琳、柴新新。

本书主要作者长期致力于无线移动通信领域的技术研究和标准化工作，作为项目负责人承担或作为项目骨干参与一系列国家重大项目、国家或省部重点项目以及企业科技攻关项目，在国内外核心学术刊物和重要国际会议上发表过大量有影响力的研究成果，拥有多项国内和国际专利授权，十分熟悉 3G 以来特别是 5G 阶段国内外无线移动通信领域技术研究和标准化相关情况，这些都为本书编写工作的顺利完成提供了可靠保障。

本书从立意、定题、列纲、选材，到编写、统稿、校对、出版，历时 4 年多。主要作者不辞辛劳，长年紧跟 5G 技术和标准化发展趋势，始终站在国内外主流 5G 技术研究潮头，精心汇集 5G 技术研究素材，潜心阐述 5G 创新技术要点，不计时间和精力投入，竭尽全力从创新技术角度为读者做出 5G 指引、展现 5G 魅力，希望对读者更加全面地理解 5G 技术有所帮助。

感谢国家高技术研究发展计划（"863"计划）5G 移动通信系统先期研究重大项目一期课题"5G 超蜂窝无线网络构架与关键技术研发"（课题编号：2014AA01A703）和二期课题"5G 无线网络非栈协议虚拟化关键技术研究开发"（课题编号：2015AA01A706）的大力支持！

感谢在本书编写、出版过程中曾先后给予支持和帮助的所有相关单位和个人！

作者

2020 年 7 月于北京清华园

目 录

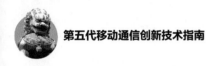

第 1 章

概论

以 ITU 和中国 IMT-2020（5G）推进组愿景提出的 5G 应用场景和技术能力指标为导引，全面介绍国内外 5G 研发推进概况，包括技术研发背景、行业研发状态和各国研发进展，并概述本书涵盖的一系列 5G 创新技术及各章节内容安排。

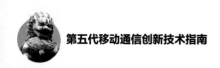

|1.1 5G 愿景和能力 |

移动通信网络已发展为信息基础设施，串联着人类社会的方方面面，渗透到现实世界的各个角落，并深刻地改变着人们的生产和生活方式。第四代移动通信（4G）网络已在全球得到大规模应用，面对移动互联网、物联网和云计算等产业领域的崛起，第五代移动通信（5G）网络应运而生。5G 将以一致的服务应对不断出现的新业务挑战，满足多种应用场景的业务需求，构建以用户为中心的全方位信息生态系统[1]，如图 1-1 所示。

图 1-1 5G 总体愿景（IMT-2020（5G）推进组）[1]

中国 IMT-2020（5G）推进组（IMT-2020（5G）Promotion Group，IMT-2020（5G）PG）于 2015 年 2 月发布了连续广域覆盖、热点高容量、低功耗大连接和低时延高可靠 4 个 5G 主要应用场景，并将其提交到国际电信联盟（ITU）[2]。ITU 随即定义了 3 个 5G 主要应用场景。它们分别是：增强型移动宽带（enhanced Mobile Broadband，eMBB）、大规模机器型通信（massive Machine Type Communications，mMTC）和高可靠低时延通信（ultra-Reliable and Low Latency Communications，uRLLC）[3]，如图 1-2 所示。

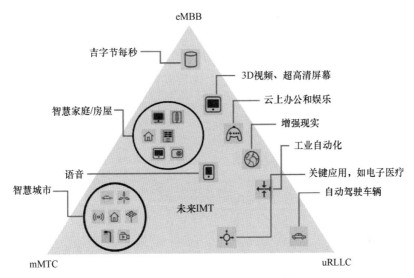

图 1-2　5G 典型应用场景（ITU）[3]

ITU 发布的 5G 三大应用场景与中国发布的 5G 四大应用场景实质上是相同的，区别仅在于中国将增强型移动宽带应用场景又细分为连续广域覆盖和热点高容量两个应用场景[2]。eMBB 场景是指在现有移动宽带应用场景的基础上，对用户体验等性能的进一步提升，主要是追求人与人之间极致的通信体验。mMTC 和 uRLLC 都是物联网的应用场景，各自侧重点不同。mMTC 主要是人与物之间的信息交互，而 uRLLC 主要体现物与物之间的通信需求[3]。ITU 5G 三大应用场景要求体现的 5G 能力如下。

（1）eMBB：5G 最基本的场景应用，在保证用户移动性和业务连续性的前提下，无论是静止还是高速移动、覆盖中心还是覆盖边缘、常规场所还是室内外局部热点区域，都要让用户能够随时随地获得极高的数据传输速率，满足网络流量密度的极高需求，保证高质量的移动通信。

（2）mMTC：要求 5G 支持百万连接/平方千米的连接密度，主要应用于以传感和数据采集为目标的环境监测和智能农业等，具有小数据分组、低功耗、低成本和海量连接的特点，对智慧城市、智能家居、森林防火等的发展都有重要作用。

（3）uRLLC：要求 5G 能够为用户提供毫秒级的端到端时延，并保证近 100%的业务可靠性，其主要应用面向车联网、机器间通信（M2M）和工业控制等物联网，以及垂直行业的特定应用场景，通过增强的移动云、远程医疗、超精确定位、智能电网、公共安全、办公和娱乐等服务，提高人们的生活质量。

ITU 以"雷达图"的形式明确了 5G 的 8 项技术能力指标，如图 1-3 所示。其中，浅色部分为 4G，深色部分为 5G 新增。包括：1～20 Gbit/s 的峰值速率，10～100 Mbit/s 的用户体验速率，1～3 倍的频谱效率提升，350～500 km/h 的高速移动，1～10 ms 的端到端时延，10^5～10^6 连接/km^2 的连接密度，1～100 倍的网络能量效率提升，0.1～10 Mbit/(s·m^2)的流量密度[3]。

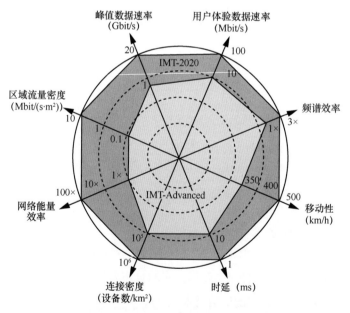

图 1-3　5G 技术能力指标（ITU）[3]

中国 IMT-2020（5G）推进组以"鲜花+绿叶"的形式明确了 5G 的 9 项关键能力指标，如图 1-4 所示。包括：支持 0.1～1 Gbit/s 的用户体验速率、每平方千米一百万的连接数密度、毫秒级的端到端时延、每平方千米数十 Tbit/s 的流量密度、每小时 500 km 以上的移动性和数十 Gbit/s 的峰值速率。其中，用户体验速率、连接数密度和时延为 5G 最基本的 3 个性能指标。同时，5G 还需要大幅提高网络部署和运营的效率，相比 4G，频谱效率提升 5～15 倍，能效和成本效率提升百倍以上[1]。

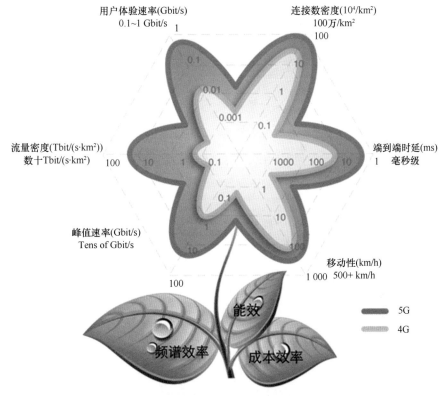

图 1-4　5G 关键能力（IMT-2020（5G）推进组）[1]

ITU 等国际标准化组织和中国 IMT-2020（5G）推进组虽然对 5G 峰值速率、用户体验速率和网络能量效率等指标各有不同的考虑，但研究得出的技术指标体系比较类似。例如，ITU 提出的"雷达图"指标体系与中国提出的"5G 之花"指标体系基本一致。中国的频谱效率和能量效率的指标要求是用"绿叶"的方式体现的，还较 ITU 的指标体系增加了成本效率要求一项。图 1-5 显示了 ITU 5G 三大应用场景与 5G 技术指标要求之间的对应关系。

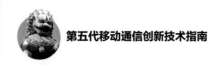
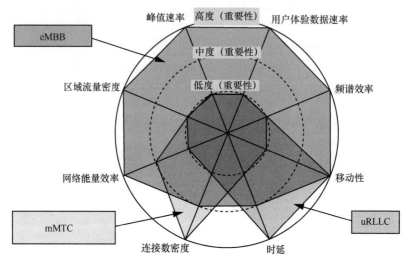

图 1-5　不同应用场景下 5G 技术指标要求（ITU）[3]

|1.2　5G 研发推进概况|

1.2.1　技术研发背景

当前，在 ITU、3GPP 等国际主流标准化组织的框架下，国内外的大部分企业和地区推进组织就制定全球统一的 5G 国际标准达成了共识。此前，3GPP 确定的 5G 标准化分为两个阶段：第一阶段启动 R15 为 5G 标准，于 2018 年第二季度在美国举行的 3GPP 会议上最终确定了 5G 第一阶段标准；第二阶段启动 R16 仍为 5G 标准，于 2020 年第二季度完成了 5G 第二阶段标准。

2018 年 6 月 14 日，3GPP 全会（TSG#80）批准了 5G NR 功能冻结。加上 2017 年 12 月完成的非独立组网（NSA）新空口标准，5G 已经完成第一阶段全功能标准化工作，进入了产业全面冲刺新阶段。独立组网（SA）功能的冻结，不仅使 5G NR 具备了独立部署的能力，也带来全新的端到端新架构，为企业级客户和垂直行业智慧化发展带来了机遇，为运营商和产业合作伙伴带来了新的商业模式，开启了一个全连接的新时代。

至此，业界形成了统一的 5G 标准共识，对 5G 关键技术路线也基本明晰。5G 技术包括无线技术和网络技术两大方面[4-5]。无线技术路线分为采用新空口（NR）和通过 4G 演进空口两种方式：4G 演进空口引入新技术，可增强用户体验保障用户服务，而新空口可以满足物联网等融合领域的需求。大规模天线阵列、新波形方式、先进调制编码、新型多址接入、超密集组网、新型网络架构和无线安全等构成了 5G 系统设计中的核心技术。

目前，各国在持续投入 5G 研发及应用，以推动 5G 标准化进程和产业化发展。中国、欧盟、日本、韩国、美国等国家和地区政府，均继续依托其成立的相关技术研发、标准化和产业化推进组织，推动学术界和产业界合作，并从国家或地区层面协调对 5G 的认识、组织对 5G 的应用[6]。中国 IMT-2020(5G)推进组与欧盟 5G PPP、日本 5GMF、韩国 5G Forum 和美国 5G Americas 联合主办了全球 5G 大会，截至 2019 年 7 月已成功举办了 7 届，共同探讨 5G 政策、频率、标准、试验、应用等议题，对推动 5G 产业发展及其生态构建具有重要意义。

在 IMT-2020（5G）推进组的组织推动下，中国企业、高校和研究机构展开了一系列 5G 技术研究。相关研究所形成的 5G 愿景与需求、关键能力与性能指标研究成果得到业界的广泛认同，研究提出的 5G 技术路线和关键技术全球领先，无线技术和网络技术试验成果显著，对全球 5G 的技术研发、标准化和产业化做出了支撑性贡献。

1.2.2　行业研发状态

当前，5G 技术路线已经明晰，相关研发试验也已完成，规模商用正在逐步展开。华为、中兴、大唐、爱立信、诺基亚、高通、英特尔、思科和三星等行业巨头，以及中国移动、Verizon、AT&T、TeliaSonera 和 T-Mobile 等运营商，都已经以各种方式推出试验样机、测试实验技术、组建技术联盟，或设立创新中心，推动大规模商用进程。从 2017 年下半年开始，各大电信运营商及相关设备制造商相继协作，陆续在全世界多个城市展开 5G 试点工作以来，对于 5G 的研发和创新也都在持续不断地进行当中。

高通从满足 5G 能力和服务要求的使能技术角度，引入对 5G 网络的关注，提出 5G 需要能够支持授权频谱、共享频谱、未授权频谱等多种频谱接入。在 5G 调制解

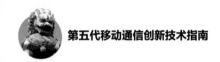

调技术方面，高通提出沿用并优化正交频分复用（OFDM）的观点，将以 OFDM 为5G 无线接口的技术基础，并建议采用资源扩展多址接入（Resource Spread Multiple Access，RSMA）技术[7]。在 5G 纠错编码技术方面，高通力推将低密度奇偶校验码（LDPC）应用到 5G，强调 LDPC 在复杂度和性能方面有更好表现。2016 年 10 月的3GPP RAN1 #86bis 会议决定，5G 将使用 LDPC 作为 eMBB 场景数据信道（上行/下行）的长码块编码方案。结合大规模 MIMO，高通针对在移动宽带中实现毫米波可能涉及的问题也进行了相关研究。在 2018 世界移动通信大会（MWC）上，高通公布了其在法兰克福和旧金山进行的 5G 网络模拟实验的结果。测试结果显示，在网页反应速度方面，其 5G 比起现有 4G LTE 快 23 倍。高通的 5G 希望支持全球运营商，频率覆盖低频 600 MHz，中频 2.5～4.9 GHz 以及毫米波 28 GHz 和 39 GHz频段，其在中频和毫米波频段的最大数据速率可以达到 4 Gbit/s 以上。其 5G 下载速率在 1 Gbit/s 到 4.5 Gbit/s 之间，预计初期的速度为 2 Gbit/s 或 4 Gbit/s，达到现有4G/LTE 网络的 2 倍或 4 倍。

华为将 5G 的关键能力概括为三方面。一是网络架构，包括物理基础设施、端到端的网络切片、快速 TTM 使能新业务等方面；鉴于 5G 涉及多个行业，需要一个物理基础设施交付所有的网络业务，且端到端的切片日益重要，借此可以实现以应用为驱动的网络[8]。二是无线接入，包括统一的空口、谱效提升等方面；5G NR 将会有全新的空口及前向兼容能力，支持多个版本和应用，满足能源高效、高速、低时延等要求，力推 5G 新空口三大关键技术，包括新波形技术（F-OFDM）、新型多址技术（SCMA）和编码技术（极化码（Polar Code））。三是通过行业间和行业内的合作，形成全球统一的 5G 标准，促进和实现跨行业的移动通信技术应用。2016年 11 月，3GPP RAN1 #87 会议决定，由华为主导的极化码，成为 5G eMBB 场景下控制信道（上行/下行）的短码块编码方案。截至 2020 年第一季度末，华为在全球已获得 91 个 5G 商用合同。

韩国三星将 5G 的愿景概括为：一切都在云上、虚拟现实、大规模连接和远程控制 4 个方面。提出 5G 系统设计要满足的四大原则：超宽带和支持 Gbit/s 量级、系统灵活可扩展、满足大规模连接和增强 MIMO 和调制编码。三星研究和主推的5G 无线技术包括：新波形技术 Post-OFDM、调制技术 FQAM、低复杂度信道编码LDPC 技术以及增强大规模 MIMO 等[9]。三星力求实现基于 SDN 和 NFV 技术支持的灵活网络架构。三星在高频上的技术积累独树一帜，可以在一定条件下完成 SA

独立组网并进行过一定验证，确立了韩国在 5G 商用早期的领先的地位。2018 年 1 月，三星和美国运营商 Verizon 签订了 5G 电信设备的供应合约，而在 2018 年 2 月至 3 月，三星的 5G 网络设备就取得了美国联邦通信委员会（FCC）的核准。2018 年 5 月，三星的 5G 终端 CPE 设备也获得 FCC 核准。三星发布的经过了 FCC 认证的 5G 商用产品，已经确定会和 Verizon 一起在美国推出首个商用 5G 网络。2019 年 4 月，三星发布了其首款 5G 手机 Galaxy S10 5G。

中国移动在 4G 阶段的商用上获得大发展，是全球最大的 4G 网络运营商。在 5G 阶段，中国移动从"柔性、绿色、极速"的角度设计 5G 研究思路和解决方案，进行了七方面的"再思考"：香农理论再思考、去蜂窝再思考、信令控制再思考、天线再思考、频谱空口再思考、前传再思考和协议栈再思考。融合这些"再思考"到所提出的端到端系统架构图中，其 5G 核心网采用 SDN/NFV 的设计原则，在 RAN 侧注重两个方面：用户中心网络（UCN）和软件定义空口（SDAI）[10]。基于其关键技术研究和再思考，中国移动与多家公司合作搭建 5G 原型验证平台，联合华为等设备制造商研发 5G 核心网原型，并已于 2018 年 7 月完成了第三阶段基于 3GPP R15 的测试。以中国移动为代表的三大运营商，都在积极推进向 5G SA 独立组网方式演进。经过之前一年多的标准打磨、三轮测试验证以及两级应用带动，中国移动计划于 2020 年实现 5G SA 商用。

1.2.3　各国研发进展

5G 是第四次工业革命的核心技术和必备的基础设施，5G 将与各行各业深度融合，对国家整体经济实力的提升产生深远的影响。随着全球 5G 研发的陆续展开，各个国家和地区的政府组织、各通信行业制造商和运营商都极力关注 5G 研发过程中的最新进展，探讨 5G 发展的核心问题，包括技术、标准、频谱和产业等，推动全球统一的 5G 标准的最终形成，加强 5G 国际交流与合作，谋求建设 5G 生态系统的主动权。

1.2.3.1　中国

从 2014 年开始，我国累计投入 3 亿元，启动国家高技术研究发展计划（863 计划）5G 移动通信系统先期研究重大项目。其总体目标是面向 2020 年移动通信应用需求，突破 5G 移动通信标志性关键技术，使中国成为 5G 国际标准研究和技术发

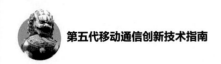

展的主导力量之一，所掌握的核心知识产权在 4G 的基础上进一步大幅提升；在系统研发方面走在世界的前列，为 2020 年之后中国 5G 技术应用与商业竞争中取得领先优势打下坚实基础。至 2016 年 9 月，该重大项目完成了 5G 系统需求与愿景、典型应用场景与 KPI 及频谱需求分析研究，为中国参与 5G 标准的制定打下了技术基础；在 5G 新型无线网络构架研究方面进行创新，在无线网络密集组网、高通量协作组网、CU 分离超蜂窝构架、无线接入网络虚拟化等研究方向取得重要突破；突破 5G 无线传输核心关键技术，在大规模无线天线阵列和高效协作传输方面取得重要进展，为实现项目拟定的总体目标奠定了坚实的基础；突破限制中国产业未来发展的毫米波射频芯片关键技术，并在国际上首次验证了物理层安全技术在 5G 移动通信系统应用的可行性；超前部署 5G 新技术的测试与评估研究，支撑中国 5G 技术研发走在世界前列[11-12]。

中国运营商在 2018 年组建了大规模实验网，于 2019 年启动 5G 网络建设，2020 年开始正式商用 5G 网络，正实施 2020 年之前拟完成 3 000 亿元规模的投资。其中，中国移动与全球 40 多家企业共同开发 5G 商用技术，除了大型通信设备企业瑞典爱立信、芬兰诺基亚和中国华为、中兴、大唐（现为中国信科）外，还包括美国半导体企业高通和美国英特尔，另外还与美国通用汽车、德国大众、阿里巴巴集团及海尔集团等其他行业企业进行合作。

中国的 5G 研发由中国 IMT-2020（5G）推进组组织推进，各企业、高校和科研机构与部分外企在推进组的统一协调下开展 5G 研发与试验，取得了一系列有全球影响力的研发成果。推进组陆续发布了一系列 5G 白皮书和技术研究报告，包括 5G 愿景与需求、5G 概念、5G 无线技术架构、5G 网络技术架构、5G 网络架构设计、5G 网络安全需求与架构、5G 同步组网架构及关键技术和 C-V2X 业务演进等。确定了中国 5G 规划时间表，该规划时间表进度与 ITU、3GPP 保持基本一致，包括了频谱规划、相关技术需求和技术测试等内容的时间规划。中国基于 ITU 确定的场景和性能指标详细确定了应用案例和关键性能指标[1]。

中国在 5G 的技术路线和关键技术等方面的研究领先业界，率先确定了无线和网络架构方面的核心技术[2]。明确了 5G 无线空口关键技术应包括：大规模天线阵列、新型多址、先进调制编码以及超密集组网等。明确了 5G 网络关键技术应包括：基于软件定义网络（SDN）和网络功能虚拟化（NFV）的新型网络架构，能够全面、持续地支持网络切片、移动边缘计算、网络功能重建等。

中国在 5G 无线空口研究方面，重点针对灵活系统设计，包括灵活帧结构、灵活波形、灵活双工以及新的无线技术，包括新波形、多址和编码、大规模天线阵列等。在 5G 网络研究方面，重点针对系统设计和组网设计，研究了模块化的功能图、三朵云的逻辑架构、超密集组网以及基于软件定义网络和网络功能虚拟化的新型网络架构等。明确了 5G 网络的五大能力是：网络切片、移动边缘计算、网络功能重建、以用户为核心的无线接入网络和网络能力的开放利用。

中国的 5G 研发试验于 2016 年 1 月正式启动，参加单位涵盖多家运营商、设备制造商和科研机构。力图通过试验促进 5G 核心技术成熟和标准化，为开发满足 ITU 指标要求的 5G 产品奠定基础。中国的 5G 研发试验分为技术研发试验（到 2018 年年底结束）和产品研发试验（到 2020 年年底结束）。其中，技术研发试验分为 3 个阶段：2016 年 9 月前完成 5G 关键技术验证，以评估 5G 候选的各单项关键技术的性能，推动其标准在全球形成共识；2017 年 9 月前完成 5G 技术方案验证，验证不同厂商提出的 5G 技术方案的性能；2018 年 10 月前完成 5G 系统组网验证，评估 5G 系统在典型应用场景下的组网性能，为之后的 5G 预商用测试做准备，研发试验规划如图 1-6 所示。

至 2018 年 9 月，中国已顺利结束 5G 技术研发试验 3 个阶段的测试验证。这 3 个阶段重点测试了 5G 无线和网络关键技术、技术方案和组网相关性能，国内外多家设备厂商共同构建了完整的室内外一体化测试环境，全面开展互联互通测试，有效推动了产业链成熟。无线空口技术的测试成果表明，大规模天线阵列对 5G 系统频谱效率提升最为有效，新型多址接入技术可成倍提升系统上行用户接入容量和下行平均吞吐量，高频段通信可满足 5G 峰值速率的 ITU 指标要求，并支持高速率数据传输，先进编码调制验证了极化码相对于 Turbo 码有更好的性能增益，并能够有效支持 ITU 三大应用场景，全双工技术具有较强的自干扰消除能力并能获得更高的吞吐量增益，超密集组网技术可大幅提高数据流量密度，满足 ITU 指标要求。网络关键技术的测试成果表明，网络切片技术能基本实现基于 5G 场景需求灵活构建网络切片的能力，控制和承载分离可将网络功能按需编排重构以满足场景差异化需求，网络功能重构可使资源利用更灵活，移动边缘计算可有效降低时延提升用户体验。

随着 5G 技术研发试验的顺利完成，中国进入 5G 产品研发试验阶段，拉开了商用的序幕，期待通过更多开放和合作的 5G 试验，将创新技术尽可能多地纳入 5G 国

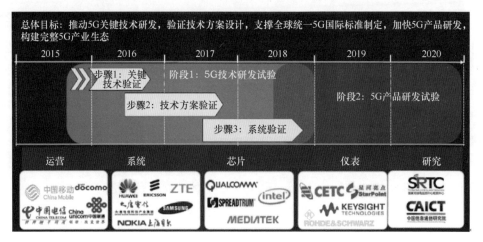

图 1-6　中国 IMT-2020（5G）推进组组织的 5G 研发试验规划[13]

际标准，以完成主导的 5G 生态系统的建设。2019 年 6 月 6 日，工业和信息化部（以下简称工信部）正式向中国移动、中国电信、中国联通和中国广电发放 5G 商用牌照，中国正式进入 5G 商用元年。2019 年 10 月 31 日，中国三大运营商（中国移动、中国电信和中国联通）公布 5G 商用套餐，并于 11 月 1 日正式上线 5G 商用套餐，标志着中国已经进入 5G 商用时代。

2020 年 6 月，中国电信北京分公司成功完成了 5G SA 商用网络双局点语音和数据首次呼叫，已完成与计费、服开、激活系统及全国漫游的对接。中国联通北京分公司也启动 5G SA 独立组网的公测，为部署超级上行、网络切片、边缘计算等迈出坚实一步。中国在 5G SA 独立组网方面，稳步走在了世界前列。

1.2.3.2　欧盟

欧盟在 Horizon-2020（FP 8）计划下设立并执行 5G PPP（The 5G Infrastructure Public Private Partnership）重大计划项目，计划于 2014~2020 年期间投资 7 亿欧元，并拉动 5～10 倍企业投资。2020 年 6 月，计划继续投入 4 亿欧元用于 5G 研发，还将加上来自民间企业和组织的 10 亿欧元的资金投入。欧盟在 5G 研发启动之初，就将促进 5G 移动通信列为优先发展事项。2018 年 2 月，欧盟无线频谱政策组（RSPG）第二次发布 5G 频谱规划，进一步细化了 5G 频谱战略，同时也标志着欧盟 5G 频谱战略已经从最初的策略研究、理念宣传进入落地实施阶段[14]。

对于 5G，欧盟更加关注不同垂直行业的需求和技术要求，其愿景应各方提出的诉求进行补充。5G PPP 的研究也重点针对这些愿景，对不同网络给出相应的愿景建议。例如，提出不同垂直行业的需求、技术要求和灵活度要求等。欧盟的 5G 进展时间表与全球规划的时间表大致吻合，欧盟谋求与全球各国际组织开放合作、达成共识，共同推进 5G 未来标准化。

5G PPP 在 5G 的整个架构设计上有独到的观点和看法，提出了 5G 分层业务管理通用平台，如图 1-7 所示，搭建了端到端（End 2 End，E2E）业务产生、操作的全面管理架构。通过该架构可执行 E2E 业务操作，包括其生命周期管理、域管理和编排（含多域管理、应用感知编排和特定业务扩展）；提出了可编程网络设计，包括数据面可编程、传输网可编程和 RAN 功能可编程；考虑了将架构向特定垂直行业扩展的情形，包括向能源设施、车载通信、增强内容分发和媒体产生与分发行业扩展。

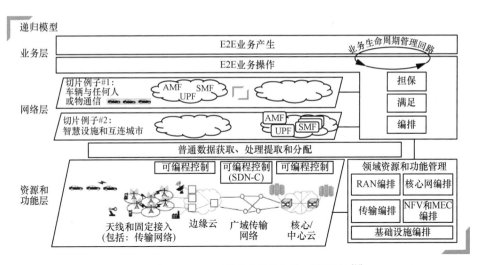

图 1-7　欧盟 5G PPP 建议的分层业务管理通用平台[14]

因种种原因，欧洲国家的 5G 建设进度大部分，长时间停留于试点验证阶段。2018 年 9 月，全球第一个 5G 电话从瑞典爱立信位于斯德哥尔摩近郊的希斯塔(Kista)实验室拨出。同年 10 月，芬兰运营商 Elisa 宣布在芬兰坦佩雷和爱沙尼亚首都塔林提供全球首份商用 5G 套餐。瑞典和芬兰都已计划于 2020 年年底之前在其国内大规模提供 5G 服务。

虽然已退出欧盟的英国早在 2018 年 4 月就已经拍卖了 5G 频段，但是其 5G 网络搭建进度却一再延缓。英国电信于 2019 年 5 月开始提供 5G 服务，其信号覆盖了伦敦、加的夫、贝尔法斯特、爱丁堡、伯明翰和曼彻斯特。

法国于 2018 年夏季就在全法的里昂、里尔、马赛、南特等 11 个城市中展开了 5G 测试。在巴黎所在大区法兰西岛，法国电子通信与邮政管制局（ARCEP）已经和 Orange、诺基亚等厂商合作进行了 11 个 5G 试点项目。在测试过程中，ARCEP 完成了 3 400～3 800 MHz 的频段分配。ARCEP 在法兰西岛开展的 11 个试点项目中，有 3 个为车联网项目，另有多个为自动驾驶项目。

德国联邦政府已决定投资 200 亿欧元建设 5G 网络，计划于 2020 年起在部分地区建成，特别是在运营商难以盈利的部分人口稀少地区。

1.2.3.3 日本

日本 ARIB（The Association of Radio Industries and Businesses）在 2013 年建立了 "2020 and Beyond" Ad Hoc 项目，以期在未来十年发展 5G 技术和提供相关支持。随后，日本计划将 5G 商用服务应用于 2020 年东京奥运会（因 2020 年上半年的新冠病毒疫情而推迟到 2021 年举办），正持续推进 5G 部署，预计 5G 网络至少会覆盖整个东京。日本于 2017 年开始进行 5G 的相关试验验证，范围包括城市、室内外、人群密集区等，该试验通过运营商 NTT DoCoMo 联合组织其他企业一起加以推动。日本的 5G 测试工作和基站建设进展顺利，东京部分地区在 2019 年已能正常使用 5G 业务。2020 年 4 月，日本三大电信运营商对外推出了 5G 网络商用服务，这意味着日本也正式进入了 5G 时代。

日本第五代移动通信推进论坛（Fifth Generation Mobile Communication Promotion Forum，5GMF）定义的面向 2020 年及以后的 5G 移动通信系统，内容包括市场与用户发展趋势、业务趋势、费用开销、5G 概念、典型应用场景、技术需求、频谱采用、无线接入技术、网络技术和 5G 试验等。提出 5G 的两个关键概念：满意的端到端质量和极致的灵活性，并确认有两项必要的关键技术，可通过极致的灵活性支持 5G 时代大量可预计的案例。一是先进的异构网络，二是网络软件化与切片。通过 5G 在交通运输、健康护理、防灾救灾、教育培训、家居安防、消费电子、内容提供和安全与救生系统八大方面的应用，提升社会和经济满意度。

在频谱的研究上，5GMF 对 eMBB 场景非常关注并认为应配备更高的带宽，未来会继续在 ITU 和 3GPP 频谱分配方面发力，推进行业间就 5G 形成合作伙伴关系。

日本已对 5G 相关概念进行演示和验证测试，期望能在 5G 网络部署方面发挥主要作用，其规划的时间表如图 1-8 所示。日本未来会就现场试验、5G 建设合作、5G 频谱分配等方面加强讨论，以主导 5G 研发和国际标准化。

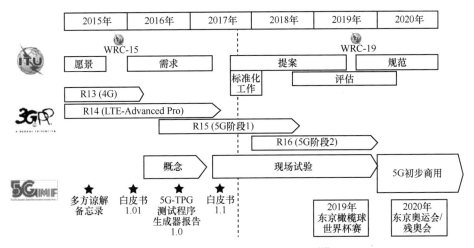

图 1-8　日本 5GMF 规划的 5G 时间表[15]

1.2.3.4　韩国

自 2014 年起，韩国科学技术信息通信部（Ministry of Science and ICT）计划在 6 年内陆续投入 1.6 兆韩元（按照当时汇率约 15 亿美元）用于 5G 研发。韩国最大的网络运营商 SK 电讯（SK Telecom）在 2018 年 10 月 15 日宣布，已成功使用三星的 3.5 GHz 频段商用 5G 设备，在 5G 试验床中完成首次呼叫，这是全球第一个通过符合 3GPP R15 标准的商用 5G 设备完成的呼叫。2018 年 12 月 1 日，韩国三大电信运营商 SK Telecom、KT、LG U+同时宣布在韩国全境开始发射 5G 信号，提供针对企业用户的 5G 服务。2019 年 3 月，韩国 LG U+宣布，在韩国首尔成功完成了全球首次中心市区的 5G 自动驾驶。2019 年 4 月，韩国三大电信运营商 SK Telecom、KT、LG U+正式宣布开始提供 5G 商用服务，均采用 5G NSA 非独立组网的网络架构方式。

韩国 5G 论坛（5G Forum）为韩国最重要的 5G 研发推进组织，主要成员为韩国电信运营、设备制造商、研究机构和高校等。5G Forum 针对所定义的 5G 移动服务类型、研究技术需求和技术指标要求，发布了 5G 相关白皮书，涉及无线和网络技术、频谱研究和 5G 业务的全球战略等。5G Forum 规划的 5G 时间表如图 1-9 所示。5G Forum 强调开放合作，参加了中韩之间的 3 个合作项目：频谱确定和信道建模、相关要求和评估以及标准化多边合作。韩国电信运营商与三星、诺基亚、爱立信和 NEC 等设备制造商积极合作开发 5G 相关技术。韩国一直走在全球移动通信发展的前沿，在研发机构设立、长远规划、战略促进和研发投入等方面都表现得比较积极。

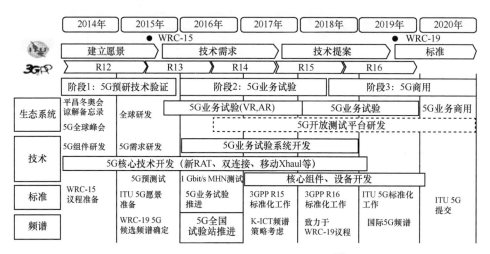

图 1-9　韩国 5G Forum 规划的 5G 时间表[16]

1.2.3.5　美国

美国于 2016 年 7 月、2017 年 11 月和 2018 年 5 月持续发布 5G 毫米波频段频谱，并先后于 2019 年 6 月完成 28 GHz 和 24 GHz 频段拍卖，2020 年 3 月完成 37 GHz、39 GHz 和 47 GHz 频段拍卖。美国国家科学基金会（NSF）牵头"先进无线通信研究计划"项目推进，该项目计划从 2016 年起的 7 年内投资 4 亿多美元用于支持无线通信的基础性研究。2017 年 4 月，美国四大移动通信运营商相继出台 5G 研发商用计划，启动 5G 无线宽带试验和部署 5G 网络运行架构等。

2018 年 10 月，Verizon 在洛杉矶、萨克拉门托、休斯敦和印第安纳波利斯 4 个城市开始试点 5G 网络，该网络并不完全符合 3GPP 的 5G 标准。2019 年 4 月，Verizon 推出符合 3GPP 标准的 5G 商用网络，在芝加哥和明尼阿波利斯的城市核心地区部署"5G 超宽带网络"，设备供应商为爱立信、三星和高通，其频段为 28 GHz，下行速率为 300 Mbit/s～1 Gbit/s（固定无线接入）。

2018 年下半年，AT&T 开启 5G 网络商用，全年共投入 230 亿美元，在亚特兰大、达拉斯、休斯敦、新奥尔良等 12 个城市开通 5G 服务。AT&T 的设备供应商为爱立信、Netgear、诺基亚和三星，其频段为 39 GHz 和 sub-6 GHz，理论峰值速率达到 1.2 Gbit/s。

Sprint 在 2018 年率先在纽约等城市推出 5G 商用服务，在 2018 年 12 月，对现网已部署的"5G 就绪"设备进行软件升级以支持 5G。2019 年 8 月，Sprint 在纽约、洛杉矶、华盛顿和凤凰城等主要市场推出了 5G 服务。早在 2019 年上半年，Sprint 就在亚特兰大、达拉斯–沃思堡、堪萨斯城和芝加哥等地推出了 5G 服务。设备供应商为爱立信、HTC、LG 电子、诺基亚、三星和高通，其频段在 2.5 GHz，下行速率达到 300 Mbit/s。

美国 5G 推进组织 5G Americas 认为 LTE 仍在不断演进，当 5G 网络出现时，会对容量、时延、速率有更高的要求。对于 5G 的场景、技术指标、关键技术，5G Americas 与全球的 5G 建议基本吻合，所提出的 5G 端到端技术生态系统如图 1-10 所示。在频谱方面，5G Americas 也在进行相应的测试试验，同时希望世界 WRC 大会能在频谱确定方面有更多进展，比如与 28 GHz 相关的频谱确定问题。5G 发展需要与更多部门机构合作，面对机遇需要创新，5G Americas 强调各方加强互联、沟通、协作的合作关系的重要性。

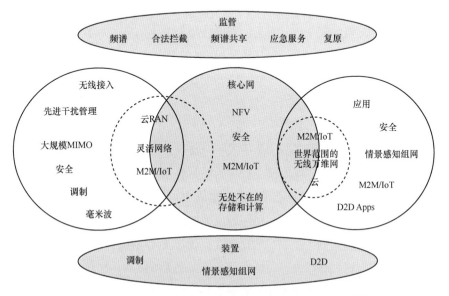

图 1-10　美国 5G Americas 建议的 5G 端到端技术生态系统[17]

第五代移动通信创新技术指南

|1.3　5G 创新技术概述 |

本书着重介绍国内外 5G 创新技术的研究情况和相关成果。包括新型天线、新型双工、新型多载波、新型调制编码、新型多址接入、新型密集组网、新型网络架构和新型无线安全，它们有机结合构成 5G 创新技术体系，共同支持 5G 形成新的系统操作能力，有效提升 5G 网络性能和业务质量水平。

1.3.1　天线、双工和多载波

1.3.1.1　新型天线

面对 5G 传输速率以及系统容量等方面的挑战，新型天线是有效应对手段之一。MIMO 技术在 4G 系统中已得到广泛的应用，通过将其天线端口数增加至 64～128 甚至以上，频谱效率可比 4G 提升 3～4 倍，再结合新型多址和先进编码等关键技术，可满足 5G 频谱效率指标提升 3～5 倍的需求。因此，大规模多输入多输出技术（Massive MIMO）已经不可逆转地成了 5G 系统中提升频谱效率的核心技术。然而，显著增加基站侧配置的天线数时，天线部署效果会发生变化。为了充分利用大规模天线提供的空间自由度所带来的分集和复用增益，需要处理天线阵大规模化带来的基本问题，研究提出有效的天线传输与资源配置方法，才能应对 5G 大规模天线系统应用所面临的挑战。

新型天线涉及天线选择算法、大规模 MIMO 信道模型和预编码技术等。其中，大规模天线部署视应用场景又分为集中式和分布式。天线选择算法可以降低系统实现复杂度及减小系统成本，同时使用较少的射频链路，提高系统的传输效率。大规模 MIMO 信道模型一个重要特点是信道模型的 3D 化，可有效应对用户的 3D 分布和 3D 信道传播环境。天线系统利用信道反馈信息，针对发射端进行的预编码，可以有效避免误码扩散，降低接收端的复杂度。毫米波天线作为 5G 高频无线通信的必备设施，可以在移动终端上方便地配置毫米波的天线阵列，从而实现移动终端上的大规模 MIMO 收发。虽然毫米波通信不太适合移动终端和基站间进行远距离信号传输，但是结合预编码（或波束赋形）技术，容易实现高定向和高增益的天线，其分辨率高，抗干扰性好。

1.3.1.2　新型双工

5G 以用户为中心，提供的业务会产生不同的上行和下行流量需求，无论是传统的 TDD 还是 FDD 的双工系统都无法继续很好地支持 5G 的业务新需求。同时，为了解决无线通信的频谱资源日益紧张问题，5G 也有很大需求引入能够有效节省频谱资源的双工手段。融合多种双工策略的新型双工，包括灵活双工和时间/频率上可同时操作的全双工得以在 5G 中研究和开发。

灵活双工采用灵活频带技术促进 FDD/TDD 双工方式的融合，通过灵活调整上下行传输资源，可有效避免上下行业务不对称造成的资源浪费，是一种应对 5G 多样业务需求的新型双工技术。同时同频全双工基于自干扰抑制理论和技术，避免此前大量采用的非同时同频全双工系统，由于必须满足信号发送/接收之间的正交性需求造成的频谱资源浪费，可以在进行上下行业务传输期间，节省一半的频谱资源，从理论上使信号传输的频谱效率提高一倍。此外，同时同频全双工最大限度地提升网络和设备收发设计的自由度，可消除 FDD 和 TDD 双工方式的差异性，具备有效提升网络频谱效率的能力，适合 5G 不得不面临的频谱资源紧缺和碎片化的多种通信场景。

1.3.1.3　新型多载波

5G 增加了大量的物联网业务，例如：低成本大连接的机器型通信业务、低时延高可靠的 V2V 业务等，这些业务对系统的载波波形提出了更高的性能要求。新型多载波不仅能支持移动宽带业务，而且能支持物联网业务，具有良好的技术可扩展性，能够通过增加参数配置或简单修改，就可以支撑未来可能出现的新业务。同时，针对 5G 业务的多样化需求，新型多载波也能通过融合大规模天线、新型调制编码和新型多址等技术来共同满足这些需求。

为此，研究提出多种面向 5G 的新型多载波，包括滤波器组多载波（FBMC）、通用滤波多载波（UFMC）和广义频分复用（GFDM）等。FBMC 和 UFMC 都使用了滤波机制，通过滤波减小子带或子载波的频谱泄漏，从而克服了传统 OFDM 存在的弊端，降低了对时频同步的要求。FBMC 基于子载波的滤波，放弃了复数域的正交性，换取了波形时域或频域的设计自由度，这种自由度使 FBMC 更灵活地适配信道的变化。由于 FBMC 不需要 CP，因而系统开销也得以减小。UFMC 使用了子带

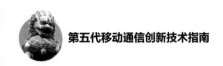

滤波器，其滤波器冲击响应较短，且没有采用 OFDM 中的 CP 方案。除了具有 FBMC 传输的优点外，从低带宽、低功率的物联网设备到高带宽的视频传输设备，UFMC 都可以支持。GFDM 作为一种新的波形灵活的多载波传输技术，采用非矩形脉冲成形的多载波调制系统，利用循环卷积在频域上实现 DFT 滤波器组结构。具有信号接收方式简单、带外功率泄漏小和无须正交传输等优势，并且该技术对干扰的控制比较理想。

1.3.2 调制编码和多址接入

1.3.2.1 新型调制编码

在无线移动通信系统的演进过程中，调制编码技术起到了非常重要的支撑作用。从 2G 时代开始，调制编码就一直是无线移动通信的关键技术之一。更好的调制编码方案可以为无线链路提供更大的数据吞吐量，更优的传输质量和更低的传输时延与能耗。5G 应用场景的复杂化和需求的多样化对调制编码技术也提出了更多差异化的需求，例如在 mMTC 场景下需要达到短码编码的较高性能要求，不断发展的调制编码技术为无线链路的稳健性和传输效率提供了有效保证。

传统 OFDM 需要使用循环前缀来对抗多径衰落，造成了频谱资源的浪费。传统 OFDM 对同步要求也很高，且参数无法灵活配置，难以支持 5G 多样化的应用场景。为此，有必要研究提出 5G 在 OFDM 的基础上进行一系列改进调制方案，包括 OQAM-OFDM、UF-OFDM 和 F-OFDM。使用频域聚焦特性良好的原型滤波器，对多径效应引起的符号间干扰 ISI 和载波间干扰 ICI 进行有效的克服。OQAM-OFDM 的带外干扰很低，各个子载波之间不需要严格的同步就能够支撑 5G 海量的多样化的业务需求。UF-OFDM 利用带限的子载波传输，在每个子载波或子载波组上使用滤波器，然后合成发送和接收。具有较低的带外干扰，对于时频异步引起的载波间干扰相对稳健。F-OFDM 能为不同业务提供不同的子载波带宽和 CP 配置，以满足不同业务的时频资源需求。具有极低的带外泄漏，不仅能提升频谱使用效率，而且能有效利用零散频谱实现与其他波形共存。频率正交幅度调制（FQAM）是基于 OFDM 的 FSK 和 QAM 的组合，其设计的关键点是主动干扰设计，使 ICI 分布非高斯，具有提高信道容量的潜力。空间调制（SM）可以有效避免 MIMO 系统在实际应用中存在的信道间干扰和多天线发射的同步性问题。正交时频空（OTFS）调制是一种新型二维调制技术，通过在时延-多普勒域对调制信号进行复用，能够满足高多普勒频移通信场景的 5G 应用需求。

5G 的典型信道编码方式首推低密度奇偶校验码（LDPC）和极化码（Polar Code）。经典的 LDPC 长码有优异的性能和较低的解码复杂度，能逼近香农界，在 2016 年 10 月，入选 5G 国际标准，成为 5G eMBB 应用场景数据信道的编码方案。Polar Code 是一种线性分组码，针对二元对称信道严格构造而成，能达到二元对称信道容量。在 2016 年 11 月，也入选 5G 国际标准，成为 5G eMBB 应用场景控制信道的编码方案。超奈奎斯特（FTN）的发送信号方法，可以获得更高的信号传输速率，进而提高 5G 通信系统的容量。网络编码允许网络节点对数据进行编码，可以逼近网络传输容量的极限，大幅度提高网络的吞吐量、稳健性和安全性。同时，网络编码还能够改变网络结构及协议的设计方法，优化网络传输性能。通过与相关技术结合，网络编码能为 5G 无线网络技术带来前所未有的变化。

1.3.2.2　新型多址接入

5G 不仅需要大幅度提升系统频谱效率，而且需要具备支持物联网设备连接的能力。同时，5G 在简化系统设计及信令流程方面也提出了更高的要求，这些都是现有的正交多址技术难以适应的。非正交多址技术以叠加传输为特长，可有效满足 5G 物联网设备连接场景的性能指标要求，提升频谱效率、连接数密度等关键参数性能。

以图样分割多址（PDMA）、稀疏码分多址（SCMA）和用户共享接入（MUSA）为代表的新型多址接入技术，通过多用户信息在相同资源上的叠加传输，在接收侧利用先进的接收算法分离多用户信息，不仅可以有效提升系统频谱效率，还可以成倍增加系统的连接数。此外，通过免调度传输，也可以有效简化信令流程，并降低空口传输时延。

PDMA 基于在多用户间引入合理不等分集度提升容量的原理，通过设计用户不等分集的图样矩阵，实现时频域、功率域和空域等多维度的非正交信号叠加传输，获得更高多用户复用和分集增益。SCMA 基于稀疏码本的非正交多址原理，利用多维调制技术和频域扩展分集技术，可大幅提高用户连接数和链路性能，还可通过免授权接入方式降低接入时延和信令开销。MUSA 面向 5G 的 mMTC 和 eMBB 两个典型场景，其上行接入通过复数域多元码以及基于串行干扰消除（SIC）的多用户检测，支持相同时频资源下数倍用户的接入，并支持免调度接入，简化同步、功控过

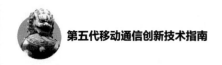

程，从而简化终端的实现、降低终端能耗。

1.3.3 密集组网和网络架构

1.3.3.1 新型密集组网

为了达到 5G 热点高容量应用场景的高流量密度、高峰值速率和用户体验速率性能要求，5G 采用宏微异构的超密集组网（UDN）架构进行部署是有效途径。UDN 通过更加密集化的无线网络基础设施部署，可获得更高的频率复用效率，从而在局部热点区域实现百倍量级的系统容量提升。各种频段资源的应用、多样化的无线接入方式及各种类型的基站，将组成宏微异构的超密集组网架构。

UDN 由于能够极大地缩短无线信号传输距离、提高无线频谱资源的空间利用率，满足 2020 年及未来移动数据流量需求，而成为 5G 的创新技术。随着基站间距将进一步缩小，站点密度的增加，用户将受到多个密集邻区的同频干扰，且移动时切换有可能过于频繁，用户体验会急剧下降。因此，UDN 的研究主要集中在其网络架构、干扰管理和有效回传等方面。

面向 5G 的新需求，UDN 的网络架构最常采用的形式是宏小区和小小区结合，通过在宏小区覆盖区域密集部署大量的小小区以大幅提高频谱效率。UDN 的干扰管理包括小区开启和关闭、分布式干扰测量、基于动态分簇的干扰管理、基于虚拟小区的干扰对齐和多小区干扰管控的资源分配等。UDN 的有效回传方法包括：混合回传和自回传，采用无线网状网络架构、混合分层和共用同一频带等手段，满足小小区基站"即插即用"、回传链路间低时延、高传输容量的需求。

1.3.3.2 新型网络架构

5G 以前的移动通信网络主要采用蜂窝架构，虽然 3G 以后对传统封闭的蜂窝架构做了一定的调整，如采用基站拉远、合并 RNC 等，有利于简化网络和减小时延，满足网络的低时延、低复杂度和低成本的要求，但是难以完全满足 5G 网络以用户为中心、异构多 RAT 接入和多样化业务场景应用需求。超蜂窝网络架构和非栈式协议框架的提出，为有效解决 5G 网络的需求困扰提供了思路。超蜂窝网络架构的特点是空口控制与业务覆盖的分离，进而演进为空口资源和流程的重构，体现为网络空口的覆盖重构、接入网的处理重构和接入网的计算重构。非栈式协议框架在对传统蜂窝网络架构进行突破和协同处理基础上，将原属于同一网元的用户面（U）、控制面（C）和管理面（M）以及资源数据进行解耦，并将不同网元的控制面、管理面和资源数据进行相对集中，而用户面依然保持分布式部署方式，资源数据采用分布式部署但集中管理的方式，以此为核心形成新的无线接入网和核心网架构，从而释放网络去蜂窝和虚拟化后的性能得到大幅提升的潜能。

超蜂窝网络架构和非栈式协议框架通过在底层物理基础设施上引入 SDN/NFV 技术，在突破传统蜂窝网络架构的封闭性基础上，打破传统协议栈固有组织方式，解耦系统用户面、控制面和管理面，重构 5G 无线网络数据和控制通道的串行联接为串并行联接，全面去蜂窝并虚拟化 5G 网络，使其在同一基础平台上能够承载多个不同类型的无线接入网方案，并可对接入网逻辑实体进行实时动态功能迁移和资源伸缩，为实现接入网络、传输网络乃至核心网络的全面云化提供基础支撑。同时，通过网络资源的虚拟化和网络架构的不断云化，将传统封闭的静态网络架构转化成灵活高效的动态网络架构，可以更方便快捷地改变网络配置状态，为多样化的垂直行业、按需定制的网络切片和最优的性能保障提供实际支撑。

1.3.4 无线安全技术及应用

5G 具有超大带宽、海量连接和超低时延等比 4G 更加优异的性能，大量引入虚拟现实、智能交通、自动驾驶和远程医疗等典型业务应用。其基础设施以软件定义网络（SDN）/网络功能虚拟化（NFV）、去蜂窝/非栈协议化和服务能力开放化等新技术为基础，并发展超密集组网（UDN）、增强网络切片、移动边缘计算（MEC）和设备对设备通信（D2D）等技术，其新技术、新业务模式给网络与信息安全带来的安全风险及影响难度较 4G 有相当大的增加。因此，5G 的相关研究需要有别于传统安全的新思路和方法，提出符合 5G 系统特性和业务应用需求的行之有效的安全技术，才能保证其网络和业务的可靠运行。

5G 无线安全是保障其系统安全最核心的一环。由于完美的无线传输链路难以实现，用于传输密钥的物理信道往往做不到绝对可靠，加上基于数学复杂度实现加密的传统方法将不再笃定牢不可破，故研究提出有别于只注重采用网络上层加密技术来保障 5G 传输信息安全的思路，其中物理层安全方法尤显重要。作为无线通信安全的第一道屏障，物理层安全从物理层确保数据的安全传输，可以从根本上满足系统的安全性，并有效简化系统的安全体系架构。同时，应用层涉及的 5G 医疗健康、智能家居和智能交通等业务应用，参与者也对其隐私保护提出了更高的要求，5G 无线安全还应针对应用层安全，研究提出风险识别、鉴权授权、密钥管理和虚拟设施监管等有效方法。

｜ 参考文献 ｜

[1] IMT-2020（5G）推进组. 5G 愿景与需求白皮书[R]. 2014.

[2] IMT-2020（5G）推进组. 5G 概念白皮书[R]. 2015.

[3] ITU-R. IMT vision - framework and overall objectives of the future development of IMT for 2020 and beyond: recommendation ITU-R M.2083-0[R]. 2015.

[4] IMT-2020（5G）推进组. 5G 无线技术架构白皮书[R]. 2015.

[5] IMT-2020（5G）推进组. 5G 网络技术架构白皮书[R]. 2015.

[6] IMT-2020（5G）推进组. 5G 承载需求白皮书[R]. 2018.

[7] 3GPP. R1-164688,RSMA, qualcomm incorporated, RAN1#85bis[R]. 2016.

[8] 华为技术有限公司. 5G 网络架构顶层设计理念白皮书[R]. 2015.

[9] Samsung Electronics Co., Ltd. 5G vision[R]. 2015.

[10] 未来移动通信论坛. 未来移动通信论坛 5G 白皮书（版本 V2.0）[R]. 2015.

[11] 尤肖虎, 潘志文, 高西奇, 等. 5G 移动通信发展趋势与若干关键技术[J]. 中国科学: 信息科学, 2014, 44(5): 551-563.

[12] 科技部网站. 国家 "863" 计划 5G 移动通信先期研究重大项目取得重要阶段性进展[EB]. 2016.

[13] IMT-2020（5G）推进组. 中国 5G 技术研发试验进展[R]. 2017.

[14] EU 5G PPP Architecture Working Group. View on 5G architecture (version3.0)[R]. 2020.

[15] 5GMF Fifth Generation Mobile Communication Promotion Forum. 5G mobile communications systems for 2020 and beyond (version 1.1), 5GMF white paper[R]. 2017.

[16] 5G Forum. 5G white paper[R]. 2016.

[17] 5G Americas. 5G technology evolution recommendations[R]. 2015.

分 别从集中式和分布式大规模天线及毫米波通信天线入手，分析大规模 MIMO 天线选择算法；采用大规模 MIMO 信道建模方法，研究低/中/高频大规模 MIMO 的信道模型；结合集中式和分布式天线的预编码方法及自适应码本选择方法，探讨提升信号传输性能、降低接收端复杂度的途径；分析大规模 SU-MIMO 和 MU-MIMO 系统容量，研究其频谱效率与天线数目的关系，并重点关注大规模 MIMO 系统的射频技术特别是毫米波天线的射频技术。

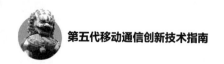

| 2.1 新型天线概述 |

2012 年，贝尔实验室提出了大规模 MIMO 的概念，开启了大规模 MIMO 技术研究历程。现阶段，业界研究的大规模 MIMO 技术包括集中式大规模 MIMO 和分布式大规模 MIMO。

集中式大规模 MIMO 基本特征是：以大规模天线阵方式集中放置（集中式）数十根甚至数百根天线；分布式大规模 MIMO 是在基站覆盖区域内扩展分布式天线系统，使其天线密集分散在小区内（密集分布式）。大规模 MIMO 的天线部署与 LTE 系统的不同之处在于天线数目大大增加，这一改变很大程度提高了系统的空间自由度。因此，在同一时频资源上，同时服务的用户数也相应增加，由此带来的复用能力和频谱效率等方面的提升非常显著[1]；与此同时，基站侧配置的大规模天线显著提升了无线通信系统的分集和阵列增益，这些增益为用户与基站提供了可靠的通信链路，同时还能使系统的功率效率得到明显提升[2]。

分布式天线能够显著拉近收发天线的距离，降低路径损耗带来的发射信号能量衰弱，在保障传输误码率、中断概率性能的前提下极大地提升功率效率；同时，由于分布式天线系统具备处理单元拉远和网元分布式的特点，不受限于基站站址的选择和部署，可以采用高密度低成本的分布式天线贴近并服务高业务密度的用户，通过分布式光纤将无线信号拉远到多个处理单元进行协作信号处理，处理单元具备并行可扩展高实时性的运算能力，从而极大地提升网络覆盖的单位面积吞吐率。

集中式大规模天线系统采用新兴的多天线技术，与传统的多天线系统相比，天线数目提高了一个数量级。一般认为，大规模 MIMO 系统使用发送天线阵列中的几十根、上百根甚至更多的天线，同时服务多个用户终端，能够大幅度提升系统容量。分布式大规模天线系统利用天线分布式部署的这一特点，不仅具有分布式天线系统的优点，而且具有其自身大规模化带来的优点。

显著增加基站侧配置的天线个数时，天线部署会发生变化。不同的天线部署方法在应用中各有优缺点。为了充分利用大规模天线阵提供的空间自由度所带来的分集和复用增益，需要处理天线阵大规模化带来的基本问题，即：基站侧天线个数显著增加会形成上下行传输和无线资源调度的瓶颈。只有通过探寻大规模天线系统适用的通信场景和评估指标，研究其无线传输与资源调配理论方法，才能面对大规模天线系统带来的挑战，解决其诸多问题。

2.1.1　集中式大规模天线

集中式大规模天线使用发送天线阵列中的几十根、上百根甚至更多的天线，同时服务多个用户终端。由于天线数目增多，传播信道可提供更多的空间自由度和复用增益；通过并行传输多个数据流，整个大规模天线系统的数据传输速率和频谱效率得到了显著提高。同时天线数目增多，可提供更多的空间分集增益；通过无线信号在空间中的多径传播，补偿信道衰落的影响，具有提高频谱效率、降低干扰等优点。

集中式天线系统的主要缺点在于：当基站端不存在丰富的散射环境时，天线相关性会增大，从而导致系统的可用空间自由度减少，甚至等效为单天线系统。另外，集中式天线系统还存在着远近效应，即小区边缘用户的性能远低于中心用户。而分布式天线系统把基站天线分布在整个小区内，用光纤或无线方式把它们同中央处理单元（CPU）连接起来。这样使用户的平均接入距离大大缩短，从而在减少发射功率的同时扩大覆盖范围、提高传输性能、消除远近效应。此外，本系统还可以根据应用场景的需要，灵活地调整基站的天线数。集中式大规模天线系统的预编码技术、导频污染清除和如何获得完整的信道状态信息（CSI）都是需要解决的问题。

2.1.2 分布式大规模天线

在分布式天线系统中，多个天线共享同一个基站的资源，传统的小区蜂窝结构得到保留，而基站部分则按照功能分为两个部分，一部分负责处理小区的处理节点，另一部分负责收发信息的天线节点。同一小区内包含一个处理节点和多个天线端口。可以对所有的天线端口的收发信息进行独立控制。

参考文献[3-4]提出的分布式无线通信系统（Distributed Wireless Communications System，DWCS）打破了传统的以基站为中心的小区概念，以用户为中心进行小区部署，将虚拟小区的概念引入通信系统中。DWCS用简化的收发天线和信号转换装置替代传统意义上的基站，天线与天线的数据传输通过光信号进行，部署的天线密度与小区内的服务用户密度有关，即在用户稀疏的区域部署数量较少的天线，在用户聚集的区域部署数量较多的天线。这些天线的发射功率比传统系统天线发射功率低，它们将合作构成分布式天线接入系统。DWCS处理单元负责处理各天线的收发信号，天线处只负责收发信号，不负责对信号进行处理，这样的设计将提高信号处理技术和分布计算技术在无线通信中的应用。DWCS利用天线在不同位置上的分布式特性，使天线和用户直接的平均接入距离减小，同时使信号强度有所提高，扩大了覆盖范围[2]。DWCS中应用到的宏分集技术，降低了多径衰落、阴影衰落。

参考文献[5]提出的分布式无线电系统具有分布式大规模天线系统的初步特征，给出了射频小区（RF-Cell）和广义小区（GN-Cell）的概念，射频小区由天线单元的无线覆盖范围确定，通常为几十到几百米，广义小区由同一个基站所管辖的多个射频小区确定。分布式无线电通过光纤无线电等宽带传输技术，将移动通信网的基站（BTS）和远程天线单元（RAU）分开，基站的无线信号和基带信号在不同的地理位置上处理，使基站和天线由传统的集中放置的方法变为分开放置，基站的无线覆盖小区可由多个分散放置的天线组成。在无线网络进行规划设计时，基站天线的布置可以根据无线信号覆盖和用户容量需求灵活地放置和延伸，以便于通过无线信号覆盖范围的规划、频率/空间等无线资源的合理复用和不同位置多个天线的信号发送，有效地抗击无线信号衰落等优化设计方法，提高移动通信网的系统容量和服务质量（QoS）。

2.1.3　毫米波通信天线

毫米波通信技术是 5G 无线通信系统中一项非常有潜力的技术[6],拥有远超 LTE 系统的可用带宽。毫米波可以使信号带宽在 4G 的基础上翻 10 倍,传输速率也可得到巨大提升[7]。由于天线的物理尺寸与信号的波长成正比,故毫米波天线的物理尺寸可以设计得比较小。在移动终端可以方便地配置毫米波的天线阵列,从而实现移动终端上的 MIMO 收发。毫米波频率高,结合预编码(波束成形)技术易实现高定向和高增益的天线[8],其分辨率高,抗干扰性好。虽然毫米波频段的衰减特性决定了毫米波不太适合用户终端和基站间进行远距离信号传输[9],但是可以利用毫米波在空气中的强传输衰减来抑制终端间的相互干扰。在设计毫米波系统的时候,不需要特别考虑干扰信号的处理,只需要控制不同终端之间的距离就可以有效控制相互干扰。当对 5G 频段进行规划时,可在户外开阔地带使用较传统的 6 GHz 以下频段,以保证信号覆盖率,而在室内则使用微型基站加上毫米波技术实现超高速数据传输。

虽然毫米波技术早已应用在航空和军工等领域,毫米波天线也比较成熟。但是要将毫米波引入 5G 系统却并不容易,主要是由于毫米波频率太高,不仅设计适合 5G 无线通信系统的毫米波芯片存在较大的难度,而且毫米波芯片成本较高,需要大幅度降低生产成本才能进行大规模推广应用。

MIMO 技术不仅完成了标准化,而且在低于 6 GHz 频率的商用 WLAN 和蜂窝系统中被广泛使用。毫米波使用的阵列天线往往比低频系统的天线数目更多(通常为 32~256 根)。由于其波长较小,仍然能够使天线的物理尺寸保持在较小范围内[10]。

2.1.3.1　频率低于 6 GHz 的传统 MIMO 架构

频率低于 6 GHz 的传统 MIMO 架构如图 2-1 所示。

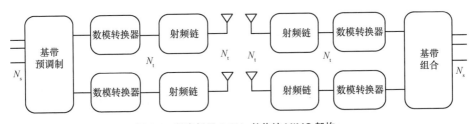

图 2-1　频率低于 6 GHz 的传统 MIMO 架构

在低频段中，所有对信号进行的处理都在基带上。就本质而言，传统频段上的MIMO 信号处理是数字信号处理大量应用的场所。图 2-1 中，N_s 表示数据流个数，N_t 表示发射天线数。

在载波频率和信号带宽较大的情况下，存在若干的硬件限制，使给每个天线设置单独的射频链和数模转换器十分困难。其难点：一是功率放大器或低噪声放大器实际应用中的空间结构限制并妨碍了每个天线使用完整的射频链；二是功耗过大，在毫米波频段设备消耗大量功率以及天线的数字转换阶段需要较大的功耗。

2.1.3.2　具有模拟波束成形的毫米波 MIMO 系统

具有模拟波束成形的毫米波 MIMO 系统如图 2-2 所示。

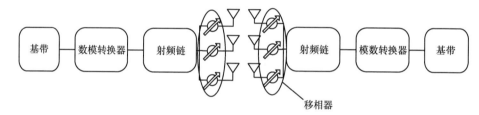

图 2-2　具有模拟波束成形的毫米波 MIMO 系统

模拟波束成形是在毫米波系统中应用 MIMO 的最简单方法之一。它可以应用于发射器和接收器，是 IEEE 802.11ad 支持的实际解决方案。

通常使用数字控制移相器网络来实现模拟波束成形，其中，若干天线元件通过移相器连接到单个射频链。可以使用某些特定的数字信号处理方法以调整移相器权重，从而控制波束实现成形，例如以最大化接收信号功率实现波束成形。

由于使用了量化相移并且缺乏幅度调制，因而对实现基于相控阵的模拟波束成形性能存在一定限制。对有源移相器而言，移相器损耗、噪声和非线性都可能导致性能下降；对于无源移相器，虽然功耗较低且无非线性失真，但占用了更多空间会导致更大的插入损耗。此外，移相器的功耗还取决于量化相位的分辨率。

2.1.3.3　基于混合模拟—数字预编码和组合的毫米波 MIMO 架构

基于混合模拟—数字预编码和组合的毫米波 MIMO 架构如图 2-3 所示。

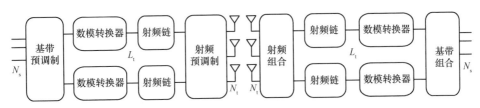

图 2-3　基于混合模拟—数字预编码和组合的毫米波 MIMO 架构

采用混合架构是一种在毫米波频率下充分发挥 MIMO 通信优势的方法，该架构将模拟和数字域之间的 MIMO 优化过程相分离。图 2-3 中，L_t 表示射频链个数，假设有少量收发器（2~8 个），有 $N_s < L_t < N_t$，并且可知 $N_r > L_r > N_s$。假设 $N_s > 1$，则混合架构可以实现空间复用和多用户 MIMO；而当 $N_s = L_t = L_r = 1$ 时，出现模拟波束成形的特例[11]。

现有的用于设计预编码器/组合器的算法中使用的信道模型不能完全避免有限毫米波散射和大规模阵列的影响。虽然这些算法在毫米波频率下可以使用，但是在考虑毫米波信道的稀疏性时还需要进一步简化。

2.1.3.4　基于移相器的混合波束成形的模拟处理

基于移相器的混合波束成形的模拟处理如图 2-4 所示。

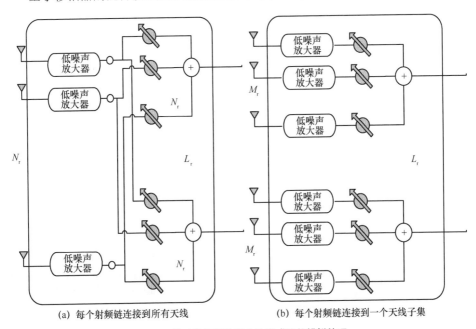

(a)　每个射频链连接到所有天线　　　　(b)　每个射频链连接到一个天线子集

图 2-4　基于移相器的混合波束成形的模拟处理

在图 2-4 中，混合架构的两种不同实现分别为图 2-4(a)和图 2-4(b)，其中 N_r 表示所有天线个数，M_r 表示第一个天线子集中的天线个数，L_r 为接收端。在第一种中，每个射频链都可以连接所有的天线；在第二种中，天线阵列可以分成子阵列，其中每个子阵列连接自己的单独收发器。具有多个子阵列的架构降低了硬件复杂性，代价是整体阵列灵活性较低。

基于移相器的混合预编码器/组合器通常使用具有少量量化相位的数字控制移相器。这种架构的优点之一是数字预编码器/组合器可以校正模拟中的精度不足，例如消除残留的多流干扰。这使混合预编码接近无约束解的性能。

2.1.3.5　基于交换器的混合波束成形的模拟处理

基于交换器的混合波束成形的模拟处理如图 2-5 所示。

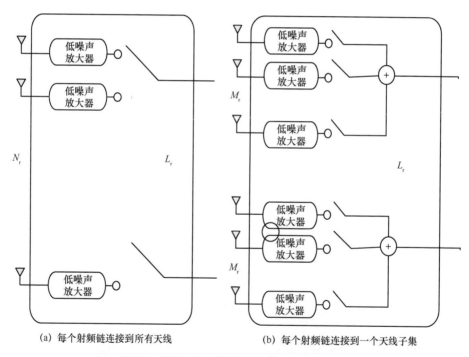

(a) 每个射频链连接到所有天线　　　(b) 每个射频链连接到一个天线子集

图 2-5　基于交换器的混合波束成形的模拟处理

这种架构使用了一种损耗较小的交换网络以进一步降低基于移相器的混合架构的复杂性和功耗，它通过对接收信号进行压缩空间采样来利用毫米波信道的稀疏特性。子集天线选择算法替代了优化所有量化相位取值以实现模拟组合器的设计。如果天线尺寸较小，或者应用于较大阵列的天线子集，那么每个交换器都可以连接所有的天线。

2.1.3.6　CAP–MIMO 收发器

连续孔径相位（Continuous Aperture Phase，CAP）MIMO 收发器使用基于透镜的前端进行模拟波束成形，它通过毫米波波束选择器和透镜将 $p = N_s$ 的预编码数据流映射到 $L = O(p)$ 的波束上。其中，p 表示透镜天线表面上的馈电天线数。

在混合架构中，$N_s > 1$ 的模拟波束成形也可以在前端使用透镜天线来实现，利用透镜计算空间傅里叶变换，从而实现直接访问波束空间中的信道。

CAP-MIMO 收发器架构如图 2-6 所示。CAP-MIMO 收发器是用于在毫米波频率下实现高维 MIMO 收发器的实际应用方式，硬件复杂度显著低于基于数字波束成形的传统方法，该架构通过布置在透镜天线表面上的馈电天线阵列直接在波束空间中采样。通过设计合适的前端，不同的馈电天线可以激发出近似看作相互正交的跨越覆盖区域的空间波束。

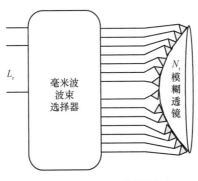

L_r　毫米波波束选择器　N_r 模糊透镜

图 2-6　CAP-MIMO 收发器架构

宽带透镜可以用多种有效方式设计，包括用于低频的分立透镜阵列（Discrete Lens Array，DLA）或用于高频的介电透镜。

2.1.3.7　毫米波上的单比特接收器（低分辨率接收器）

毫米波上的单比特接收器（低分辨率接收器）如图 2-7 所示。

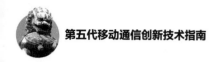

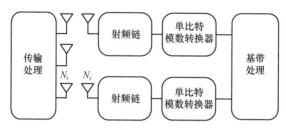

图 2-7　毫米波上的单比特接收器（低分辨率接收器）

在接收端，模拟和混合架构的替代方案是将模数转换器的分辨率降低到几个或一个比特。该架构将一对低分辨率模数转换器用于对每个射频链的输出处解调信号的同相和正交分量进行采样。单比特模数转换器与前端的其他组件相比，其功耗可以忽略不计（240 GS/s 的超高采样率下的单比特模数转换器消耗大约 10 mW）。在毫米波频率工作时，减少模数转换器中的比特数不仅会降低 MIMO 接收器中前端的功耗，还会限制基带电路的功耗。

多种混合预编码优化可以与单比特模数转换器兼容。虽然单比特模数转换器的信道估计误差在每个测量位以最优的平方式下降（与传统情况下的指数式相比），但它也随信道的稀疏性增大而降低。这表明相对较少的测量可能就已经足够，并且可以采用单比特压缩传感算法进行信道估计。

2.1.3.8　用于室内太赫兹系统的两种混合结构

由于硬件的限制，考虑到性能与复杂性的因素，太赫兹大规模天线系统首选混合数字模拟架构。室内多用户太赫兹通信系统部署有接入点，该接入点为不同距离的多个用户服务，每个用户发送单独的数据流。每个接入点配备有 $K \times N$ 个天线和 K 个射频链，天线以两种方式连接到射频链：一种是完全连接结构，另一种是天线子阵列结构，如图 2-8 和图 2-9 所示。在基带两种结构同样都是对数据进行数字处理，目的是控制数据流并防止用户之间的相互干扰。对用户而言，由于硬件和相关处理能力的限制，只有一个射频链，并且将 M 个天线和移相器封装到一起。

对于完全连接结构，射频链通过单独的移相器连接到所有天线，天线在不同的射频链之间是共享的。其中，一个射频链应当具有单独驱动整个大规模天线阵列的能力。而该架构中使用了大量的移相器和组合器，反过来加剧了电路的功率损耗。

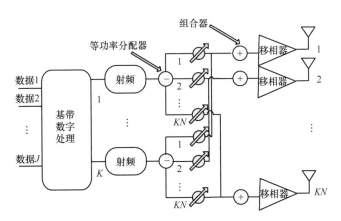

图 2-8　室内太赫兹系统的完全连接结构

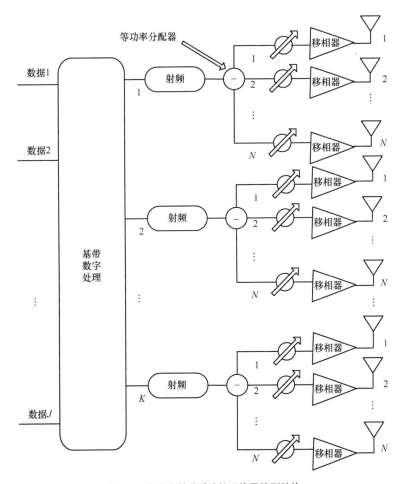

图 2-9　室内太赫兹系统的天线子阵列结构

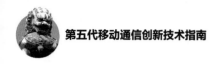

对于天线子阵列结构，射频链各自驱动与其对应的互不相交的天线子集，每个天线子集连接其专用的移相器，并且由一个特定的射频链接入以用于子阵列的阵列结构。因此，该架构中基本分量是子阵列而非天线，所有的信号处理都在子阵列级进行。由于利用了不相交结构，并且移相器较少，故系统的复杂性和功耗以及信号的功率损耗都会大幅度降低。另外，通过与数字基带配合，还可以在不同子阵列之间合理分配信号能量、提供较强的复用能力。因此，可以充分地利用波束转向增益、多路复用增益以及空间分集增益。

| 2.2 天线选择算法 |

2.2.1 集中式大规模 MIMO 天线选择算法

在大规模 MIMO 系统中，发射端和接收端都配备较多天线进行信号的发送和接收，这就要求相当数量的射频链路（如模数转换器、功率放大器、调制解调器等），这无疑会大大提高成本。此外，由于使用了大量的天线，编译码的复杂度也随之大幅增加。当天线数较大时，系统的运算复杂度会变得很高，实现成本也会很高，这严重影响了 MIMO 系统实用化的进程。

MIMO 天线选择技术可以降低系统实现复杂度以及减小系统成本，天线选择是在基站端和移动终端配置多根天线，同时使用较少的射频链路。每个时刻按照事先制定好的性能作为选择准则，在收发端选择最优的一组天线进行信息的发送和接收。此方法可以为 MIMO 系统带来更大的容量。天线选择一般有两种，其中一种是以分集增益最大化来提高系统传输性能，另外一种是容量最大化来提高系统的传输效率。

假设 MIMO 发射天线有 M_T 根，接收天线有 M_R 根，发射端和接收端分别有 L_t 和 L_r 个射频链路，且 $M_T > L_t$，$M_R > L_r$。

（1）最优算法

在优化算法中，穷举法一般是最优算法，它是根据香农公式推导得到的一种最大化容量的天线选择方法。最优天线选择算法将每个可能的天线组合做逐个搜索穷举，选出能够使信道容量最大的天线组合作为发射天线。从理论上说，通过穷举法得到的天线组合获得的信道容量一定是最高的，但这个算法最大的弊端就是计算复杂度太高，需要进行 $C_{M_T}^{L_t}$ 次计算，在发射天线数 M_T 较小时计算量还处于正常范围内，随着 M_T 的增加，计算复杂度会高速增长。因此，穷搜法在实际中并不实用，特别是在一些高实时性的系统中更不可能得到应用。

（2）最大范数算法

若从发射端的 M_T 个天线中选择 L_t 个天线，则基于信道矩阵最大范数的算法的思想是：从信道矩阵 H 的 M_T 列中选出具有最大范数的 L_t 列作为选择的子集即可。

（3）递减算法

递减算法是一种次优的快速天线选择算法。其中，每次去掉信道矩阵中特定的一列，即删除对系统容量贡献最小的天线，重复执行直到最终只有 L_t 列为止。

（4）递增算法

递增算法也是一种次优快速天线选择算法，该算法在发射的天线中，每次选择使系统容量的增量最大的一根天线。对于递增与递减算法，当 L_t 趋近于 M_T 时，递减算法在复杂度上小于递增算法。

（5）随机选择算法

随机选择算法不依靠一定准则，从天线形成的信道矩阵中随机地选出所需要的天线数即可，该算法虽然简单，但不能很好地提高信道容量。

比较起来，最优天线选择算法是列举所有可行的天线组合，然后从中选出使信道容量最大的天线组合，该算法计算复杂度最高。基于最大范数的天线选择算法是根据信道矩阵的列范数（采用 2 范数，即信道矩阵每列元素的平方和再开方）大小排列天线，根据大小对范数进行排序，然后按大小顺序进行天线选择，此算法具有最低的计算复杂度。它们的最大运算复杂度见表 2-1。

表 2-1　各算法的最大运算复杂度

算法名称	最大运算复杂度
最优算法	$O(C_{M_T}^{L_t})$
递减算法	$O(M_T^2 M_t^2)$
递增算法	$O(M_T M_R L_t)$
最大范数算法	$O(M_T)$

除上述几种常规天线选择算法外，近年也出现了基于机器学习的天线选择算法。此类算法拥有比常规算法小得多的计算复杂度，极大地减少了冗余计算，其算法基

本思想如下。

与其他的机器学习场景类似，天线选择场景下的机器学习也是首先大量收集使用传统选择方法的系统中的选择经验，学习信道信息和天线组合之间的映射关系，学习得到具体的机器学习模型，此后，便可以抛弃计算复杂度很高的传统算法[1]，仅使用学得的模型解决天线选择问题。

智能天线选择方法有一个重要的假设——假设信道矩阵在发射端是未知的，在接收端是已知的。将天线选择视为一个分类问题，每种天线的组合都被视为一个类别。选择的方法是，首先根据一定的概率分布生成信道矩阵作为训练数据，其次为训练数据打上具体的类标签，再将训练数据和标签送入选定的机器学习算法中进行训练。常常选用卷积神经网络（CNN）[2]、支持向量机（SVM）、K 近邻（KNN）等算法[1]。

以上的算法都是在集中式 MIMO 系统中提出的，分布式天线系统，与集中式大规模天线系统比较，其天线选择的原理基本相同，都为最大化系统容量。而对于集中式大规模天线系统，天线数目增多时，可以利用其信道矩阵特征进行天线选择。通常情况下，虽然集中式 MIMO 系统中的天线选择算法在分布式 MIMO 系统中也能较好地进行应用，但是这样并不能发挥分布式 MIMO 的特点。因此，分布式天线系统与集中式大规模天线系统的天线选择算法需要根据其特点进行研究。

2.2.2　分布式大规模 MIMO 天线选择算法

5G 移动通信在无线传输速率、频谱效率及能量效率等关键性能指标上提出了更高的要求，大规模 MIMO 系统的特点使其能够更加高效地利用空间维度和无线频谱资源，显著提升无线通信中重点关注的频谱效率和能量效率，是未来绿色宽带移动通信领域中最具吸引力和潜力的技术实体。考虑一种分布式大规模 MIMO 系统，如图 2-10 所示。

该系统有 M 个单天线 RAU 分布式部署，连接一个 CU，用户为 K 根接收天线。因此下行传播信道可以表示为：

$$G = HD^{\frac{1}{2}} \tag{2-1}$$

其中，$H \in C^{K \times M}$ 为小尺度衰落，服从瑞利分布，$D \in C^{M \times M}$ 为大尺度衰落矩阵，为对角矩阵。对角元素为传播路损和正态阴影衰落。对于每个 RAU 的正态阴影衰落

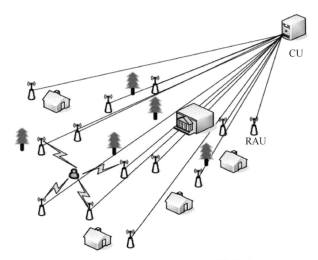

图 2-10　分布式大规模 MIMO 系统模型

相互独立。H 的每个元素为独立同分布随机变量，H 的每个列向量渐近正交，具体如下：

$$\left(\frac{G^{\mathrm{H}}G}{M}\right)_{M\gg K}=D^{1/2}\left(\frac{H^{\mathrm{H}}H}{M}\right)_{M\gg K}D^{1/2}\approx D \tag{2-2}$$

假设发射信号为 $s_f\in C^{M\times 1}$，用户接收信号为 x_f，则：

$$x_f=\sqrt{\rho_f}Gs_f+w_f \tag{2-3}$$

其中，w_f 为 $K\times 1$ 的噪声接收向量，为零均值独立复高斯单位变量。假设 CU 端完美接收，ρ_f 为 SNR。因此分布式大规模 MIMO 的容量可以表示为：

$$C_{M\gg K}(G)=\mathrm{lb}\,\det(I_M+\rho_f G^{\mathrm{H}}G)\approx \mathrm{lb}\,\det(I_M+\rho_f MD) \tag{2-4}$$

从 M 根天线中选择 N 根天线，利用凸优化的方法解决该天线选择问题。给每个 RU 定义一个天线选择变量 $\Delta_i(i=1,\cdots,M)$，这样：

$$\Delta_i=\begin{cases}1, & \text{选择}\,i^{\mathrm{th}}\,\text{天线}\\0, & \text{其他}\end{cases} \tag{2-5}$$

现在考虑 $M\times M$ 对角矩阵 Δ 用于天线选择，其中 Δ_i 为对角元素。对角矩阵 Δ 描述为：

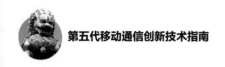

$$\boldsymbol{\Delta} = \begin{pmatrix} \Delta_1 & & 0 \\ & \ddots & \\ 0 & & \Delta_{Nu} \end{pmatrix}_{Nu \times Nu} \tag{2-6}$$

其中，Δ_i 的定义如式（2-5）所示。定义 $F=G\Delta$ 为 $K \times M$ 信道增益矩阵，则选择后分布式大规模 MIMO 的容量为：

$$C_{M \gg K}(\Delta) = \mathrm{lb} \det(\boldsymbol{I}_M + \rho_f F^{\mathrm{H}} F) \approx \mathrm{lb} \det(\boldsymbol{I}_M + \rho_f M \Delta) \tag{2-7}$$

由于 Δ_i 为一个二进制整型变量，这使得该天线选择问题为一个 NP-hard 问题。使用线性放松的概念来解决这个问题。线性放松 0-1 整数问题，即将每个变量必须取 0 或 1，松放为[0 1]的实数段。即对于每个变量的限制放宽，由原来的 $\Delta_i = \{0,1\}$ 整数值问题放松为 $0 \leqslant \Delta_i \leqslant 1$ 的实数区间限制。通过放松，可以将 NP-hard 整数优化问题转变为线性问题，可以在多项式次时间内解决。通过对 NP-hard 问题进行条件放松，在分布式大规模 MIMO 中的天线选择问题可以表示为：

$$\min \left\| (\boldsymbol{P}\boldsymbol{\Delta})^{\mathrm{H}} \, \boldsymbol{P}\boldsymbol{\Delta} \right\|_1$$

受限于：

$$0 \leqslant \Delta_i \leqslant 1 \rightarrow 条件1 \tag{2-8}$$

$$\mathrm{trace}(\boldsymbol{\Delta}) = \sum_{i=1}^{Nu} \Delta_i = K \rightarrow 条件2$$

因此，将组合优化问题放松为凸优化函数。这个优化问题产生分数解，选出 K 个最大的 Δ_i，其下标表示最佳的服务天线。

下面给出分布式大规模 MIMO 系统 $M=100$ 根天线，将其与穷搜天线选择算法进行性能对比。

图 2-11 给出 $N=50$、$N=90$ 的天线选择结果。从图 2-11 中可以看出，系统容量随着 SNR 的增大而增加。选择的天线数越多，获得的容量越大。且与穷举搜索的天线选择算法的性能接近。

图 2-12 的仿真结果说明了分布式大规模 MIMO 系统天线数与容量的关系。固定 SNR=14 dB，增加分布式大规模 MIMO 系统的天线数 M，可以增加系统的容量。本文给出了从分布式大规模 MIMO 系统选择 5 根天线的情况。从图 2-13 中可以看出，Δ_i 对应 i^{th} RAU 的权值越大，其增益 D_i 越大。因此权值向量与大尺度衰落成正比，即：

$$\Delta_i \propto D_i \tag{2-9}$$

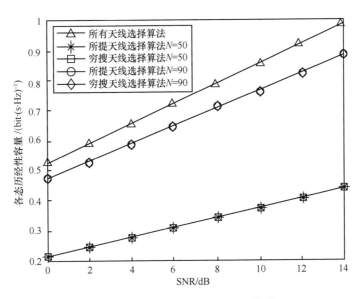

图 2-11　各态历经性容量与 SNR 的关系

因此，对于分布式大规模 MIMO 系统，可以根据选择大尺度衰落来选择相应的 RAU。这样，天线选择的复杂度变为 $O(M)$，天线选择算法的计算复杂度得到明显降低。

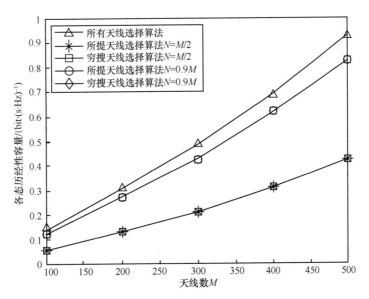

图 2-12　各态历经性容量与天线数的关系

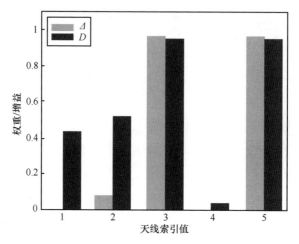

图 2-13　天线索引值与增益的关系

| 2.3　大规模 MIMO 信道模型研究 |

大规模 MIMO 技术的评估很大程度上依赖于准确的 3D 信道模型。为了使得信道建模更加准确，人们对实际信道特征进行了大量的实际测量，基于实际信道测量参数，对信道模型进行了优化。大规模 MIMO 信道模型一个重要特点是信道模型的 3D 化、其对应用户 3D 分布、3D 的信道传播环境。

由于大规模 MIMO 技术既可以适用于现有蜂窝通信的中低频率场景，也适用于毫米波通信场景，故其信道模型可以分为中低频率大规模 MIMO 信道和高频大规模 MIMO 信道。根据现阶段大规模 MIMO 技术的发展以及信道建模的复杂程度，大规模 MIMO 的信道建模可分成两个阶段：第一阶段为中低频率的大规模 MIMO 信道建模，第二阶段为高频段的大规模 MIMO 信道建模。

2.3.1　大规模 MIMO 信道建模分类

2.3.1.1　3GPP 3D 信道建模

3GPP 3D 信道建模主要完成了室外城市宏蜂窝（3D-UMa）和室外城市微蜂窝（3D-UMi）场景。同时，对于城市高层建筑分布的场景（High-rise）也进行了讨论。

在城市宏蜂窝/微蜂窝覆盖系统中，通常有很多的用户需要服务，而新建站址困难，可以通过 3D MIMO 技术在基站端装备更多天线阵元来服务更多用户，并动态调整 3D 波束满足移动通信业务的需求。多楼层的室外到室内场景中，通常用户的垂直高度相差较大，需要基站能够提供较大范围的垂直覆盖角度，通过 3D MIMO 灵活的波束成形，能很好地实现多楼层覆盖和垂直用户的区分。而室内覆盖则主要包括办公室、会议室及商场等场所，同样需要 3D MIMO 提供大范围内的覆盖，并且通过波束调整和窄化，有效提升多用户接收的信号质量。

相比于原来的 2D 建模，新的 3D 信道建模首先引入了 3D 的用户分布，调查和研究表明 80%的用户分布在室内环境，而室内的用户又分布在不同楼层。3GPP 3D 信道模型楼层分布为 4～8 层均匀分布，用户在楼层中均匀分布。因此，3D 信道模型中部分参数引入了用户高度的影响，例如在大尺度衰弱以及视距（Line of Sight，LOS）概率中引入了用户高度的影响。

在经过了长期的建模、仿真与校准后，3GPP 最后制定了 TR 36.873 标准，在其中对 3D MIMO 信道建模的参数和方法进行了详尽的阐述[12]。3D MIMO 信道是基于 WINNER 项目提出的，其建模方法与 WINNER 提出的统计型信道模型的方法类似。另外，3D 信道模型中，引入了垂直向信道参数：例如垂直向到达角度扩展（Zenith Spread of Arrival Angles，ZSA）、垂直向离开角度扩展（Zenith Spread of Depature Angles，ZSD）、垂直向到达角度（Zenith of Arrival Angles，ZOA）、垂直向离开角度（Zenith of Depature Angles，ZOD）以及 ZOA/ZOD 角度在非视距（Non-Line of Sight，NLOS）场景下相对于 LOS 方向的角度偏移。此外，在 3D MIMO 信道模型中，对 3D 天线阵列也进行了一般性描述，分析了 3D 天线阵列建模需要的参考坐标系以及相应的变换。这样可以将天线模型与信道模型分离，从而实现任意的天线结构和天线场方向图，提高天线的复杂度并进一步提升天线的性能。

2.3.1.2 国内 3D 信道建模

国内多家单位积极参与并推动了 3GPP 3D 信道建模，对于 3D 信道的实际测量、分析、建模等做了大量工作，基于 3D 信道模型提供了系统仿真的校准结果。

华为公司专门成立了实际信道测试工作组对 3D 宏蜂窝、3D 微蜂窝，High-rise 高楼小区等不同场景的实际信道参数进行了详细的测量，同时利用 Ray Tracing 测试软件进行了场景的仿真测量及验证，利用专家资源对于海量的测量结果进行分析以

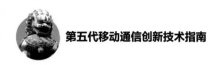

及模型化。向 3GPP 会议提供了多篇提案，包括 Pathloss 建模、LOS 概率建模，有效环境高度、垂直向大尺度参数相关性、垂直向角度扩展建模等方面。

中国移动联合北京邮电大学共同完成了室内、宏蜂窝、微蜂窝以及室外到室内等场景的 3D 信道数据采集，随后进行了 3D 信道的数据分析与建模，并向 3GPP TSG-RAN WG1 提交了典型场景下包含原始 3D MIMO 信道测量数据的提案。内容包括了宏蜂窝、微蜂窝以及室外到室内 3 个场景下的俯仰角度参数特征分析与建模方法以及 3D MIMO 信道建模整体框架。

2.3.2 大规模 MIMO 信道建模方法

为了完成 3D MIMO 信道建模，一方面，要实现天线阵列模型的 3D 化，将天线阵元堆积到俯仰维度以扩大天线阵元数目；另一方面，从传播信道的角度考虑，摒弃无线信号在 2D 空间传播的假设，还原信号的真实传播机制，将俯仰角信息应用于参数化的多径分量，完成 3D 传播机制的建模。以现有的 2D 信道模型为基础，沿用其路损、阴影等大尺度参数建模方法，将 3D 天线阵列模型与空域大尺度模型合理的融入现有模型中，实现 MIMO 信道的 3D 化。

2.3.2.1 3D 天线阵列建模方法

天线阵列的设计对多径信道的空间特性有着极大的影响，天线间空间相关性越小，系统容量则越大。受限于基站端的天线尺寸，采用水平排布线性阵列的传统 2D MIMO 只能装备有限数量的天线阵元，服务用户数目十分受限。而将天线阵元扩展到垂直维度上，采用矩形天线阵列，能够实现更高的系统平均吞吐量和系统边缘吞吐量。在视距传输环境下，依据多用户的位置对发端天线波束进行水平和垂直维度的 3D 波束成形，能够明显提升单小区和多小区场景下边缘用户的吞吐量和系统的频谱。常见的 3D MIMO 天线阵列包括均匀矩形阵列、圆柱形阵列等[13]。基于相关性的信道模型（Correlation-based Analytical Model，CBAM）：从矩阵相关性的角度对 MIMO 信道矩阵进行统计分析，比较常见的相关性信道模型有独立同分布信道模型、Kronecker 信道模型和 Weichselberger 信道模型[14]，3D Kronecker 模型默认设定收发两端不存在散射体，收发两端无相关性、相互独立，这样可以把 MIMO 信道的相关矩阵分解成接收端相关矩阵与发射端相关矩阵的 Kronecker 积，从而可以利用接收端相关矩阵与发射端相关矩阵建立模型。

基于均匀矩形阵列的 3D MIMO Kronecker 信道模型建立过程如下[13]。一个均匀矩形阵列如图 2-14 所示，其中 x 轴上放置 N_x 根天线，相邻天线的间隔为 d_x，y 轴上放置 N_y 根天线，相邻天线的间隔为 d_y。假设天线沿 y 轴依次放置，则发射端第 k 根天线的坐标为：

$$r_{T_x,k} = \left(\left[k/d_y\right],(k-1)\bmod d_y+1,0\right)\times\left(d_x,d_y,0\right) \tag{2-10}$$

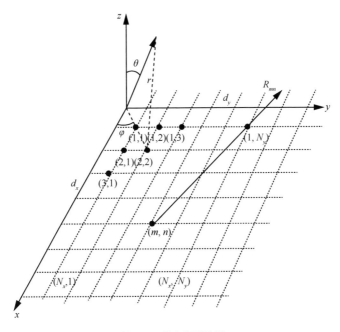

图 2-14　均匀矩形阵列

同理可得到接收端第 l 根天线的坐标为：

$$r_{R_x,k} = \left(\left[l/d_y'\right],(l-1)\bmod d_y'+1,0\right)\times\left(d_x',d_y',0\right) \tag{2-11}$$

设第 (m,n) 根天线单元的激励电流为 I_{mn}，则该天线的远区辐射场可以表示为：

$$E_{mn} = \mathrm{CI}_{mn}\frac{\mathrm{e}^{-jkR_{mn}}}{R_{mn}}\mathrm{e}^{-jk(R_{mn}-r)} \tag{2-12}$$

对式（2-12）进行远场近似有：

$$1/R_{mn} \approx 1/r \tag{2-13}$$

$$R_{mn}-r = -\left(x_m\cos\varphi+y_n\sin\varphi\right)\sin\theta \tag{2-14}$$

则第 (m, n) 根天线单元的远区辐射场为：

$$E_{mn} = CI_{mn} \frac{e^{-jkr}}{r} e^{jk(md_x \cos\varphi + nd_y \sin\varphi)\sin\theta} \tag{2-15}$$

对于整个天线阵列，其远区辐射场为：

$$E = C \frac{e^{-jkr}}{r} S(\theta, \varphi) \tag{2-16}$$

其中，C 为天线单元因子；$S(\theta, \varphi)$ 为阵因子，表达式为：

$$S(\theta, \varphi) = I_{mn} \sum_{n=1}^{N_x-1} \sum_{m=1}^{N_y-1} e^{jk(md_x \cos\varphi + nd_y \sin\varphi)\sin\theta} \tag{2-17}$$

$$I_{mn} = I_{xm} I_{yn} e^{-j(m\alpha_x + n\alpha_y)} \tag{2-18}$$

其中，I_{xm}、I_{yn} 分别表示沿 x 轴方向和 y 轴方向排列的天线阵列的幅度；α_x、α_y 分别表示沿 x 轴方向和 y 轴方向天线阵列的均匀递变相位。对所有 m 和 n 满足式（2-18）的单元电流分布称为可分离性分布。

$$S(\theta, \varphi) = S_x(\theta, \varphi) \times S_y(\theta, \varphi) \tag{2-19}$$

$$S_x(\theta, \varphi) = \sum_{m=0}^{N_x-1} I_{xm} e^{jm(kd_x \cos\varphi \sin\theta - \alpha_x)} \tag{2-20}$$

$$S_y(\theta, \varphi) = \sum_{n=0}^{N_y-1} I_{yn} e^{jn(kd_y \sin\varphi \cos\theta - \alpha_y)} \tag{2-21}$$

若取：

$$\begin{cases} u_x = kd_x \cos\varphi \sin\theta - \alpha_x \\ u_y = kd_y \sin\varphi \cos\theta - \alpha_y \end{cases} \tag{2-22}$$

则有：

$$\begin{cases} S_x(u_x) = \sum_{m=0}^{N_x-1} I_{xm} e^{jmu_x} \\ S_y(u_y) = \sum_{n=0}^{N_y-1} I_{yn} e^{jnu_y} \end{cases} \tag{2-23}$$

得到阵因子方向图函数为：

$$S(\theta, \varphi) = \frac{\sin\left(\dfrac{N_x u_x}{2}\right) \sin\left(\dfrac{N_y u_y}{2}\right)}{\sin\left(\dfrac{u_x}{2}\right) \sin\left(\dfrac{u_y}{2}\right)} \tag{2-24}$$

一般情况下，天线单元因子对天线方向图影响较小，仅讨论阵因子方向图函数。类似圆形阵列的讨论，将天线方向图函数分为垂直极化天线方向图和水平极化方向图。首先给出平面阵波束指向满足的关系式：

$$\begin{cases} \tan\varphi_0 = \dfrac{\alpha_y d_x}{\alpha_x d_y} \\[3mm] \sin^2(\theta_0) = \left(\dfrac{\alpha_x}{kd_x}\right)^2 + \left(\dfrac{\alpha_y}{kd_y}\right)^2 \end{cases} \tag{2-25}$$

当波瓣主瓣最大值指向 z 轴方向时，$\theta_0 = 0$，$\alpha_x = 0$，$\alpha_y = 0$，此时均匀矩形阵列的垂直极化天线方向图为：

$$F_V(\theta,\varphi) = \frac{\sin\left(\dfrac{N_x\left(kd_x\cos\varphi\sin\theta\right)}{2}\right)\sin\left(\dfrac{N_y\left(kd_y\sin\varphi\cos\theta\right)}{2}\right)}{\sin\left(\dfrac{kd_x\cos\varphi\sin\theta}{2}\right)\sin\left(\dfrac{kd_y\sin\varphi\cos\theta}{2}\right)} \tag{2-26}$$

当波瓣主瓣最大值指向 x 轴时，$\theta = \theta_0 = \pi/2$，$\varphi_0 = 0$，$\alpha_y = 0$，$\alpha_x = kd_x$，此时均匀矩形阵列的水平极化天线方向图为：

$$F_V(\theta,\phi) = \frac{\sin\left(\dfrac{N_x\left(kd_x\cos\varphi\sin\theta - \alpha_x\right)}{2}\right)\sin\left(\dfrac{N_y\left(kd_y\sin\varphi\cos\theta\right)}{2}\right)}{\sin\left(\dfrac{kd_x\cos\varphi\sin\theta - \alpha_x}{2}\right)\sin\left(\dfrac{kd_y\sin\varphi\cos\theta}{2}\right)} \tag{2-27}$$

推导得到均匀矩形阵列发射相关矩阵和接收矩阵如式（2-28）和式（2-29）所示。

$$\begin{aligned} R_{tx}(k,l) = P\sum_{u=1}^{U}\Bigg[&\iint_{\Omega} F_{tx,k,V}(\varphi,\theta)F_{tx,l,V}(\varphi,\theta)\exp(j2\pi\lambda_0^{-1}e)p(\varphi,\theta)\sin\theta\,\mathrm{d}\theta\,\mathrm{d}\varphi + \\ &\iint_{\Omega} E(k^{-1})F_{tx,k,H}(\varphi,\theta)F_{tx,l,H}(\varphi,\theta)\exp(j2\pi\lambda_0^{-1}e)p(\varphi,\theta)\sin\theta\,\mathrm{d}\theta\,\mathrm{d}\varphi + \\ &\iint_{\Omega} E(k^{-1})F_{tx,k,V}(\varphi,\theta)F_{tx,l,V}(\varphi,\theta)\exp(j2\pi\lambda_0^{-1}e)p(\varphi,\theta)\sin\theta\,\mathrm{d}\theta\,\mathrm{d}\varphi + \\ &\iint_{\Omega} F_{tx,k,H}(\varphi,\theta)F_{tx,l,H}(\varphi,\theta)\exp(j2\pi\lambda_0^{-1}e)p(\varphi,\theta)\sin\theta\,\mathrm{d}\theta\,\mathrm{d}\varphi \Bigg] \end{aligned} \tag{2-28}$$

$$\begin{aligned} R_{rx}(k,l) = P\sum_{s=1}^{S}\Bigg[&\iint_{\Omega'} F_{rx,k,V}(\varphi',\theta')F_{rx,l,V}(\varphi',\theta')\exp(j2\pi\lambda_0^{-1}f)p(\varphi',\theta')\sin\theta'\,\mathrm{d}\theta'\,\mathrm{d}\varphi' + \\ &\iint_{\Omega'} E(k^{-1})F_{rx,k,V}(\varphi',\theta')F_{rx,l,V}(\varphi',\theta')\exp(j2\pi\lambda_0^{-1}f)p(\varphi',\theta')\sin\theta'\,\mathrm{d}\theta'\,\mathrm{d}\varphi' + \\ &\iint_{\Omega'} E(k^{-1})F_{rx,k,H}(\varphi',\theta')F_{rx,l,H}(\varphi',\theta')\exp(j2\pi\lambda_0^{-1}f)p(\varphi',\theta')\sin\theta'\,\mathrm{d}\theta'\,\mathrm{d}\varphi' + \\ &\iint_{\Omega'} F_{rx,k,H}(\varphi',\theta')F_{rx,l,H}(\varphi',\theta')\exp(j2\pi\lambda_0^{-1}f)p(\varphi',\theta')\sin\theta'\,\mathrm{d}\theta'\,\mathrm{d}\varphi' \Bigg] \end{aligned} \tag{2-29}$$

其中，参数 e 和 f 分别由式（2-30）和式（2-31）给出：

$$e = \left(\left[k/d_y\right] - \left[l/d_y\right]\right) \times d_x \sin\theta\cos\varphi + \left((k-1)\bmod d_y - (l-1)\bmod d_y\right) \times d_y \sin\theta\sin\varphi$$

（2-30）

$$f = \left(\left[k/d_y'\right] - \left[l/d_y'\right]\right) \times d_x' \sin\theta'\cos\varphi' + \left((k-1)\bmod d_y' - (l-1)\bmod d_y'\right) \times d_y' \sin\theta'\sin\varphi'$$

（2-31）

由此得到均匀矩形阵列的信道矩阵表达式为：

$$H = R_{\text{rx}}^{1/2} G R_{\text{tx}}^{1/2}$$

（2-32）

2.3.2.2 空域大尺度建模方法

3D MIMO 信道的大尺度参数主要有 7 个，包括：阴影衰落因子（Shadow Fading，SF）、莱斯 K 因子（K）、时延扩展（Delay Spread，DS）、水平到达角角度扩展（Azimuth Spread of Arrival Angles，ASA）、水平离开角角度扩展（Azimuth Spread of Depature Angles，ASD）、垂直到达角角度扩展（Zenith Spread of Arrival Angles，ZSA）、垂直离开角角度扩展（Zenith Spread of Depature Angles，ZSD），相比二维平面的随机信道多出了垂直方向的到达角和发射角角度扩展。对于路损的计算，在 3D MIMO 信道中也考虑了 BS 的高度和 UE 的高度，添加了三维空间的距离计算。

信道模型中的大尺度参数（LSP），是对信道段的总体描述。在系统级仿真中包含了多条链路，每一条链路的性能由各 UE 间小尺度参数决定，而大尺度参数的作用是控制小尺度参数的生成，主要包含的参数有：阴影衰落的标准差、时延扩展及其分布、到达角的角度扩展及其分布、发射角角度扩展及其分布、莱斯 K 因子。在仿真过程中，大尺度参数的生成过程遵循以下原理：

（1）同一个 UE 对不同的基站，其大尺度参数是相互独立的；

（2）不同的 UE 对同一个基站，大尺度参数是相关的，其相关性由终端距离决定；

（3）对于一个 UE 到一个基站的情况，不同的大尺度参数也是相关的，其相关性由相关矩阵决定。

因此，在生成大尺度参数时，先根据用户撒点情况，由 UE 距离生成不同 UE 之间的相关性，再根据相关矩阵生成一个 UE 内不同大尺度参数之间的相关性。

对于大尺度参数 LSP 之间的相关性，可以由独立高斯随机过程得到[9]。如果有第 i 个大尺度参数 S_i 不服从高斯分布，则需要通过服从高斯分布的参数 $\tilde{S}_i$ 进行某种映射转换得来，$\tilde{S}_j$ 被称为转换大尺度参数（TLSP）。在某个 UE 的转换大尺度参数映射为大尺度参数之前，需要与其他 UE 链路的转换大尺度参数产生相关性。

对于同一个 UE 而言，各大尺度参数之间的相关性是用相关系数矩阵描述的。此外，对于不同的 UE 到同一个基站的情况，UE 之间的相关性与用户位置有关，那么要另外描述相关系数矩阵随着距离变化的情况。假设具有 K 个用户，用户位置为 $(x_k, y_k), k = 1, 2, \cdots, K$，各自具有 M 个转换大尺度参数，那么一共就有 $N = M \cdot K$ 个变量间具有相关性。在参数和 UE 数量较多的情况下，可以使用计算指数自相关和互相关的方法表现大尺度参数之间的相关性。

无论是室外或室内场景，都可以按照规定的相关距离，将场景区域划分为数个均匀的网格。对于每一个大尺度参数，都可以按照 UE 的距离生成 K 个服从 $N(0,1)$ 分布的独立随机变量作为映射前的转换大尺度参数（其中 K 为区域中用户的撒点总数）。利用以下滤波器，可以生成指数自相关：

$$h_m(d) = \exp\left(-\frac{d}{\Delta_m}\right) \tag{2-33}$$

其中，d 的取值为 $[0, D]$，D 为网格的坐标扩充值，Δ_m 为第 m 个大尺度参数的相关距离，在网格内对第 m 个转换大尺度进行相应的滤波处理，使每个 UE 间的同一个大尺度参数具有相关性。假设用户进行自相关处理后的转换大尺度参数记为 $\xi_M(x_k, y_k, z_k)$，则转换大尺度参数之间的互相关可以通过以下线性变换产生：

$$s(x_k, y_k, z_k) = \sqrt{C_{M \times M}(0)} \xi_M(x_k, y_k, z_k) \tag{2-34}$$

其中，$C_{M \times M}(0)$ 为相关矩阵：

$$C_{M \times M}(0) = \begin{bmatrix} C_{S_1 S_1}(0) & \cdots & C_{S_1 S_M}(0) \\ \vdots & \ddots & \vdots \\ C_{S_M S_1}(0) & \cdots & C_{S_M S_M}(0) \end{bmatrix} \tag{2-35}$$

最后，将转换大尺度参数 TLSP 转为大尺度参数 LSP：

$$S_M = 10^{\mu_M + S_M + \sigma_M} \tag{2-36}$$

其中，S_M 为第 M 个大尺度参数，μ_M 和 σ_M 为第 M 个大尺度参数的均值和方差，这些数据是前期进行信道测量时统计所得。

由上述计算可以获得每一个 UE 的大尺度参数向量：

$$S_M = [S_{SF}, S_K, S_{DS}, S_{ASD}, S_{ASA}, S_{ZSD}, S_{ZSA}]^{T} \tag{2-37}$$

2.3.3　中低频大规模 MIMO 信道模型

现有无线通信系统应用的频谱集中于低频段（3 GHz 以下）和中频段（3～6 GHz），该频段传输损耗较小，有利于信号传输。在 6 GHz 以下的中低频区域可用频谱稀少，为满足日益增长的用户数据需求，需要大幅提高频谱效率。大规模 MIMO 技术能够为这部分频率资源提供可观的频率效率增益。

中低频信道特性已经经历了多年的研究，大尺度特性、小尺度特性都有比较系统的研究成果和实际测试结论，为大规模 MIMO 的研究应用提供很好的技术支持。3GPP RAN1 研究的最新 3D 信道模型为几十家全球主流公司共同测量和研究的结果，至少可以用于 2～6 GHz 频谱范围的信道建模。因此，中低频的信道模型可以基于该模型进行扩展研究，6 GHz 以下的频谱可以作为第一阶段大规模 MIMO 技术研究的主要频谱范围。

值得注意的是，由于天线尺寸与载波频率成反比，在中低频率上，大规模 MIMO 需要较大的天线尺寸。因此，大规模 MIMO 在中低频段的天线设计需要考虑整体尺寸、成本和性能增益。

中低频大规模 MIMO 信道模型研究的具体频率范围为：2～6 GHz。考虑 6 GHz 以下的平坦性衰落（在 OFDM 的子载波间隔内多径可以被忽略），其传播信道通常可以通过 $N_T \times N_R$ 维矩阵来描述，信道的频率响应矩阵可以有以下结构[13]：

$$\left[H_\mu\right]_{i,j} = \sqrt{\beta}\, g_{i,j} \tag{2-38}$$

其中，$g_{i,j}$ 表示第 i 根天线与第 j 根发射天线间传输链路的小尺度快衰落响应，β 则表示大尺度慢衰落及阴影衰落带来的路径损耗。在丰富的散射环境下，$g_{i,j}$，$i = 1, \cdots, N_R$，$j = 1, \cdots, N_T$ 为独立同高斯分布，而 β 则与传播链路无关，有以下表示：

$$\beta = \mathrm{PL}10^{0.1\sigma_{sh}z} \tag{2-39}$$

其中，PL 表示路损，而 $10^{0.1\sigma_{sh}z}$ 即表示标准差为 σ_{sh}(dB) 的阴影衰落，Z 服从正态分布 $Z \sim N(0,1)$，典型的路损分段模型如下：

$$\mathrm{PL} = \begin{cases} -L - 35\lg d, & d > d_1 \\ -L - 15\lg d_1 - 20\lg d, & d_0 < d \leqslant d_1 \\ -L - 15\lg d_1 - 20\lg d_0, & d \leqslant d_0 \end{cases} \tag{2-40}$$

其中，

$$L = 46.3 + 33.9 \lg f - 13.82 \lg h_{\mathrm{T}} - (1.11 gf - 0.7) h_{\mathrm{R}} + 1.56 \lg f - 0.8 \quad (2-41)$$

f 表示频率，单位为 MHz，h_{T} 和 h_{R} 分别为发射机、接收机高度，单位为 m，此时小尺衰落信道矩阵 $\boldsymbol{H}$ 的分量为独立同分布，该矩阵满秩的概率接近 1，即：

$$\mathrm{rank}\,(\boldsymbol{H}) = \min\{N_{\mathrm{T}}, N_{\mathrm{R}}\} \quad (2-42)$$

2.3.4　高频大规模 MIMO 信道模型

大规模 MIMO 技术研究的第二阶段可以扩展到 6 GHz 以上的高频段范围。6 GHz 以上频段拥有较丰富的频谱资源，信号传输可以实现宽带化。另外，高频段载波波长较短，天线尺寸可以大幅减小，有利于大规模 MIMO 设备的安装。高频段信号传输衰减明显，特别是雨衰、雪衰以及空气对于电磁波的吸收，使信号覆盖范围极大受限，需要通过大规模 MIMO 技术实现精确的信号波束增强覆盖。

处于高频的毫米波段上，天线阵列需要重新建模。同时，对波束成形和大规模天线阵列应用的需求也要求在现有的 3D MIMO 信道的基础上进行改进。对于高频信道模型，基本要求是更高的频段（30～300 GHz）、更大的带宽（1 GHz 以上）、能准确支持 3D 模型和精确的极化模型、球面波模型以及更高的空间分辨率。新的高频信道模型除了具有上述新特性之外，还应该具有向下兼容性，即必须兼容 6 GHz 以下的低频信道。这就意味着高频信道应当在原有的 3GPP 信道模型上进行必要的拓展[6]。

高频信道特性的测试和研究以及高频器件的发展都是大规模 MIMO 技术在高频条件下研究和应用的前提。信道建模可以采用基于统计模型的信道建模、基于 Ray Tracing 的信道建模方式和其他一些信道建模方法。基于统计模型的相关性建模方法最重要的是能够准确而简洁地使用相关矩阵描述天线之间的相关性，统计性模型主要作为理论模型来分析大规模 MIMO 系统的性能，无线通信系统下行链路的信道状态信息（Channel State Information，CSI）可通过时分双工（TDD）的相关上行链路特征得到[14]。基于 Ray Tracing 的信道建模方式是大规模 MIMO 信道建模中确定性模型技术的一种，Ray Tracing 方法的基本思想是将电磁波模拟为一束束射线，发射端看成点源的形式，发射的射线在遇到障碍物或者其他障碍物时，发生反射、绕射以及散射，通过电磁波传播理论分析即可得到电磁波在接收端的参数特征[9]。Ray Tracing 方法主要有镜像法、射线发射的射线追踪技术和射线管的射线追踪技术等。

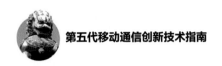

由于大规模 MIMO 系统中存在各种复杂的电磁波传播形式，采用射线追踪方法可以精确模拟空间信道。

| 2.4 天线系统中的预编码技术 |

2.4.1 预编码技术概述

在常见预编码技术中，根据其处理过程的不同可以大致分为线性和非线性预编码两种技术。线性预编码在预编码过程中采用线性处理结构，非线性预编码技术采用非线性处理结构（主要是包含加法处理）。

两种预编码技术中，线性预编码结构不仅更为简单，而且可靠性高。因此，在行业内有着更高的认可度。线性预编码优化方法有着不同的优化准则，一般包括容量和错误率准则。而检测的均方误差（MSE）、成对差错概率（PEP）、误符号率（SER）、误比特率（BER）和平均接收信噪比（SNR）是实用化的优化参考准则。通常，设计准则的选取与系统设置、操作参数和信道情况有关。按照性质，可以将设计准则分为随机性（stochastic）和决定性（deterministic）优化问题两大类。随机性优化问题包含信道信息分布的期望函数项，闭合表达式（closeform）的推导比较困难；决定性优化问题则可以采用 SER 和接收信噪比得到闭式优化结果。线性预编码的通用优化结果在参考文献[11]中给出。在此，本文给出更一般的形式对优化结果进行描述。使用 B 来表示预编码矩阵，那么对该矩阵进行奇异值分解（SVD），将其表示为：

$$B = U_B \Lambda_B V_B^{\mathrm{H}} \qquad (2\text{-}43)$$

其中，U_B 表示奇异值分解后的左酉（unitary）阵，V_B 表示奇异值分解后的右酉阵，Λ_B 是分解之后得到的对角阵。因此，可以通过对上述 3 个矩阵分别进行设计达到优化系统性能的目的。式（2-44）表示系统的接收信号：

$$Y = HBX + W \qquad (2\text{-}44)$$

其中，X 为原始输入信号矩阵，H 为信道状态信息（CSI）矩阵，W 为噪声向量，其独立同分布的复高斯元素满足 $CN(0, N_0)$。对 X 进行奇异值分解得：

$$B = U_X \Lambda_X V_X^{\mathrm{H}} \qquad (2\text{-}45)$$

研究发现，最优的输入成形矩阵 V_B 应为：

$$(V_B)_{\mathrm{opt}} = U_X \qquad (2\text{-}46)$$

很明显，如果满足条件 $E[XX^{\mathrm{H}}] = I$，则 V_B 可以是任意一个维度匹配的酉阵，通常可以忽略不计。即便是这样，对于某些优化设计准则，包含旋转特性而且不具有随意性的输入成形酉阵能带来系统性能改善，而最优的波束成形矩阵 U_B 可以表示为：

$$(U_B)_{\mathrm{opt}} = V_H \qquad (2\text{-}47)$$

其中，V_H 是 H 奇异值分解后的右酉阵。很明显，波束成形矩阵和输入成形矩阵分别只与信道状态信息和原始输入信号有关。最后，对功率分配矩阵 Λ_B 进行优化设计。设：

$$\sigma_i = \sigma_i\{H\}\sigma_i\{X\} \qquad (2\text{-}48)$$

其中，$\sigma_i\{H\}$ 是 H 的第 i 个奇异值，$\sigma_i\{X\}$ 是 X 的第 i 个奇异值。根据目标准则的不同采用不同的优化功率分配。对于容量准则，利用注水原理，有：

$$p_i = \left(\delta - \frac{N_0}{\sigma_i^2}\right)^+ \qquad (2\text{-}49)$$

其中，δ 是注水门限。对于均方误差准则，注水原理体现为：

$$p_i = \left(\frac{\delta}{\sigma_i} - \frac{N_0}{\sigma_i^2}\right)^+ \qquad (2\text{-}50)$$

这样，优化的 Λ_B 可以表示成：

$$\Lambda_B = \mathrm{diag}(\sqrt{p_1}, \sqrt{p_2}, \cdots, \sqrt{p_i}) \qquad (2\text{-}51)$$

另外，在接收 SNR 和 PEP 准则中，特征模式最强的一路信道将会分配所有的功率。值得关注的是，对于功率的精确分配和控制是影响线性预编码方法优化性能的最关键部分。从可实现性角度来说，该方法存在可行性难题。根据式（2-47）和式（2-48）可知，信息发射端需要获取准确的信道状态信息，否则该方法的性能会严重退化。

2.4.2　集中式天线系统中的预编码方法

多用户预编码的核心在于发射端根据获取的信道状态信息对发射信号进行预处

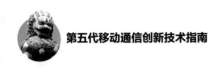

理，从而预消除用户间干扰，实现多用户通信。

非线性预编码方法中比较典型的是脏纸编码（Dirty Paper Coding，DPC）、矢量扰动（Vector Perturbation，VP）、Tomlinson-Harashima 预编码（THP），当发射天线数与服务的用户数比值不是很大时，非线性预编码算法性能较优。在非线性预编码中，需要按照一个特定的顺序对所有用户数据进行编码处理，在编码完第一个用户的数据之后，利用发射端获取的信道状态信息消除第一个用户对第二个用户的干扰。以此类推，直到完成所有调度用户的预编码过程。非线性预编码在编码过程中采用了联合编码处理，因此复杂度很高。

如何实现多用户空间无限资源共享及如何优化设计传输系统，涉及发射端和接收端能够获得的信道信息。在大规模 MIMO 无线通信系统中，由于收发天线个数的显著增加，信道信息的获取成为瓶颈，不仅发射端难以获取完整信道的瞬时信道状态信息，而且接收端也难以准确获取，这意味着大规模 MIMO 传输理论方法将不同于现有的 MIMO 传输理论方法。

在预编码技术中，信息发射方需要获得信息传输的无线环境的相关信息，即信道状态信息（CSI）。同时，为了获得更大的多用户预编码分集增益，一般会选择信道状态比较好的用户进行。因此，信道状态信息的可靠性很大程度上决定了预编码系统的性能。

在 MIMO 系统预编码研究中，当信息的发射方能够得到准确的 CSI 时，可以使用完全干扰消除或者部分干扰消除方法进行预编码。同时，保证用户服务质量（QoS）的预编码方法研究也是关注的焦点之一。当发射端只有部分信道状态信息时，系统的性能不仅与预编码方案有关，还与反馈内容有关。因此，可以研究减少反馈误差设计预编码方法来优化系统性能。当接入用户数目大于最大限度时，需要采用多用户选择算法满足实时系统中的要求。

2.4.3　分布式天线系统中的预编码方法

在分布式多天线系统中，发射端如果能够获取全部或者部分的信道状态信息，那么使用线性预编码技术获得的空时码字可以对当前的信道状态信息进行自适应，大幅度提升系统性能，同时降低接收算法的复杂度。因此，线性预编码的难点在于信道状态信息的获取。在早期的研究中，有研究者建议使用信道的长期统计信息，比如相关矩阵和信道均值获得相应的预编码码字。这种预编码方法虽然需要使用的CSI 反馈量较小，但是在性能上也会有一定的损失。相比于其他预编码方法，这种方法的性能要差很多。在分布式多天线系统中，发射天线的独立性较高，基站可以选择任意几个方向进行信号发射，同时可以在各个方向上采用适当的功率分配策略，这样就与传统的空时编码没有什么区别，其性能可能还低于天线选择算法。

另外一种是基于瞬时信息码字设计，该方法的性能优于基于统计信息的预编码码字设计。在频分双工（FDD）系统中，上下行信道使用不同频率，具有非对称性。发射端需要从接收获得量化的码本信息才能生成相应的预编码信息，这种设计方法在反馈量很少的情况下就可以接近性能上限。此外，该方法灵活性很高，可以根据系统性能的不同要求调整反馈量的大小。很明显，如何设计一个最佳的预编码码本是该方法的关键。在集中式多天线系统中，不同的设计准则可以得到不同的预编码设计方法。其中，两种最常用的码本设计方法是基于 Grassmann 和矢量量化的预编码设计方法，其性能良好，可分析特性也比较好。

此外，还有一种根据信道的分布随机产生预编码码本的随机矢量量化方法，该方法设计复杂度较低。与上述两种码本设计方法相比，该方法在性能方面有一定差异。如果需要更新码本，那么信息的收发双方必须对更新信息进行交互，信息量也比较大。为了降低码字搜索花费的时间和存储空间，有研究提出了一些结构化的设计方法。对于独立同分布的多天线信道，傅里叶码本设计方法和等角度帧码本设计方法都是不错的选择。对于非独立同分布信道情况，有研究还提出了同时利用统计信息和瞬时信息设计码本的方法，该方法在提高系统性能方面比较有效。而量化码本的线性预编码方法在信道状态信息存在不确定性的时候，很容易受到影响，如反馈时延和估计误差等，这些因素都会导致性能的恶化。相关研究表明，基于非确定性信道信息的预编码方法在性能上比无反馈时更好。

分布式多天线系统的量化码本设计的难点主要表现在两个方面。首先由于移动端到基站天线的距离各不相同，其信道分布存在非同一性。由于码本的构造主要依靠信道分布情况，故分布式多天线系统不适宜采用前文所提的基于独立同分布信道的码本设计方法，否则性能会大大降低。同时，信道分布情况也会随着用户的移动发生变化，这样就需要不断更新码本来适应这种信道变化，从而大大提高设计的复杂度。其次，由于信道的不确定性导致性能的损失，故设计一个性能较好、实现复杂度低并且具有较高稳健性的量化码本对于分布式天线系统是十分重要的。在有限反馈预编码系统中，设计方案的目标就是在尽量少地反馈信息的情况下，获得尽可能多的性能提升。通常，从两个方面来达到这个目标：一是减小信息反馈量，通过设计合适有效的反馈算法来减小反馈量；二是提高反馈信息的利用效率，如根据得到的反馈信息进行功率分配，从而获得进一步的性能提升。这里简单给出一些经典的预编码策略的优缺点的比较，见表2-2。

表 2-2 各种预编码策略优缺点比较

预编码策略	优点	缺点
天线选择	（1）实现简单 （2）对信道变化不敏感	（1）很大的性能差距，尤其是各天线大尺度衰落接近时 （2）稳健性差
传统预编码	（1）有成熟的码本可用 （2）在各天线大尺度衰落接近时性能较好	（1）在中低发射信噪比时，有明显的性能损失 （2）对信道分布变化很敏感 （3）低稳健性
理想预编码	性能最佳	反馈量大，无法实现

2.4.4 自适应码本类型选择方法

在多输入多输出（MIMO）系统中，若发射端已知信道状态信息（CSI），则可通过在发射端进行预编码来提高系统传输性能。对于大规模 MIMO 系统，为了保证预编码性能，基于码本的预编码所需的码本大小随着天线数的增多而不断变大，预编码矩阵指示（PMI）反馈开销也逐渐变大，从而占用了用于数据传输的资源，反过来降低系统性能。一个更好的方案是根据特定的应用场景设计相应的预编码码本，并合理地平衡预编码性能和 PMI 反馈开销，以达到两者的折中，从而获得最优的系统性能。

针对大规模 MIMO 系统设计的码本，根据不同的性能需求，预编码所用的码本在某些场合可能需要量化得较为精确，而在某些场合只需粗糙码本就能满足需求。此外，不同的应用场景所采用的具体设计方案也有所不同。对此，提出了一种自适应的码本类型选择方法，并定义码本类型指示（CTI），用来指示所采用的预编码码本类型，并根据 CTI 的取值完成码本类型的选择。

定义 CTI 变量，根据不同的应用场景、性能需求或某种切换准则确定 CTI 的取值，并根据 CTI 的取值完成相应的码本类型选择。

该方法中，接收端根据不同的应用场景、性能需求或某种切换准则确定 CTI 的取值，并使用 PUSCH 周期、非周期的上报 CTI 的取值；发射端根据 CTI 的取值选择相应码本，并根据 PMI 从确定的码本选出最优码字完成预编码操作，自适应地满足不同的系统需求。

　　图 2-15 和图 2-16 给出了不同数据流的 SNR 区别很小和很大时，采用不同码本的误码率性能。从图 2-15 可以看出，当不同数据流之间的 SNR 很小时，和原始的 Kerdock 码本的性能相比，所提自适应码本类型选择方案没有增益；从图 2-16 可以看出，当不同数据流之间的 SNR 很大时，有明显的误码率性能增益。

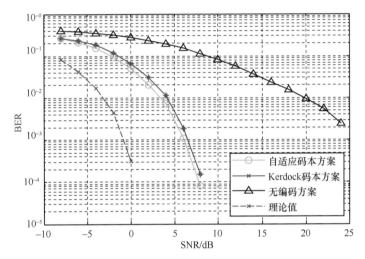

图 2-15　不同码本的误码率性能（SNR 区别很小时）

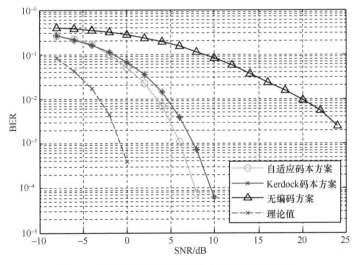

图 2-16　不同码本的误码率性能（SNR 区别很大时）

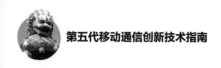
|2.5 大规模天线系统容量分析|

2.5.1 MIMO 系统容量概述

理论上，MIMO 系统容量与发射端和接收端的最小天线数目成正比。即发射端和接收端天线数越多，MIMO 信道的自由度越大，链路可靠性及数据速率也就越高。然而，在实际系统中，需要考虑空间大小、信号处理损耗、硬件及计算复杂度的限制，天线数目不可能无限增大。因此，大规模 MIMO 系统不能无限增大其发射天线数量。通常，大规模 MIMO 系统天线数应比传统 MIMO 系统天线数高一个数量级，即在基站端配置几十根甚至上百根天线。在实际有限反馈系统中，发射端不能获得完美的信道状态信息，因此优化下行传输预编码方案，提高系统容量成为需要解决的问题。

2.5.2 大规模 SU-MIMO 容量分析

对于 SU-MIMO，假设发射端获知完美 CSI 情况，分析 MIMO 信道容量；在这种假设下，可采用注水算法（Water-filling）求得其容量最大化的表达式：

$$R_{\mathrm{SU}} = E_H\left[\sum_i \mathrm{lb}\left(1 + \frac{1}{\sigma^2}\left(\lambda_i\mu - \sigma^2\right)^+\right)\right] \qquad (2\text{-}52)$$

其中，λ_i 为 HH^{H} 的非零特征值，H 表示大小为 $N_{\mathrm{t}} \times N_{\mathrm{r}}$ 的 MIMO 信道复矩阵，N_{t}、N_{r} 分别为发射天线数和接收天线数，σ^2 为噪声功率，μ 由式（2-53）决定：

$$\sum_i \left(\mu - \sigma^2/\lambda_i\right)^+ = P_{\mathrm{t}} \qquad (2\text{-}53)$$

其中，P_{t} 为发射总功率，x+表示 max(x, 0)。

在不同接收天线数 N_{r} 下，R_{SU} 与发射天线数 N_{t} 关系如图 2-17 所示，其中假设信道矩阵 H 服从独立同分布的复高斯分布 CN(0,1)，$\gamma = P_{\mathrm{t}}/\sigma^2 = 10$ dB。从图 2-17 可看出，随着发射天线数的增加，频谱效率呈线性增长，同时相应地增加接收天线数目，频谱效率显著提高。对于实际 MIMO 系统的下行传输，接收端即 UE，由于设备大小、能耗等限制，天线数受限（通常 N_r =1 或 2）；对于 N_r =1，N_t =2 的容量从 SIMO 下的 4.0 bit/(s·Hz)提高到 4.8 bit/(s·Hz)，N_r =4 的容量提高到 5.5 bit/(s·Hz)，N_t =8 的容量提高到 6.4 bit/(s·Hz)，随着 N_t 的增长，容量提升缓慢，直到 N_t =100 时容量才接近 10 bit/(s·Hz)；对于 N_r =2，在同样的 N_t 下，所获得的容量约为 N_r =1 情况的 1.5 倍。从图 2-17 中可以看出，对于单用户 MIMO 而言，在发射端和接收端增加天线数都可以明显提高频谱效率。

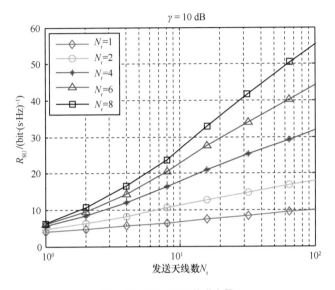

图 2-17　SU-MIMO 信道容量

2.5.3　大规模 MU−MIMO 容量分析

单用户多天线 MIMO 的信道容量基本可以确定。由于多用户信道的复杂性，多用户 MIMO 信道尚有一些未研究透彻的问题。考虑 MU-MIMO 的一个典型应用场景：BS 端配置大量天线（数目记为 N_t），同时服务 K 个单天线的 UE(假设 $K \leqslant N_t$)。对于这样一个 MU-MIMO 下行传输系统，假设发射端获得完美的信道状态信息，利用脏纸编码（DPC）可以获得理论最大的可达和速率（Achievable Sum Rate），用 DPC 可达和速率来表征 MU-MIMO 信道容量，其计算如下：

$$\sum_i \left(\mu - \sigma^2 / \lambda_i \right)^+ = P_t \qquad (2\text{-}54)$$

其中，λ_i 为 $K{\times}K$ 对角矩阵（K 为用户数）的对角元素，其大小表示分配给每个用户 i 的归一化功率，满足 $\sum \lambda_i = 1$，$\gamma = P_t/\sigma^2$。

在不同用户数 K 下，MU-MIMO 的信道容量与发送天线数 N_t 关系如图 2-18 所示，其中 $\gamma = 10 \, dB$。从图 2-18 可见，容量随着 N_t 的对数值线性增长，即每增加一倍的天线，容量大约增加 0.3 倍，即满足 $N_r \lg \lg(N_t K)$ 的增长趋势。因此，在 UE 天线数受限（例如为单天线）的情况下，大规模 MIMO 能带来的高频谱效率需要通过多用户空间复用来获得。

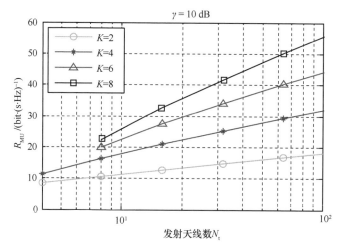

图 2-18　MU-MIMO 信道容量

|2.6　天线系统中的射频技术 |

射频的本质是一种电流，即射频电流。射频电流是一种高频率变化的电磁波。电流分为高频电流和低频电流，高频电流是每秒变化次数大于 10 000 次的交流电，低频电流是每秒变化次数小于 1 000 次的交流电。其中，射频电流属于高频电流范畴[15]。

交变电流通过导电介质，在导体周围形成交变的电磁场，这就是电磁波。频率小于 100 kHz 的电磁波会被地面吸收，无法形成通信传输。频率大于 100 kHz 的电磁波则不会被地面完全吸收，可以在空气中进行通信传输，在通过电离层的时候，由于电离层反射作用，将在一段距离内允许进行通信信息传输[16]。无线信息传输就是信号经过高频电流调制之后，形成射频信号，通过天线发射到空中，接收端通过天线接收该射频信号后，对射频信号进行解调，还原出信号。

采用射频技术处理的无线电波的特点是，可以没有方向性，不必"面对面"控制，传送距离远[17]。发射器和接收器之间只要没有能起屏蔽作用的金属阻挡物，就可正常使用。虽然射频技术的产品成本通常要高一些，但其无方向性，使用更方便，因此更受用户的欢迎。射频技术不断地发展，被越来越多地应用在了无线通信领域。

2.6.1　移动通信中的射频技术

在移动通信系统中，射频技术主要被采用在基站和用户终端天线系统中。基站与用户终端在进行信息交互的过程中，需要通过无线信道进行信息的传输。通常，无线通信系统包括模拟射频处理模块和数字基带处理模块。数字基带处理模块产生数字信号和恢复数字信号，射频处理模块实现无线信号的发射和接收。

射频处理模块通过无线收发机实现发射和接收功能，一个完整的射频模块包括射频发射模块和接收模块。发射模块将基带信号调制到相应的载波上并按照功率标准进行放大，然后通过天线发射出去。接收模块接收相应频段中的有用信号，经过放大和解调处理得到基带信号，然后通过基带电路恢复原始的信息。

当前，数字无线通信主要采用 QAM、MQAM 等非恒包络的调制方式，在这些调制方式下，信号的幅度和相位信息会随着调制信号的变化而变化，需要使用线性功率放大器对此类调制信号进行放大[15]。

典型的射频电路由天线、双工开关、接收链路、发射链路以及本振单元组成。其中，接收链路和发射链路是射频电路的重要组成部分。接收链路模块由低噪放大器、滤波器、混频器和解调器等组成。发射链路模块由调制器、混频器、滤波器和功率放大器组成。

发射链路模块一般有间接调制发射机、直接调制发射机和 PLL 调制发射机等结构。间接调制发射机框图如图 2-19 所示，数字信号经过 DSP 进行变换处理后分成两路信号，一路直接进入混频器进行变频处理，另外一路信号经过 90º 移相处理之后，进入另外一个混频器与 90º 移相的本地震荡信号进行变频。两路信号经过耦合器叠加处理之后形成特定的单边带中频信号。该信号经过滤波器滤波之后，进入上变频混频器进行频率搬移。使用带通滤波器去除第二个混频器产生的双边带信号中的一个边带和其他干扰信号，最后进行功率放大，由天线将信号发射出去。

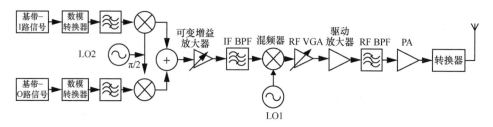

图 2-19　间接调制发射机框图

直接调制发射机框图如图 2-20 所示，该方案将信号的正交调整和上变频在同一级中实现，该调制方式由正交调制器、频率合成器和功率放大器等组成。由于在同一级进行正交调制和上变频，因此镜像干扰可以得到有效抑制。该方案中减少了系统需要的元器件，相应减小了发射系统的尺寸。在系统功耗方面得以降低，并且可以在单片上集成。

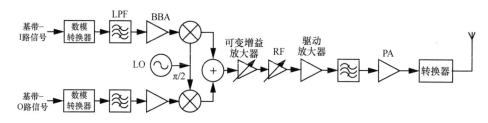

图 2-20　直接调制发射机框图

该方案与间接调制发射机相比，信号经过放大和滤波处理之后，直接将信号频率上变频至特定的射频频率，并进行进一步滤波放大后送到发射天线进行发送。

5G 移动通信系统中，新型空中接口和基于大规模 MIMO 技术的新型天线技术将会占有举足轻重的地位。这就需要对现有的射频技术进行改进升级，使其满足 5G 高速率、大连接、低时延的性能需求。

2.6.2　大规模 MIMO 系统中的射频技术

5G 移动通信系统的传输带宽已经可以达到 1 GHz 以上，需要其射频技术支持传输速率的提高，从而满足在足够的带宽上的传输需求。研究者已经将大规模

MIMO 系统中的传输频谱转向射频频段，探讨 28 GHz、36 GHz 乃至 72 GHz 频段的射频传输问题。

大规模 MIMO 系统中，信道数目随着天线数目成指数增长，给射频系统的设计带来了很大的挑战。射频系统中关于带宽的大小、不同信道间信号之间的干扰以及天线阵列的排列等问题随之而来。

大规模 MIMO 系统有着较高的复杂度，射频系统的设计是一个由上向下的过程，会考虑系统的增益、器件的灵敏度、噪声的指标以及线性度。包括对射频收发机各个单元电路进行设计、仿真及验证，最后才能得出级联的各单元电路是否满足整体性能。

由于大规模 MIMO 系统中包含较多的天线模块，故其系统的实现也会面对一些前所未有的挑战。例如，当前部署的 LTE/LTE-A 的移动通信网络中的导频开销是和天线模块的数量成正比的，而大规模 MIMO 中大量时分复用的天线开销需要进行有效管理，上下行信道之间具有互易性。信道互易性可以利用上行导频估计得到的信道状态信息来进行下行链路的预编码处理。另外一些挑战还包括：确定数据总线和接口的规模，以及在大规模的独立射频收发机之间的分布式同步技术等。

图 2-21 是瑞典隆德大学的 5G 团队开发的大规模 MIMO 产品原型系统。该系统包含了灵活通用并且可扩展的大规模 MIMO 测试平台需要的软硬件部分，能够进行数据实时处理，可以在设定的频段和带宽上进行双向通信。测评平台软件部分采用软件无线电（SDR）和 LabVIEW 系统设计，这模块化的特性能够支持几个节点到128 根天线的大规模 MIMO 系统。这种软硬件的灵活性使该系统能够被重新部署到不同配置的应用中，例如多小区蜂窝网、分布式点对点网络等。

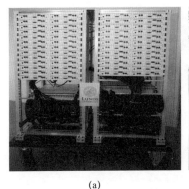

(a)　　　　　　　　　　　　　　　(b)

图 2-21　大规模 MIMO 产品原型系统

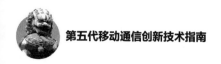

　　信道状态信息的获取以及计算复杂度过高等问题是限制大规模 MIMO 发展的瓶颈问题。传统通信系统中，用户终端通过接收基站发送的导频来对信道进行估计，然后反馈给基站。这种做法在大规模 MIMO 系统中并不可行，因为基站天线数量众多，手机在向基站反馈时所需消耗的上行链路资源过于庞大。

　　最可行的方案是基于时分双工（TDD）的上行和下行链路的信道对称性，即通过手机向基站发送导频，在基站端监测上行链路，基于信道对称性，推断基站到手机端的下行链路信息。手机终端向基站发送的导频数量总是有限的，不可避免地需要在不同小区复用，从而导致导频干扰，即导频污染。可以通过合理的导频分配算法或者对导频信号进行设计，来减轻甚至消除导频污染的影响。另外，很多大规模天线波束成形的算法基于矩阵求逆运算，其复杂度随着天线数量和其同时服务的用户数量的上升而快速增加，导致硬件不能实时完成波束成形算法。快速矩阵求逆算法是攻克这一难题的一条途径。

2.6.3　毫米波天线中的射频技术

　　在毫米波通信中，天线射频是其中非常重要的组成部分，涉及生产成本和复杂度等问题。与 4G 终端不同，5G 终端需要配置相控阵天线，即由一组可独立发射信号的天线组成，结合毫米波技术可以很好地完成波束成形，从而实现对天线的智能控制和信号的定向发射功能。毫米波阵列天线如图 2-22 所示。

图 2-22　毫米波阵列天线

毫米波器件通常由不同的工艺制造而成，现在多数采用标准 CMOS（Complementary

Metal Oxide Semiconductor）工艺和硅锗（SiGe）工艺制造。硅锗材料可以把先进 CMOS 工艺和片上无源器件集成在一起，减小系统级芯片（SoC）的面积来提高集成度，同时可以在成本与性能上达到更好的平衡。

在收发机芯片的设计上，毫米波收发机芯片的结构和传统频段收发机很相似，只是毫米波收发机要求 CMOS 器件能工作在毫米波频段，对信号的反应灵敏度很高，并能快速响应微弱的毫米波信号。这样 CMOS 电路就需要很大的功耗才能处理毫米波信号。此外，毫米波器件必须考虑传输线效应问题。

虽然毫米波器件的设计充满了各种挑战，但是毫米波器件大规模商用化已现曙光。Broadcom 已经推出了 60 GHz 的收发机芯片（BCM20138），该产品主要针对 60 GHz 频段的 Wi-Fi 标准（IEEE 802.11.ad），也可以看作为 5G 毫米波芯片解决方案"投石问路"。Qualcomm 也于 2014 年收购了专注于毫米波技术的 Wilocity，并推出了相应的 60 GHz 的芯片产品，如图 2-23 所示。

图 2-23　Wilocity 推出 60 GHz 收发机芯片

毫米波通信可以通过提升频谱带宽来实现超高速无线数据传播，从而成为 5G 关键技术之一。毫米波射频器件设计主要的两大难题是功耗和电磁设计，这两个问题解决之后，毫米波的大规模商用也只是时间问题。

│ 参考文献 │

[1] JOUNG J. Machine learning-based antenna selection in wireless communications[J]. IEEE Communications Letters, 2016, 20(11): 2241-2244.

[2] CAI J, LI Y, HU Y. Deep convolutional neural network based antenna selection in mul-

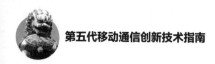
tiple-input multiple-output system[C]//Proceedings of Young Scientists Forum 2017 on International Society for Optics and Photonics. [S.l.:s.n.], 2018.

[3] WANG J, YAO Y, ZHAO M, et al. Conceptual platform of distributed wireless communication system, vehicular technology conference[C]//Proceedings of IEEE 55th Vehicular Technology Conference on Vehicular Technology Conference(VTC Spring 2002). Piscataway: IEEE Press, 2002: 593-597.

[4] 王京, 姚彦, 赵明, 等. 分布式无线通信系统的概念平台[J]. 电子学报, 2002, 30(7): 937-940.

[5] 尤肖虎, 赵新胜.分布式无线电和蜂窝移动通信网络结构[J].电子学报, 2004, 32(12A): 16-21.

[6] 郑琨. 下一代移动通信系统高频信道建模与仿真[D]. 北京: 北京邮电大学, 2017.

[7] 黄陈横.5G 大规模 MIMO 高低频信道模型对比探讨[J]. 移动通信, 2017(14): 64-69.

[8] 杨路遥. 基于统计模型的 3D MIMO 信道建模技术研究[D]. 成都: 电子科技大学, 2018.

[9] 张艺引. Massive MIMO 确定性建模中的 Ray Tracing 技术研究[D]. 北京: 北京交通大学, 2015.

[10] 成立.毫米波亚毫米波天线关键技术研究[D]. 南京: 东南大学, 2017.

[11] 任凤朝.基片集成毫米波天线与阵列的研究[D]. 北京: 东南大学, 2018.

[12] MONDAL B, THOMAS T, VISOTSKY E, et al. 3D channel model in 3GPP[J]. Communications Magazine IEEE, 2015, 53(3): 16-23.

[13] 郑文添, 徐倬, 梁彦, 等. 基于 3 种典型天线阵列的 3D MIMO Kronecker 信道建模[J]. 系统工程与电子技术, 2017, 39(6): 1366-1373.

[14] 余雅威. 3D MIMO 信道传播特性和建模研究[D]. 北京: 北京邮电大学, 2018.

[15] 谢在标. 5G 通信射频关键技术探究[J].通信电源技术, 2018, 35(10): 183-184.

[16] HONG Y, JING X, GAO H. Programmable weight phased-array transmission for secure millimeter-wave wireless communications[J]. IEEE Journal of Selected Topics in Signal Processing, 2018:1.

[17] LIN C, LI G Y L. Terahertz communications: an array-of-subarrays solution[J]. IEEE Communications Magazine, 2016, 54(12): 124-131.

第 3 章
新型双工

介绍新型双工产生背景，分析传统时分和频分双工给 LTE 双工造成的难点；提出灵活双工的频域方案和时域方案，研究构建灵活双工发射端和接收端的方法；分析同时同频全双工信道，并通过现场试验验证其结论；基于自干扰抑制理论和技术，从空域、射频域和数字域，分别研究通过同时同频全双工增大网络和设备收发设计的自由度，消除 FDD 和 TDD 模式的差异性，成倍提高系统频谱资源利用率的方法。

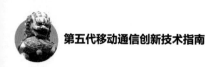

| 3.1　新型双工产生背景 |

　　无线通信业务量爆炸增长与电磁频谱短缺之间的矛盾，驱动着无线通信理论与技术的变革，相继产生了码分多址、多载波、多天线、认知无线电等标志性的创新技术，促进了更高频谱效率无线通信技术的标准化与产业化[1]。然而，这些技术创新仍没有涉及双工方式（包括时分双工或频分双工），浪费了至少一半的频谱资源。

　　传统的移动通信业务以语音为主，其业务量需求及变化相对较小，上/下行业务具有对称性，因而采用频谱成对出现的 FDD 系统和全网统一子帧配比的 TDD 系统。随着飞速发展的移动宽带业务呈现多变特性，上/下行业务比例发生变化，业务需求随时间、地点的变化等，传统无线通信的双工方式已不能适应网络的发展。

　　同时，无线频谱资源作为不可再生资源，传统双工方式无法满足业务的需求，导致无线频谱资源利用率不足。因而，如何充分利用上/下行资源、增强业务适配性，达到 5G 个性化、多样化、以用户体验为中心的要求，成为无线双工方式创新的驱动力。

　　5G 网络以用户为中心，提供的是个性化与多样性的业务，是以用户体验为中心的无线网络，而不同的业务将产生不同的上行和下行流量需求，无论是传统的 TDD 还是 FDD 的双工系统都无法再很好地支持 5G 业务。因此，融合多种双工策略的新型双工，包括灵活双工和时间/频率上同时操作的全双工应运而生。

|3.2 传统 LTE 双工 |

3.2.1 频分和时分双工

传统 LTE 采用的双工方式分为频分双工（Frequency Division Duplexing，FDD）和时分双工（Time Division Duplexing，TDD）两种模式。FDD 模式要求带宽对称的频段，即用于上/下行传输的资源是相等的，虽然在支持对称业务时，能充分利用上/下行的频谱，但在支持非对称业务时，频谱利用率将大大降低。TDD 模式可以灵活设置上行和下行转换时刻，根据全网络中上/下行不同的业务需求采用不同的资源配比，用于实现不对称的上行和下行业务带宽，有利于实现上/下行不对称的数据业务（如互联网业务）。然而，这种转换时刻的设置必须与基站严格协同一致进行。

FDD 模式在分离的两个对称频率信道上进行接收和发送，利用保护频段来分离接收和发送信道，避免信号相互间的干扰。其中，一段频谱资源用于下行信号的传输（由基站发送信号给移动台），一段频谱资源用于上行信号的传输（由移动台等发送信号给基站）。因此，必须采用成对的频率，依靠频率区分上/下行链路，其单方向的信号传输资源在时间上是连续的。FDD 模式的工作示意图如图 3-1 所示。

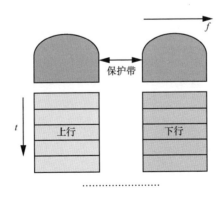

保护带
上行
下行

图 3-1 FDD 模式的工作示意图

FDD 模式采用对称频谱资源，分配相等的上/下行资源，这种分配方式非常适合传

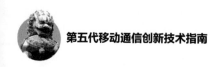
统的、语音业务占多数的通信系统。而在上/下行业务量不对称的情况下可能造成资源的浪费。如前半段时间上行业务量需求剧增，则将导致上行资源无法满足业务量的需求，造成网络拥堵；而此时若下行业务量需求较低，则部分下行资源又处于空闲状态，无法分配给上行业务使用。因此，FDD 方式无法满足无线业务上/下行非对称的变化需求。

    TDD 模式的基站到移动台之间的上行和下行使用同一频率信道（或载波）的不同时隙，用时间分离接收和传送信道。即，在某个时间段由基站发送信号给移动台，在另一时间段由移动台发送信号给基站。这要求在时间上一致时基站和移动台才能协同顺利工作。TDD 模式的工作示意图如图 3-2 所示。

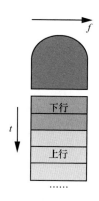

图 3-2　TDD 模式的工作示意图

    TDD 模式按照不同的时隙区分上/下行信号，二者的载波频率是一样的。在传统 LTE 标准中定义了多种上行（UL）/下行（DL）时间资源分配方式，从下行资源较多的"9:1"，到将大部分资源分配给上行业务的"2:3"等 7 种不同的子帧（或时间）配比，可以根据网络的业务量变化情况调整上/下行资源的比例。由于 TDD 模式要求基站之间、基站与移动台之间的上/下行切换保证严格的时间同步（即各基站发送或接收信号保持一致），故要求全网采用相同的子帧配比。然而，5G 网络上/下行业务量的需求不仅是时变的，而且根据地域的不同也会变化，这就导致传统 TDD 模式也无法达到其变化的要求。

3.2.2　LTE 双工的难点

    在 LTE 系统中，上行信号和下行信号在多址方式、子载波映射、参考信号谱图等多方面存在差异，使其双工方式难以满足系统对非对称频谱、动态时隙配比和频谱资源共享等方面的需求。

3.2.2.1　子载波映射方式

在 LTE 系统中，上行频段是连续的，而下行频段中间空出一个子载波不发送信号，如图 3-3 所示。下行频段中间子载波承载的是直流分量，如果在该子载波上传输信息，会被直流分量干扰，无法有效解调，因此，协议中规定：空出中间子载波不发送信号。上行信号发送也存在着与下行相同的问题，但是下行信号调度是按照资源块分配的，可以是非连续的，而上行信号的调度是连续的。这是因为下行信号采用正交频分复用（Orthogonal Frequency Division Multiplexing，OFDM）多载波的多址方式，为一个用户调度的资源可以是离散分布的多个资源块；而上行信号采用单载波频分多址（Single-Carrier Frequency-Division Multiple Access，SC-FDMA）的方式，每个用户一次调度只能分配一个子载波，因而必须是连续的资源块。于是上行信号无法按照下行的方式直接空出中心的子载波不发送信号，而采取了错开半个子载波的方式，尽量避免直流分量的干扰。

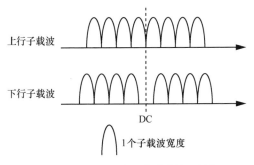

图 3-3　LTE 上/下行子载波映射示意图

3.2.2.2　解调参考信号谱图

无线信道会随着周围环境的变化而变化，例如周围车的驶过、人的走动导致反射体移动，带来了多径信号的变化，甚至风吹树叶也可能导致无线信道质量的变化。因此，为了准确估计信道状况，以便从干扰及噪声中有效解调得到有用信号，在传输的有用信号中会插入解调参数信号。由于接收端的通信设备预先获取了解调参考信号的信息，故接收端可以根据接收参考信号的畸变形状进行信道估计，从而获取无线信道对信号的改变情况，根据信道估计结果恢复得到有用信号波形并解调出信息数据。

　　LTE 中上/下行信号在用于解调的参考信号上的设计也有所不同。上行信号同样因为单载波的原因，即多址方式为 SC-FDMA，要求数据信号和参考信号在频域都要保持连续性。上行参考信号谱图如图 3-4 所示，上行参考信号在第 2 时隙（即横坐标 $l = 2$）占满整个频域进行传输。而下行参考信号采用 OFDM 多址方式，因而没有连续性的限制，可以采用离散的谱图，如图 3-5 所示，从而获取更好的信道时频变化信息。

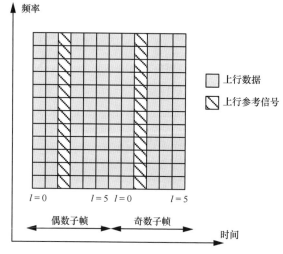

图 3-4　上行参考信号谱图

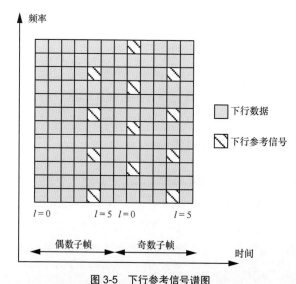

图 3-5　下行参考信号谱图

因为相邻小区间没有隔离，所以邻区通信设备发送的信号虽然在传输一段距离后有很大的衰落，但仍有一部分残留功率形成干扰信号，影响邻区设备接收本区的有用信号。因此，相邻小区的参考信号被设置在相同的时频资源上，不同小区采用不同的正交码来避免相互之间的干扰。而上/下行参考信号采用不同的资源映射方式，这就导致参考信号会受邻区数据信号的干扰，无法有效估计信道状况。

除了子载波映射和参考信号谱图外，上/下行在多址方式、测量参考信号、调度策略等多方面都不同，这也是目前需要全网在相同的时频资源上不同小区必须采用相同的信号传输方式、FDD 固定上/下行频段、TDD 采用统一的子帧配比的原因。

| 3.3　灵活双工 |

3.3.1　灵活双工方案

传统蜂窝网络使用固定的上/下行资源分配，而灵活双工可以根据上/下行流量负载，调整上/下行资源，以提高频谱效率。通过干扰消除策略消除上/下行干扰，提升频率利用率。灵活双工可以有效提高 LTE 网络的时频资源利用率。如将 FDD 的上/下行频段在某些时隙或多个上/下行频段中的一个频段作为上/下行资源使用，或 TDD 系统中各小区可根据业务量自主选择上/下行子帧配比。

灵活双工分为频域方案和时域方案。频域方案通过调整每个载波的双工方向实现上/下行带宽的动态调整。时域方案通过改变每个子帧的双工方向控制上/下行资源比例。在下行载波上插入探测参考信号，可以有效利用信道互易性获得信道估计值。灵活双工技术的目标是使用一种统一的技术框架，在设计之初就将所有的使用场景都考虑在内，包括 eMBB、mMTC 和 uRLLC，还要具备后向兼容性以顺应未来可能出现的新技术。

3.3.1.1　FDD 方案

（1）频域操作：图 3-6 中，配置上行频谱为"灵活带宽"，根据上/下行流量负载将其用于上行或下行传输。

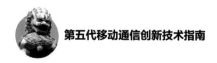
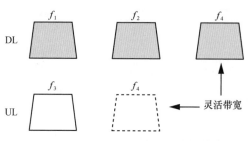

图 3-6 使用"灵活带宽"实现灵活双工

"灵活带宽"既可以与载波聚合（Carrier Aggregation，CA）一同实现，也可以应用于没有载波聚合（non-CA）的情况，如图 3-7 所示。在载波聚合场景下，网络可将原来的上行频谱配置为下行 SCell。在没有载波聚合的场景下，网络可将原始上行频谱配置为下行传输，并且这个"灵活带宽"还能与现存 FDD 方法中的上行带宽一同操作。

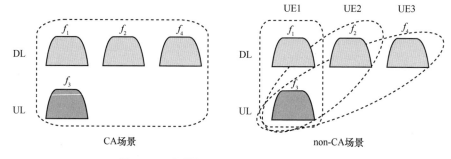

图 3-7 CA 场景与 non-CA 场景的"灵活带宽"

（2）时域操作：上行载波中的子帧可以被灵活地分配到上行传输或下行传输，从而适应上/下行流量比例。通过这种方法，使上/下行资源比例与上/下行流量比例相匹配。在 UL 载波上的灵活双工如图 3-8 所示，在一个下行繁重的情况下，网络分配一部分上行载波中的子帧用于下行传输，同时保持所有下行载波中的子帧用于下行传输，因此用于下行资源的部分增加了。在此，上行载波会采用一种类似传统 LTE TDD 的帧结构，这意味在上行载波中的下行子帧和上行子帧间需要加入一个保护间隔。在下行载波上也可能实现 SRS 支持。基于 UE SRS 发射，网络可以估计上行信道，根据信道互易性导出下行信道，并相应地做下行调度。这是一种充分利用 TDD 双工策略优越性的方式。

此外，在 UL 和 DL 上的灵活双工如图 3-9 所示，当上行流量需求大于下行时，下行载波中的一部分子帧可以被分配给上行传输，以匹配上/下行流量比例。

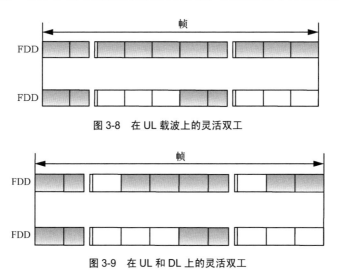

图 3-8　在 UL 载波上的灵活双工

图 3-9　在 UL 和 DL 上的灵活双工

为了跟随上/下行流量的变化进行调整，设定一个物理层信令指示合适的上/下行子帧分配，在一个子帧中，与 CA 系统相似，上/下行两个载波中的子帧可以相同。然而，这样的上/下行载波实际上属于同一个 FDD 蜂窝小区。此外，上/下行调度、CSI 反馈和 SRS 传输都需要进行进一步的研究以适应上述帧结构。

3.3.1.2　TDD 方案

700 MHz～3 GHz 的大部分频谱已分配给 FDD 和 TDD 进行部署，而 3～6 GHz 的频谱则主要分配给了 TDD。至于 6 GHz 以上的大部分频谱，有望再分配给 TDD。

（1）3GPP 操作。3GPP 的 eIMTA 项目（Further Enhancements to LTE TDD for DL-UL Interference Management and Traffic Adaptation）已将 TDD 中的灵活双工细化，进一步增强上/下行信号间的干扰管理，这使得在不同的蜂窝或基站中可以灵活地与上/下行进行匹配。然而，采取不同上/下行模式的相邻小区或基站会产生蜂窝间或基站间的干扰，这将阻碍系统性能的提升。尤其对于控制信道，甚至会降低系统性能。在传统帧结构中，控制信道与数据信道一同改变。灵活双工的候选帧结构如图 3-10 所示，是一种候选帧结构，它用于消除控制信道的干扰。而在新的帧结构中，用于下行和上行控制信道的资源是保留的，而只有用于数据信道的资源可以被动态地配置为下行数据传输或上行数据传输。动态 TDD 的方案将在 eMBB 场景中大量应用，例如小区间上/下行的动态配置。

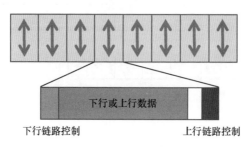

图 3-10　灵活双工的候选帧结构

（2）瘦无线帧操作。当载波工作在更高的频率时，TDD 将是一种可行的双工模式。然而为了确保未来多种潜在的服务能够正常引入，需要一种灵活的帧结构，这便是动态 TDD。

参考文献[2]提出了一种具备动态 TDD 特性的"瘦无线帧结构"，如图 3-11 所示，其基本概念是将 UE 的预定义/预配置的常规信道/信号最小化，并将它们集中到一个从 eNB 发送过来的特定子帧中，从作用上看这个子帧为固定的 DL 子帧。而这个固定 DL 子帧的必要信道/信号以及它们的周期是根据其使用场景而变化的。这个动态子帧应该根据 UE 的具体特征充分利用其灵活性，同时，当 eNB 没有调度任何资源的时候，这种动态子帧的内容也可以完全空白。此外，与 HARQ 相关的定时也应该具备足够的灵活性，如回传时数据需进行同步操作。通过实现这种给予每个子帧的动态/灵活操作，可以保证前向兼容性。该方案需要研究动态帧结构的设计以实现高度灵活的 TDD 操作，以及研究固定 DL 子帧的设计以高效地支持多种场景。

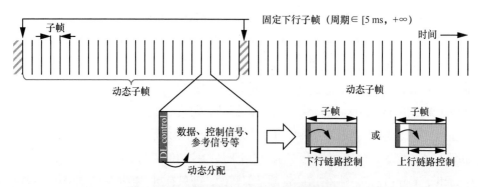

图 3-11　具备动态 TDD 特性的"瘦无线帧结构"

（3）大规模 MIMO 操作。参考文献[3]提出一种在对等的 TDD 空口上实现大规模 MIMO 的方案，其符号级别的交换能力和潜在的可配置能力是支持 5G 3 个主要场景的必备因素。这种动态 TDD 无线接入方案具有更快的 TDD 切换、符号级别的重构和更高的上行导频周期性。适用于大规模 MIMO 的动态 TDD 帧结构如图 3-12 所示。

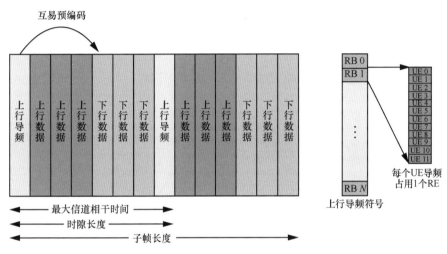

图 3-12　适用于大规模 MIMO 的动态 TDD 帧结构

在这种帧结构中，不仅每个符号都能被定义为上行导频、下行导频、上行数据、下行数据、同步码或保护间隔，而且有信令支持重新定义符号的类型。通过在一个 0.5 ms 周期内传输特定 UE 的上行导频来为高速移动的 UE 提供基于大规模 MIMO 的信道互易性支持。对于非大规模 MIMO 的部署情况，上行导频的位置和周期都可以重新配置。下行导频可以嵌入下行数据或一个特定的下行导频符号中。

3.3.1.3　虚拟全双工

为了满足 5G 网络中 1 000 倍的流量增加，密集地布置小型蜂窝以覆盖热点区域成为一种可能的选择。由于蜂窝小区规模减小，小型蜂窝之间不平均的流量分布情况变得比一些场景（例如在体育场和露天集会）中的宏蜂窝更为严重，故当流量突然增加时，小型蜂窝有可能超出负载。

LTE-A 对 eIMTA 消除下行和上行之间的流量不均进行了研究。特殊情况下，蜂窝中的 TDD 配置可以根据下行和上行流量进行配置。然而，eIMTA 并不能够完全处理好下行与上行都面临繁重流量的情况。为了进一步改善小型蜂窝的容量，参考文献[4-5]提出一种新型的虚拟全双工策略。

虚拟全双工策略如图 3-13 所示，在过载的小型蜂窝中，使用宏传输点和小型传输点联合为 UE 服务。其中的 MTP 和 STP 都工作在半双工模式下，并且采用 C-RAN 体系架构，它们都连接虚拟 BS 池以进行集中处理。在一个时隙中，UE1 和 UE2 分别由 MTP 提供下行并由 STP 提供上行，而且这两条链路使用的是同一条频带。在另一个时隙中，UE1 和 UE2 的服务方向可能变换。因此，如图 3-13 所示，同时进行的下行和上行调度将引入 TP 间的干扰和 UE 间的干扰。

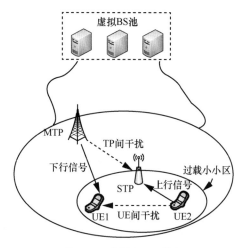

图 3-13　虚拟全双工策略

虚拟全双工拥有以下优势。

（1）蜂窝内全双工服务

相较于传统半双工系统，虚拟全双工可以在一个小型蜂窝中分别用下行和上行同时调度两个 UE。换言之，使用虚拟全双工之后，在同一个蜂窝小区中的 UE 通过类似于传统半双工的 TP，获得同时同频的全双工服务。

（2）集中的信号处理

依托 C-RAN 体系，MTP 和 STP 间的协作可以用于智能管理 TP 间的干扰和 UE 间的干扰。此外，在虚拟基站池中，需要获知 MTP 中的下行基带数据，以便进一步使用干扰消除算法消除 TP 间的干扰。

（3）减少的 TP 间干扰

由于 MTP 和 STP 空间上的隔离，与同时同频的全双工中的自干扰相比，来自 MTP 对 STP 的干扰已大幅减少。相应地，简单的干扰消除技术即可消除此干扰。

3.3.1.4　5G 考虑

灵活双工的主要技术难点在于不同通信设备上/下行信号间的相互干扰问题。上/下行信号间的互干扰问题严重影响灵活双工技术所带来的增益，因而如何有效消除或抑制上/下行信号间的干扰成为灵活双工中亟待解决的问题。5G 采用新的频段和新的多址方式等，上/下行信号将进行全新的设计。如果根据上/下行信号对称性原则设计 5G 的通信协议和系统，从而将上/下行信号统一，那么上/下行信号间干扰自然被转换为同向信号间干扰。再应用现有的干扰删除或干扰协调等手段处理干扰信号，上/下行信号间的相互干扰问题可以得到进一步解决。

上/下行对称设计要求上行信号与下行信号在多方面保持一致性，包括子载波映射、参考信号正交性等方面的问题。同时，为了抑制相邻小区上/下行信号间的互干扰，灵活双工采用降低基站发射功率的方式，使基站的发射功率达到与移动终端对等的水平。未来宏基站将承担更多用户管理与控制功能，小基站将承载更多的业务流量，其发射功率较低，更适合采用灵活双工。

（1）上/下行对称设计

在 5G 中，上/下行信号的设计不再受 LTE 标准的限制，因而可以采用上/下行信号对称的设计[6-7]。将上/下行信号（包括资参考信号谱图、子载波映射、多址方式、参数设置等方面）采用一致的设计。由此，可以有效利用多用户多天线、干扰删除等技术手段更好地分离上/下行信号。

上/下行信号之间之所以互干扰严重，是因为 LTE 将上/下行信号做了不同的设计。而上行信号及下行信号间的同向干扰在 LTE 系统中是可以通过干扰删除、多天线接收等方式消除或避免的。因此，如果能够保证上/下行信号的一致性，将灵活双工系统中的异向干扰转换为同向干扰，那么可以有效地避免两种信号间的干扰产生。

（2）发射功率对等

为了抑制相邻小区上/下行信号间的互干扰，灵活双工采用降低基站发射功率的方式，使基站的发射功率降到与移动台对等的水平。调整以移动台发射功率 23 dBm 为基准。宏基站设备的发射功率一般设置为 46 dBm，而覆盖范围较小的微基站发射

功率一般设置为 24 dBm。并且,无线通信系统的宏基站与小基站业务分配的趋势是,小基站承载多数的移动业务,而宏基站负责用户的管理、控制等业务[8]。因此,灵活双工将主要应用于发射功率为 24 dBm 的小基站。同时,降低基站的发射功率,还可有效避免灵活双工系统对邻频通信系统的干扰。

3.3.2 灵活双工发射端

在传统 LTE 系统中,上行信号和下行信号在多址方式、子载波映射、参考信号谱图等方面存在差异,不利于干扰识别和删除,对于现有的 LTE 系统,可以调整上行或下行信号实现统一格式,如采用载波频谱搬移、调整解调参考信号谱图等方式,再将不同小区的信号通过信道估计、干扰删除等手段进行分离,从而有效解调出有用信息。

为了保证上/下行信号在解调参考信号、子载波映射等方面一致,将上/下行互干扰转换为上行间或下行间的同向干扰。需要上行或下行信号中的一方做出调整,将上(下)信号映射方式转换为下(上)信号的映射方式。

3.3.2.1 频谱搬移

如果上行信号按照下行信号映射方式发送,其上行信号生成流程如图 3-14 所示。在资源映射模块后加入选择模块频谱搬移,保证上/下行子载波对齐。

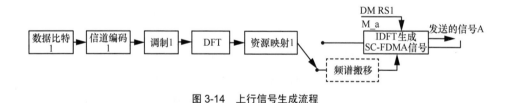

图 3-14 上行信号生成流程

在使用灵活双工的资源上,具体的操作流程如下。

(1)灵活双工模块选取下行信号作为下一时频资源上、上/下行信号采用的共同的映射方式。

(2)灵活双工模块通知移动台需要改变映射方式,频谱搬移。

(3)收到载波搬移指示的移动台,进行频谱搬移。移动台按照指示将发送的信号频谱从中心点向两侧搬移半个子载波宽度,使发射信号频谱中心空出一个子载波,即下行子载波的映射方式。

当移动台不采用灵活双工时，信号的处理流程与现有 LTE 系统相同，即图 3-14 中"资源映射 1"模块后，选择直接进行 IDFT 生成 SC-FDMA 信号，而不需要进行频谱搬移。

如果灵活双工采用下行信号按照上行信号映射方式发射，则下行信号生成流程如图 3-15 所示。同样需要在资源映射模块后加入选择模块频谱搬移，保证上/下行子载波的对齐。具体流程为如下。

（1）灵活双工模块选取上行信号作为下一时频资源上、上/下行信号采用的共同的映射方式。

（2）灵活双工模块通知基站需要改变映射方式，频谱搬移。

（3）收到指示的是基站，按照指示将发送的信号频段中心两侧频谱向中心搬移半个子载波宽度，得到连续的信号频谱，即上行子载波的映射方式。

图 3-15　下行信号生成流程

3.3.2.2　参考信号正交

图 3-16 给出了在一个资源调度单位，即资源块（Resource Block，RB）上，下行解调参考信号（Demodulation Reference Signal，DM RS）的资源映射位置。需要注意的是，其中，横坐标为时隙，纵坐标为子载波。在此资源上用物理下行共享信道承载来自下行链路共享信道的数据，既用于传输下行数据信号，也用于传输下行解调参考信号，在解调时进行信道估计。

图 3-17 表示在一个资源块上，上行解调参考信号的资源映射位置。同样，在该资源上，同时传输上行数据信号和解调参考信号。

要进行干扰删除、信号解调，首先要进行信道估计。为了保证信道估计的准确性，要求各路信号中用来做信道估计的解调参考信号间彼此正交，或相互干扰很小。如果两个解调参考信号在相同的资源块上，那么需要为两个解调参考信号分配不同的正交序列，以保证二者码分正交；而如果两个解调参考信号在不同的资源块上，那么它们自然是正交的。

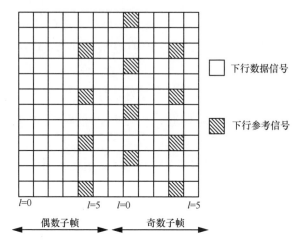

图 3-16　下行参考信号在一个资源块上的资源映射位置

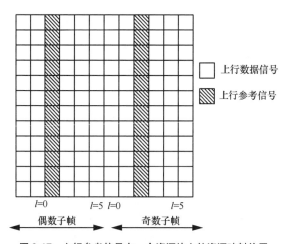

图 3-17　上行参考信号在一个资源块上的资源映射位置

　　在现有 LTE 系统中，由图 3-16 和图 3-17 可知，下行解调参考信号和上行解调参考信号在不同的资源块上，即下行解调参考信号的资源块映射位置与上行解调参考信号的资源块映射位置相互错开，它们是正交的。而引入灵活双工后，在同一时频资源上，上行信号与下行信号共存，上行解调参考信号受到下行数据信号的干扰，而下行解调参考信号也受到上行数据信号干扰。这样将影响信道估计的准确性，从而直接影响干扰删除、数据解调结果。因此，需要对其进行优化。可令在同一时频资源上传输的上/下行信号采用同样的解调参考信号映射方式。

（1）采用下行参考信号谱图

由基站决定同一时频资源上传输的上/下行信号采用何种解调参考信号资源块映射方式后，如上行信号和下行信号均采用下行解调参考信号的资源映射方式，由于移动台默认采用上行解调参考信号的资源映射方式发送上行信号，故在接收通信信号之前，基站还需要通知移动台执行上行资源映射转下行资源映射处理。

如果两个解调参考信号在相同的资源上，那么需要为两个解调参考信号分配不同的正交序列，以保证二者通过码分正交。因此，上述上行解调参考信号还要采用新的正交序列，并且，其采用的新正交序列与下行解调参考信号的正交序列码分正交。而基站的下行参考解调信号的资源映射位置和正交序列则不需要做调整或更新。如此，上/下行信号均可按照图 3-16 的映射方式发送。

（2）采用上行参考信号谱图

当上行信号和下行信号均采用上行解调参考信号的资源映射方式时，由于基站默认采用下行解调参考信号的资源映射方式发送下行信号，故在接收通信信号之前，需要基站执行下行资源映射转上行资源映射处理。

相应地，在发送下行信号之前，基站所执行的传输方法还可包括：根据信号接收方的通知，执行下行资源映射转上行资源映射处理，以使信号接收方接收的通信信号中，下行解调参考信号的资源位置与上行解调参考信号的资源位置相同。

（3）采用静默/低功率数据信号方式

由于在现有 LTE 中，上行解调参考信号的资源映射位置与下行解调参考信号的资源映射位置本来就相互错开，因此，可保持上/下行解调参考信号默认的资源映射方式不变。基站发送下行信号仍采用默认的、下行解调参考信号的资源映射方式，移动台发送上行信号仍采用默认的、上行解调参考信号的资源映射方式，即图 3-16 和图 3-17 所示方式。当然，也可重新分配上/下行解调参考信号的资源映射位置，并令其相互错开。

在采用不同的解调参考信号映射方式时，为使上/下行解调参考信号少受干扰，需要执行如下操作：

- 通知移动台执行下行静默/低功率处理，即在发送上行信号之前，移动台还需要根据基站的通知执行下行静默/低功率处理；
- 同理，通知基站执行上行静默/低功率处理，在发送下行信号之前，基站还需要执行上行静默/低功率处理。

这样一来，信号接收方所接收的通信信号中，上行信号是经过下行静默/低功率处理的，下行信号是经过上行静默/低功率处理的。

上述所说的上行或下行静默/低功率处理可包括：在传输下行解调参考信号的资源上保持静默或低功率发射。

图 3-18 给出了基站侧的下行解调参考信号的映射位置，可见，在上行解调参考信号对应的资源位置上，不发送下行数据信号，保持静默。

用户侧上行解调参考信号的映射方式类似，即在下行参考信号发送的资源块上不发送或降低上行数据信号的发射功率。

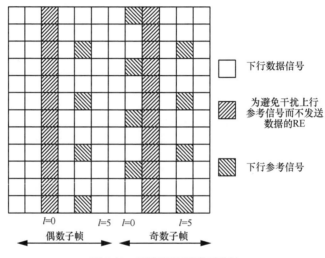

图 3-18　灵活双工下行信号映射

3.3.3　灵活双工接收端

在接收端通过引入干扰删除（Interference Cancellation，IC）技术可以有效降低有用信号的解调误码率，而传统的干扰删除处理以接收的两路信号采用相同的调制方式为前提，未考虑接收端同时接收上/下行信号的情况。在引入灵活双工后，同一时频资源上，上/下行信号将共存，而上/下行信号的调制方式、多址方式并不相同，这需要对干扰删除进行改进，使 IC 接收机能按照事先选择的映射方式、解调参考信号信息、有用信号和干扰信号的调制方式等信息分别对两路信号进行信道估计、干扰删除。在移动台侧删除其他移动台发送的采用 SC-FDMA 调制方式的上行干扰信号得到基站的下行有用信号；在基站侧删除其他基站发送的采用 OFDM 调制方式的下行干扰信号得到移动台发送的上行有用信号。

删除采用 SC-FDMA 的上行信号得到干扰消除后的基站的下行有用信号的具体处理过程如图 3-19 所示。

（1）接收端同时收到 2 路信号，其中，数据 2 为 OFDM 调制方式，数据 1 为 SC-FDMA 调制方式，两者互为干扰信号。在解调数据 2 时数据 1 那一路信号为干扰。接收设备经过 DFT 后，得到频域的混合接收信号。接收端根据预先已经获取两路信号的 DM RS 信息，分离数据信号 Data 和两路 DM RS 信号 DM RS1 和 DM RS2。

（2）因为 DM RS1、DM RS2 信号正交，可以准确地估计出信号 1 经历的信道估计 1(H_a~)及信号 2 经历的信道估计 2(H_b~)。

（3）根据信道估计 1(H_a~)、数据信号，信道均衡后可解调数据 1 的估计值(M_a~)。因为数据 1 为 SC-FDMA，因而在解调中，需要根据其调制方式增加 IDFT。把估计的信道 1(H_a~)与解调的调制信号估计值(M_a~)相乘，获得数据 1 的接收信号估计值，即数据 2 的干扰信号估计值。

（4）将获得的干扰信号从接收的数据信号中删除，可以获得干扰被降低的数据 2 的信号。再对该信号进行解调操作，获取精度较高的数据比特 2。由于数据 2 采用的是 OFDM 调制方式，因此在解调过程中不需要加入 IDFT 模块。

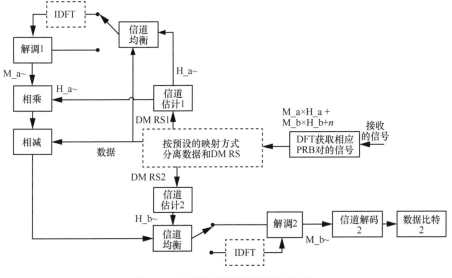

图 3-19　下行有用信号的具体处理过程

接收侧处理 SC-FDMA 路信号的流程如图 3-20 所示，即数据 1 的 IC 的具体处理过程。

与数据 2 的不同之处在于，此时干扰数据的调制方式为 OFDM，而接收有用数据的调制方式为 SC-FDMA。因此，在干扰信号信道估计、信道均衡步骤后不需要进行 IDFT，而直接进行干扰信号的解调；此外，在有用信号的信道均衡后需要进行 IDFT，然后再进行解调。

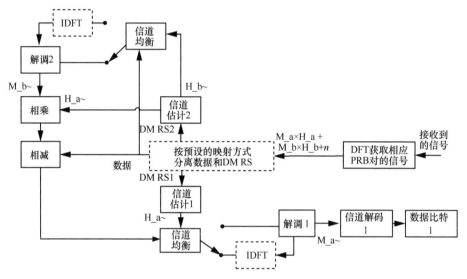

图 3-20　接收侧处理 SC-FDMA 路信号流程

| 3.4　同时同频全双工 |

3.4.1　同时同频全双工概述

基于自干扰抑制理论和技术的同时同频全双工（Co-time Co-frequency Full Duplex，CCFD），可以在相同的载波频率上，同时发射、接收电磁波信号，提升 FDD 与 TDD 的频谱效率，消除其对频谱资源使用和管理方式的差异性，将频谱效率[1,9-11]提升一倍。

从设备层面来看，同时同频全双工的核心问题是如何在本地接收机中有效抑制自己发射的同时同频信号（即自干扰）。应用了空域、射频域、数字域联合的自干扰抑制技术的全双工系统节点模型如图 3-21 所示。空域自干扰抑制主要依靠天线位置优化、空间零陷波束、高隔离度收发天线等技术手段实现空间自干扰的辐射隔离；射频域自干扰抑制的核心思想是构建与接收自干扰信号幅相相反的对消信号，在射频模拟域完成抵消，达到抑制自干扰的目的；数字域自干扰抑制针对残余的线性和非线性自干扰进行进一步的重建消除。

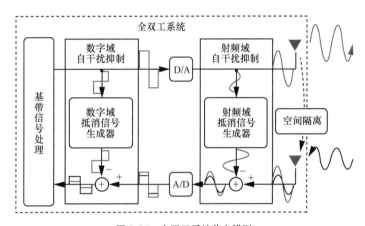

图 3-21　全双工系统节点模型

从组网层面看，同时同频全双工释放了收发控制的自由度，改变了网络频谱使用的传统模式，将带来网络用户的多址方式、无线资源管理等技术的革新，需要为其匹配高效的网络体系架构。业界普遍关注和已有初步研究的方向包括：全双工基站与半双工终端混合组网的架构设计、终端互干扰协调策略、全双工网络资源管理以及全双工 LTE 的帧结构等。

同时同频全双工最大限度地提升了网络和设备收发设计的自由度，可消除 FDD 和 TDD 模式的差异性，具备网络频谱效率提升能力，适合频谱紧缺和碎片化的多种通信场景，有望在室内低功率低速移动场景下首先实用化。

3.4.2　同时同频全双工自干扰信道

同时同频全双工技术应用的首要问题是自干扰抑制。为了有效地抑制自干扰，不仅需要知道发射机的发射信号，而且需要知道自干扰信道特征。现实中，通过测量、分析、建模等可以获得自干扰信道特征，也可以获取发射机发射的信号情况。

全双工自干扰信道测量主要包括：路径传输损耗、莱斯 K 因子、功率延迟剖面（Power Delay Profile，PDP）和统计特征等，典型研究如下。

（1）收发天线分离场景下的室内室外测量[10]。测试天线为双极化定向天线，发射功率为-17~27 dBm，测试频段为 2.5~2.75 GHz，采用频域测量方法，得到路径传输损耗系数与损耗衰落分布，其中路径传输损耗的分布为对数正态分布。

（2）收发天线分离场景下的微波暗室测量[11]。测试方法采用频域测试法。测试天线为定向天线，天线增益为 4.4 dBi。发射功率为 5 dBm，测试频段为 3~10 GHz。结果表明，自干扰信道是多径频率选性信道，相关带宽在 1~4 MHz。

（3）收发天线分离场景下的莱斯 K 因子测量[12]。在接收天线输出口、射频域自干扰抑制输出口、数字域自干扰抑制输出口，K 因子的大小依次降低。

（4）单天线场景的信道测量[13]。对室外场景共用收发天线的同时同频全双工自干扰信道进行测试，测量并分析了路径传输损耗、PDP、均方根（Root Mean Square，RMS）时延扩展、相关带宽等信道参数。

3.4.2.1 典型场景

全双工自干扰信道测量主要包括两种典型场景：收发天线分离场景和单天线场景[1]。

（1）收发天线分离场景

图 3-22 给出了双天线同时同频全双工系统示意图，发射通道与接收通道使用分离的天线。同时同频全双工无线通信的自干扰信道，与已有的无线通信信道相比，有着明显的不同机理，具体如下。

① 近场耦合。典型发射通道与接收通道的距离很近，部分发射信号通过近场耦合效应，传播到接收天线中。

② 近场直射传播。发射信号通过近场传播效应从发射天线传播到接收天线中。

③ 近场反射传播。典型场景中的反射物，发射信号通过近场传播效应，反射到接收天线中。

④ 近场散射传播。典型场景中的散射物，发射信号通过近场传播效应，散射到接收天线中。

同时同频全双工无线通信的自干扰信道，与已有的无线通信信道相比，具有相同的机理，具体如下。

① 远场反射传播。典型场景中的反射物，发射信号通过远场传播效应，反射到接收天线中。

② 远场散射传播。典型场景中的散射物，发射信号通过远场传播效应，散射到接收天线中。

上述近场、远场共 6 个电磁波传播特点，直接决定着收发天线独立场景中同时同频全双工自干扰信道特征。

图 3-22　双天线同时同频全双工系统示意图

（2）单天线场景

图 3-23 给出了单天线同时同频全双工系统示意图。发射通道与接收通道通过环形器，在同样的时间、同样的频率使用同一根天线，其具体特征如下。

① 环形器泄漏。发射机的发射信号，通过环形器送给发射天线，存在信号泄漏。

② 天线驻波。发射机的发射信号，通过环形器送给发射天线，存在驻波，即存在反射信号。

③ 近场反射传播。典型场景中的反射物，发射信号通过近场传播效应，反射到接收天线中。

④ 近场散射传播。典型场景中的散射物，发射信号通过近场传播效应，散射到接收天线中。

⑤ 远场反射传播。典型场景中的反射物，发射信号通过远场传播效应，反射到接收天线中。

⑥ 远场散射传播。典型场景中的散射物，发射信号通过远场传播效应，散射到接收天线中。

上述 6 个特点，直接决定着单天线场景中同时同频全双工自干扰信道的信道特征。

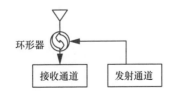

图 3-23　单天线同时同频全双工系统示意图

（3）自干扰信道模型

同时同频全双工自干扰信道的信道传输函数可表示为[14]：

$$r(t) = \sum_{n=0}^{L-1} \sqrt{2P_n} D_n(t) e^{j2\pi(f_c + \Delta f)(t - \tau_n) + j\theta_n} s(t - \tau_n) + n(t) \tag{3-1}$$

其中，$r(t)$ 为接收机接收到的自干扰信号，L 为自干扰信道的多径数，P_n 为自干扰信道中第 n 条径的功率增益，$D_n(t)$ 为自干扰信道中第 n 条径的多普勒频率扩展谱，f_c 为同时同频全双工发射机载波频率，Δf 为同时同频全双工发射机接收机间的载波频率偏差，τ_n 为自干扰信道中第 n 条径的时延，θ_n 为第 n 条干扰多径的相位，$s(t)$ 为同时同频全双工发射机发射的信号，$n(t)$ 为自干扰信道中的加性白高斯噪声，双边功率谱密度为 $N_0/2$。

3.4.2.2　自干扰信道测量方法

目前针对信道测试的方法主要有两种：一种是基于扫频方式的频域测试方法，一种是基于扩频序列滑动的时域测试方法。频域测试的基本测试方法如下。

使用网络分析仪（VNA），扫频测量得到信道的频率响应 $H(f)$：

$$H(f) = \sum_{k=0}^{N-1} H(k)\delta(f - k\Delta f - f_0) \tag{3-2}$$

其中，N 为频率采样的总数目，f_0 为起始测量频率，Δf 为频率采样间隔，$\delta(\bullet)$ 为单位冲激函数。

$H(f)$ 通过离散傅里叶逆变换（IDFT），得到自干扰信号的时域冲激响应 $h(\tau)$：

$$h(\tau) = \text{IDFT}\big[H(f)\big] \tag{3-3}$$

其中，式（3-3）中的逆傅里叶变换是根据式（3-4）进行的：

$$h(n) = \frac{1}{N} \sum_{k=0}^{N-1} H(k) e^{-j2\pi kn/N} \tag{3-4}$$

频率抽样间隔 Δf 为 1 MHz，时域采样周期为 $T = 1/\Delta f$，因此时延功率谱的重复周期 T 为 1 μs。

对信道频率响应 IDFT 变换时，需考虑频域的窗口 $W(f)$，具体如下：

$$h(\tau) = \text{IDFT}\big[H(f)W(f)\big] \tag{3-5}$$

当 $W(f)$ 为矩形窗时，即：

$$W(f) = \begin{cases} 1, & f = 0, 1, 2 \cdots, N-1 \\ 0, & \text{其他} \end{cases} \qquad (3\text{-}6)$$

则：

$$w(n) = \frac{B}{2\pi}\operatorname{sinc}\left(\frac{B}{2}n\right) \quad n \neq 0 \qquad (3\text{-}7)$$

sinc 函数的主瓣与第一旁瓣之间的幅度差 13 dB 左右，其时延分辨率为 $1/B = 5\,\text{ns}$，采用矩形窗，其旁瓣的泄漏比较大，有时为了抑制旁瓣的泄漏通常采用能更好地抑制旁瓣的窗函数，选择 Hanning 窗函数，其表达式为：

$$W(f) = \begin{cases} 0.5\left[1 - \cos\left(\dfrac{\pi}{N-1}f\right)\right], & f = 0, 1, 2, \cdots, N-1 \\ 0, & \text{其他} \end{cases} \qquad (3\text{-}8)$$

其时域的主瓣与第一旁瓣功率差约为 32 dB，当然选择 Hanning 窗函数牺牲的是时延分辨率，选择 Hanning 窗，其时延分辨率扩大约为矩形窗的 1.4 倍。

3.4.2.3　测试场景与结果分析

以室内收发天线分离场景为例，对同时同频全双工自干扰信道进行测试[14]。

（1）测试场景及测试过程

测试地点选择为一个典型的实验室，实验室的大小为 8.2 m×7 m×2.7 m，实验室顶部敷设铝合金龙骨硅钙材质天花板。在实验室内选取若干个测试点，其场景及平面图如图 3-24 所示。收发天线均架设在高度为 1.0 m 的天线架上，VNA 测量的 S 参数 S_{21} 作为全双工自干扰信道的传递函数，每次发射 201 个单频信号。这些频点均匀分布在 2.5～2.7 GHz 频带内，扫频间隔为 1 MHz。

在房间中选取若干个测试点，每轮测量过程中将收发天线间距固定。每次测量时，把收发天线水平面投影的中心 D 置于测试点上，测试完成后，将收发天线围绕中心 D 水平旋转一定的角度，再进行下次测量，如图 3-25 所示。当一个测试点的测量完成后，将收发天线同时移往下一测试点重复进行操作。然后，当此轮所有测试点测试完毕后，调整天线间距进行下一轮测试。为了降低噪声影响，每次测量 10 次并取平均值作为该次测量的数据。由于一次测量持续几秒的时间，因此测量时确保室内无人，以使信道不变。

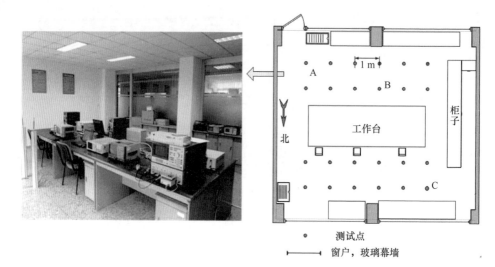

图 3-24 实验室场景及平面图

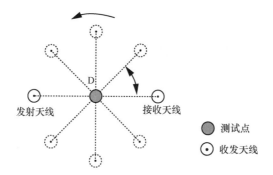

图 3-25 实验室场景收发天线在测试点放置平面示意图

（2）自干扰信道 PDP

自干扰信道时延功率谱 PDP 可由式（3-9）计算：

$$PDP(t_j,\tau) = \left| h(t_j,\tau) \right|^2 \qquad (3-9)$$

其中，$h(t_j,\tau)$ 为在时刻 t_j 的信道冲激响应。

从图 3-26 可以看出，在实验室场景收发天线分离的情况下（收发天线之间不存在遮挡），最先到达接收天线的是一条非常强的主径，这条主径一般为直射分量（有时不仅是真正意义上的直射径，还包括其他的比较短的反射径，例如地面反射的信号），这部分信号的到达时间与真正意义上的直射径的到达时间相差无几，由于超出了测试的时延分辨率，因此在 PDP 中表现为最先到达的是直射分量，随后到达的是空间散射分量。另外，在室内环境中存在大量的空间散射径，这些空间散射径是由于电磁波在空间中经历透射、绕射、折射后，陆续到达接收端。这些空间散射分量随着到达时间的增加，相对于直射径其幅度逐渐变小。从图 3-26 可以看出，相对于直射分量，随后到达的是空间散射分量。

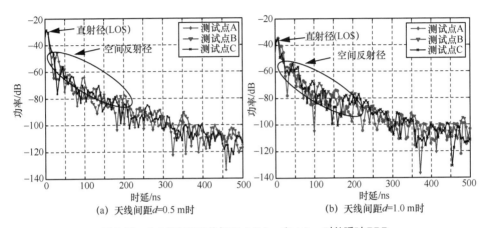

图 3-26　办公室场景天线间距 d=0.5 m 和 1.0 m 时的瞬时 PDP

（3）自干扰信道莱斯 K 因子

实验室场景得到了不同天线间距下的莱斯 K 因子。进一步为了确定莱斯 K 因子的分布特性，对不同天线间距下莱斯 K 因子值的分布进行分析。图 3-27 为天线间距为 0.1 m、0.5 m 与 1.0 m 时的莱斯 K 因子的累积概率分布曲线。经分析发现，在实验室场景下，不同天线间距下的莱斯 K 因子与 Weibull（韦布尔）分布最为相似。对得到的测试的样本采用 K-S 检验以分析是否符合 Weibull 分布。从结果可以看出，对于实验室场景收发天线分离的同时同频全双工自干扰信道，其在不同天线间距下的 RMS 时延扩展的概率分布可以较好地符合 Weibull 分布。

（4）测试结论

办公室场景的路径传输损耗在天线间距为 0.1～1.0 m 与 1.0 ～8.1 m 之间服从断点模型，天线间距在大于 1.0 m 的路径传输损耗指数为 1.86，天线间距小于 1.0 m 的传输损耗指数为 1.52；路径传输损耗在 0.1～1.0 m 内服从对数正态分布。

办公室场景下当天线间距大于 1.0 m 时的 RMS 时延扩展服从对数正态分布；当天线间距小于 1.0 m 时，RMS 时延扩展在不同的天线间距下服从对数正态分布，并且其分布的均值与标准差与天线间距呈现线性关系。

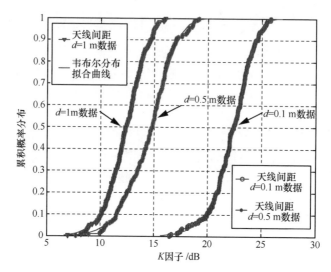

图 3-27　办公室场景天线间距 $d{\leqslant}1$ m 时的莱斯 K 因子的累积概率分布曲线

3.4.3　同时同频全双工自干扰抑制

3.4.3.1　空域自干扰抑制

空域自干扰抑制方法主要分为波束成形、收发天线分离和收发天线隔离自干扰抑制 3 种方式。

（1）波束成形自干扰抑制[15-17]

波束成形自干扰抑制采用发射波束成形,将发射波束的零点方向指向接收天线,从而降低接收天线方向处自干扰信号功率,具体包括被动和主动发射波束。

图 3-28 给出了被动发射波束调零模型：M 对发射天线和 N 对接收天线进行被动发射波束调零[15]。发射天线关于接收天线所在直线对称且发射的两组信号反向,接收天线关于发射天线所在直线对称且接收的信号反向相加。这样,发射的信号在接收天线所在直线上形成一个调零区域,假设由于误差存在,接收天线没有严格位于调零区域上,此时两组 N 接收天线上的接收残余自干扰近似相同,在接收信号反向相加的时候,残余自干扰得到进一步抑制。

被动发射波束调零区域位置和信号本身无关,由天线特征和相对位置决定。例如：参考文献[16]采用双发射天线进行波束成形,将两个发射天线放置关于接收天线对称的位置，两个发射天线发送的信号相位相差 180°。这种方法在 1.8～3.2 GHz 范围内实现了不小于 70 dB 的自干扰抑制度。

图 3-29 给出了主动发射波束调零模型[17]，包括一个信道估计模块、权重更新模块等。根据接收端处的自干扰信号，估计自干扰信号矩阵，调节发射天线处每根天线的权重，实现接收天线处的自干扰功率最小化。这种方法是根据接收通道的反馈信号调节发射信号参数实现调零，调零区域由发射信号特征决定。

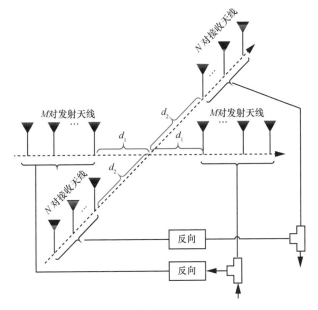

图 3-28　被动发射波束调零模型

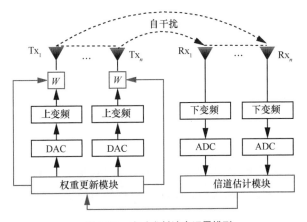

图 3-29　主动发射波束调零模型

（2）收发天线分离自干扰抑制[18]

图3-30给出了收发天线分离模型：收发独立且分开摆放的两根天线，通过自由空间传播衰减，实现自干扰抑制。例如：在距离 d =40 cm 的条件下，实现了 45 dB 的抑制度。

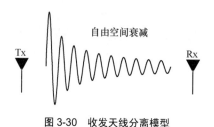

图 3-30　收发天线分离模型

（3）收发天线隔离自干扰抑制[19]

图3-31给出了收发天线隔离模型：在收发天线之间放置电磁波吸收材料实现自干扰抑制，能有效抑制直射径自干扰。例如：使用该方法实现了 40 dB 的直射自干扰抑制度。

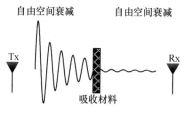

图 3-31　收发天线隔离模型

综上，空域自干扰抑制存在以下不足。

① 空域成形自干扰抑制需要冗余天线阵元，损失了 MIMO 多天线增益：目前的空域自干扰抑制方法需要增加冗余的发射或者接收天线，增加了收发设备的体积、功耗、电路复杂度和成本；而增加的收发天线阵元，不能直接用来进行空间 MIMO 多天线复用传输，与半双工 MIMO 多天线的频谱效率相比没有优势，没有提升多天线全双工系统的增益。

② 收发天线分离或隔离抑制自干扰的能力还有待提高：单纯依靠收发天线分离的方法，会增加设备的体积和工程安装难度，而且仅能依靠电磁波空间损耗抑制自干扰；通过电路设计和辅助材料增加收发天线间的隔离度，是同时同频全双工天线

研究的重要方向，但目前的隔离抑制能力有限；尤其是宽带同时同频全双工高隔离度天线，还需要进一步的深入研究。

3.4.3.2　射频域自干扰抑制

射频域自干扰抑制是指在射频前端进行自干扰抑制处理，避免射频接收通道和 ADC（模数转换器）阻塞饱和，使远端有用信号能够通过 ADC 进行后续数字信号处理。这里主要涉及两方面问题，具体如下。

（1）自干扰的多径问题：发射的自干扰信号经过空口后被接收，因此接收的自干扰信号存在多径，这些多径自干扰信号相对于有用信号而言很强。因此，射频自干扰抑制时，要考虑对多径自干扰信号的抑制，才能显著提高射频自干扰抵消效果。

（2）自干扰的失真问题：发射的自干扰信号中存在失真成分，这些失真成分来源于通道中的非线性、相位噪声、驻波等非理想因素。自干扰信号中的失真部分相对于有用信号而言依然很强，因此，在射频自干扰抑制时，要考虑对自干扰失真部分的抑制，才能提高射频自干扰抵消效果。

目前，射频域自干扰抑制主要有 3 类方法：直接射频耦合干扰抑制、数字辅助射频干扰抑制和高隔离度双工器，具体如下。

（1）直接射频耦合干扰抑制

图 3-32 给出了直接射频耦合干扰抑制模型。发射端射频单元输出的信号经过延时、衰减处理后，通过有线链路送入接收射频单元，用于抑制接收信号中的自干扰信号。根据有线链路的抽头个数，其结构分为单抽头、双抽头和多抽头 3 种。

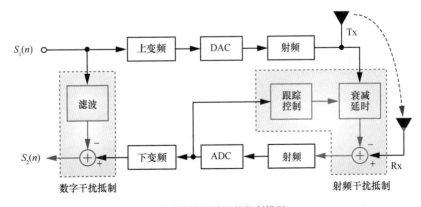

图 3-32　直接射频耦合干扰抑制模型

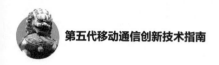
① 单抽头结构

图 3-33 给出了直接射频耦合自干扰抵消单抽头结构。发射通道和接收通道同时同频工作，近端设备接收机接收到的信号 $r_r(t)$ 可以表示为：

$$r_r(t) = r_u(t) + r_i(t) + n(t) \qquad (3\text{-}10)$$

其中，$r_u(t)$ 与 $r_i(t)$ 分别表示远端的发射信号（有用信号）和本地发射信号(自干扰信号)，$n(t)$ 为接收通路噪声。$r_i(t)$ 与 $r_u(t)$ 占用相同频段、相同时隙，且 $r_i(t)$ 的功率通常比 $r_u(t)$ 的功率强几个量级。

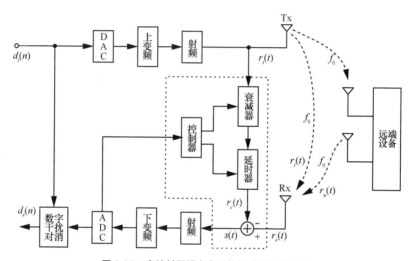

图 3-33　直接射频耦合自干扰抵消单抽头结构

使用单抽头结构：530 MHz 频段，参考文献[20]的射频自干扰抑制效果达到了 30 dB；参考文献[21]在 2.4 GHz 频段、发射信号带宽 83.5 MHz，得到 30 dB 的射频域自干扰抑制效果。

工程实际中，常用移相器替代延时器，参考文献[22]分析了移相器对宽带信号抑制的影响，并提出了使用 Balun（巴伦）进行相移的方法。采用移相的方法，针对 5 MHz 带宽的干扰信号，有 50 dB 的抑制效果，但是针对 100 MHz 带宽的干扰信号，仅有 25 dB 的抑制效果，抑制后的信号频带有大约 25 dB 的波动；采用 Balun进行相移，针对 5 MHz 带宽的干扰信号抑制，有 52 dB 的抑制效果，针对 100 MHz带宽的干扰信号，有 40 dB 的抑制效果，但是还是存在约 10 dB 的带内波动，如图 3-34 所示。

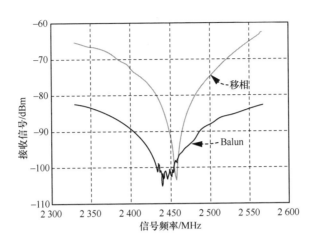

图 3-34　巴伦和移相器的宽带干扰抑制效果比较

② 双抽头结构

图 3-35 给出了直接射频耦合自干扰抵消双抽头结构。相比单抽头结构，双抽头结构可以有效降低时延调整的精确度。

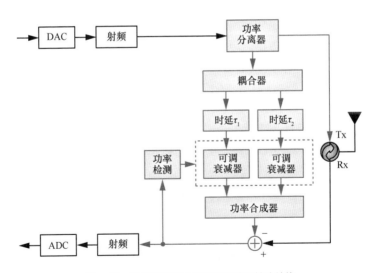

图 3-35　直接射频耦合自干扰抵消双抽头结构

例如，参考文献[23]采用两路固定延时器和可编程衰减器的被动抑制电路，得到干扰抑制信号，实现了单天线全双工系统中的射频干扰抑制，对于 40 MHz 的 OFDM 信号，可以得到 45～50 dB 的自干扰抑制效果。

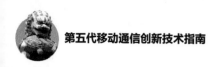
③ 多抽头结构

图 3-36 给出了单天线直接射频耦合自干扰抵消多抽头结构，每一个抽头由一个延时器和一个可控衰减器组成，每个抽头的延时器的延时量各不相同。多抽头结构不仅可以抑制自干扰信号的直射路径，还可以抑制自干扰信号的多径成分。

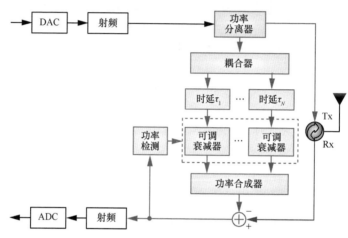

图 3-36   单天线直接射频耦合自干扰抵消多抽头结构

例如：参考文献[24]使用多抽头结构，进行多径自干扰信号的抑制。这种方法在试验中实现了 20 MHz 带宽范围内 63 dB 的自干扰抑制。

图 3-37 把单天线直接射频耦合自干扰抵消多抽头结构推广到双天线场景。两根天线的并联多抽头重建结构相同，其中仅显示一根天线的结构。在并联多抽头方案中，每个发射天线到某个接收天线的多抽头重建模块相互独立。

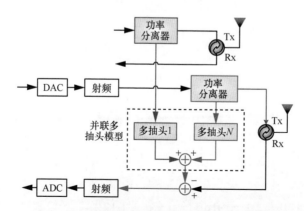

图 3-37   双天线直接射频耦合自干扰抵消多抽头结构

例如：参考文献[25]采用了并联多抽头方案实现 2 发 2 收 MIMO 全双工通信，在实验中取得了 43 dB 的抑制性能。

图 3-38 把单天线直接射频耦合自干扰抵消多抽头结构推广到三天线场景。由于 3 根接收天线的级联多抽头重建结构相同，其中仅显示了一根天线处的结构图作为示意图。

例如：参考文献[26]采用级联多抽头的方案实现了 3 发 3 收 MIMO 的自干扰抑制。为了减少抽头数量，采用的级联多抽头方案分为 3 级，第一级用最少抽头数量（2 个）抑制最远处天线的干扰，第二级用次少抽头数量（4 个）消除次远处天线干扰，第三级用最多抽头数量（12 个）消除当前天线干扰。经过 Wi-Fi 信号的试验验证，这种方法共实现了 65 dB 的自干扰抑制度。

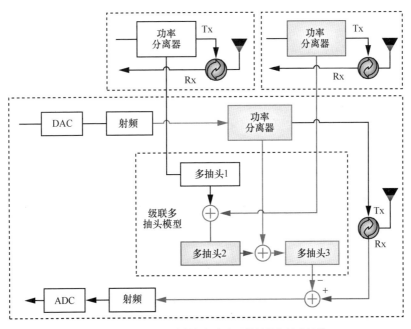

图 3-38　三天线直接射频耦合自干扰抵消多抽头结构

（2）数字辅助射频干扰抑制

图 3-39 给出了数字辅助射频干扰抑制模型。利用一条额外的射频链路产生拥有相同信道衰落的射频信号，并将该射频信号从接收信号中抵消掉。

例如：参考文献[18]根据估计的自干扰信道衰落值，在 2.4 GHz 频段、发射信号带宽为 625 kHz，得到 31 dB 的射频域自干扰抵消效果。参考文献[27]将参考文献[18]的射频干扰抑制方法应用在 64 载波的 OFDM 上，得到 24 dB 的射频域自干扰对抵消效果。参考文献[28]将数字辅助的方法推广到多天线,但是只获得大约 22 dB 的抑制度。

发射通道和干扰重建通道的噪声不相关,使数字辅助的射频抑制无法抑制发射通道中的非线性因素所造成的自干扰信号分量,其总的射频域自干扰抑制能力不会超过发射通道的信噪比,一般不会超过 40 dB。

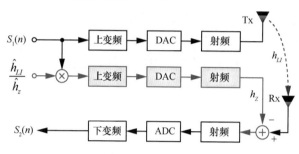

图 3-39　数字辅助射频干扰抑制模型

（3）高隔离度双工器

图 3-40 给出了高隔离度双工器模型。对于高隔离度双工器,如果匹配网络阻抗和天线是一致的,那么发射信号不会泄漏到接收通道中。

例如:参考文献[29]通过大带宽匹配的方式实现了高隔离度双工器,隔离效果由可调匹配网络阻抗和天线阻抗在宽频带范围内的一致性决定,在试验中实现了20 MHz 范围内超过 39 dB 的隔离度。

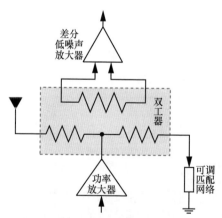

图 3-40　高隔离度双工器模型

综上,射频域自干扰抑制存在以下不足。

① 宽带自干扰信号的射频抑制效果差:表现为射频域自干扰抑制后的信号带内

不平坦，出现频率选择性的峰谷形状。当自干扰信号带宽为 100 MHz 时，峰谷处的自干扰抑制效果相差达 20 dB 以上。

② 复杂度随天线数及自干扰多径数指数增大：已有的射频域多天线、多径自干扰抑制方法，自干扰抑制复杂度随天线数及自干扰多径数的增加而指数增大。当带宽达到 100 MHz、天线数量大于 2 时，自干扰抑制复杂度急剧增加，目前硬件电路技术实现极为困难。

③ 接收机灵敏度降低：随着射频电路多径自干扰抑制抽头数量的增加，每路抽头的热噪声通过加法器叠加到接收通道中，抬高了总的背景噪声，恶化了接收机噪声系数，使接收机灵敏度降低。

3.4.3.3　数字域自干扰抑制

同时同频全双工接收天线接收的信号，经过空域、模拟域自干扰信号抑制后，输出的信号送给 ADC 作为输入。空域、模拟域自干扰信号抑制的目的，是抑制自干扰信号的强度，使远端弱信号通过 ADC 时，因为残余自干扰的存在而出现的 ADC 量化噪声恶化量，满足数字域解调、信道译码等的需要。

当然，现实工程中，自干扰信号经空域、模拟域抑制后，同时同频全双工接收机 ADC 的输出信号中，肯定还存有残余自干扰，需要在数字域进行进一步的自干扰抑制，才能正确完成解调、信道译码任务。已有的数字域自干扰抑制有 4 类方法：自干扰信号重建抑制、自适应滤波自干扰抑制、预编码自干扰抑制和非线性自干扰抑制。

（1）自干扰信号重建抑制

图 3-41 给出了数字域自干扰信号重建抑制模型。根据自干扰信号的已知信息，估计其时延、频率误差、相位误差等，重建自干扰信号，将其从总接收信号中抵消。

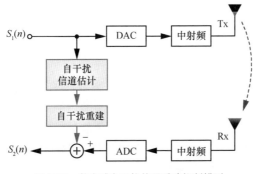

图 3-41　数字域自干扰信号重建抑制模型

自干扰信号估计可以利用自干扰信号中的已知导频（Pilot）或训练序列，也可以直接利用自干扰信号中的所有发射数据作为导频，估计经过空间信道后接收机收到的自干扰信号。

① 根据导频估计自干扰信号

针对全双工中继节点，在 OFDM 信号中插入导频，基于最小二乘（Least Square，LS）准则得到干扰信道各子载波的信道估计[22,30-31]。参考文献[32]在数字视频广播（Digital Video Broadcasting，DVB）信号中叠加训练序列，同样基于最小二乘准则得到等效低通自干扰信道的单位冲激响应，同时还比较了恒包络零自相关（Constant Amplitude Zero Auto-Correlation，CAZAC）序列与最大长度序列（Maximum Length Sequence，MLS）的信道估计性能。

针对地面数字多媒体广播中继节点，参考文献[33-35]在 OFDM 信号结构中插入导频，利用均衡的归一化最小均方（Proportionate Normalized Least Mean Square，PNLMS）迭代算法，实现了优化的频域信道估计。PNLMS 在稀疏信道中的抗干扰性能优于归一化最小均方（Normalized Least Mean Square，NLMS）算法[33]。

参考文献[36-37]在发射信号中插入 PN 序列（Pseudo-Noise Sequence），利用 PN 序列进行自干扰信号估计和重建，进而消除自干扰。基于 PN 序列和基于干扰信号自身进行信道估计，对比分析了自干扰抑制的性能。由于 PN 序列具有良好的互相关与自相关性，基于 PN 序列的信道估计自干扰抑制方法，有更好的信道估计精度和自干扰抑制效果，残余干扰比基于干扰信号自身进行自干扰抑制少 6 dB。

参考文献[38]采用最小二乘估计器（Least-Squares Estimator）和多项式模型在数字域进行非线性分量的抑制，对于 12.5 MHz 带宽自干扰信号，可以实现约 50 dB 的抑制度。

② 根据所有数据比特估计自干扰信号

由于自干扰信号的所有发射数据相对接收机来说均是已知的，故整个发射的自干扰信号可全视为导频。利用发射天线随机发送的信号作为导频，参考文献[39]采用最小均方（Least Mean Square，LMS）递归算法估计接收的自干扰信号。参考文献[40]采用 NLMS 递归算法估计接收的自干扰信号。

参考文献[41]考查全双工节点为多跳网络中的中继节点，直接利用干扰信号作为导频，避免了修改传输信号的结构；同时还给出最小二乘、最小均方误差准则的自干扰信号估计算法。仿真证明，基于 LS 或 MMSE 准则的自干扰抑制算法，都可以将信干比从−20 dB 提高到 15 dB 左右。

（2）自适应滤波自干扰抑制

图 3-42 给出了自适应滤波抑制模型。该方法中，发射数字信号 $S_1(n)$ 经过自适应滤波器，得到自干扰参考信号 $s(n)$，接收数字信号 $r(n)$ 与 $s(n)$ 相减得到误差信号 $e(n)$，误差信号即输出结果。滤波器的系数利用某种算法（如 LMS 算法）进行更新，使 $e(n)$ 最小。

参考文献[42-43]提出了利用自适应滤波器进行干扰抑制的方法，对自干扰进行抑制，取得了不错的效果。进一步，参考文献[44]提出自适应反馈抑制（Adaptive Feedback Cancellation，AFC）方案，非常适合用于 A&F（Amplify and Forward）中继。利用源节点发射到中继节点的信号的频谱，构造滤波器。实验结果表明，针对一个载频为 842 MHz、带宽为 8 MHz、功率为−37 dBm 的 OFDM 数字电视信号，抑制效果在 30 dB 以上。参考文献[45]提出了宽线性数字自干扰消除（Widely Linear Digital Self-Interference Cancellation）法，采用发送信号的宽线性变换作为数字域的参考信号，在仿真中实现了超过 30 dB 的自干扰抑制。

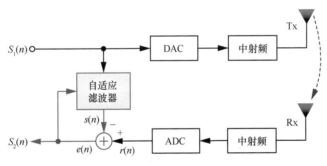

图 3-42　自适应滤波抑制模型

（3）预编码自干扰抑制

图 3-43 给出了预编码自干扰抑制模型。在发射机中使用预编码技术，可以用来抑制接收机中的自干扰信号。根据自干扰信道状态，对发射信号进行预编码，使发射机发射的自干扰信号到达自身接收机天线处的信号功率最小化[46-49]，或经过接收端解码对自干扰进行抑制[50-53]。

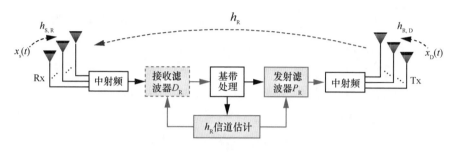

图 3-43　预编码自干扰抑制模型

　　参考文献[47]在一收多发的 A&F 中继模型中，采用波束成形的方法进行自干扰抑制，利用估计的自干扰信道，构造发射频域滤波器，使发射信号到达自身接收机天线的能量最小化。类似地，参考文献[46]在全双工 MIMO 系统中，利用估计的自干扰信道衰落值，构造时域波束成形滤波器，使发射信号到达自身接收天线的能量最小化。实验结果表明，针对带宽为 30 MHz 的发射信号，可以抑制 47～50 dB 的自干扰。

　　参考文献[51]在两天线中继的条件下，根据估计的自干扰信道衰落值，构造接收滤波器和发射滤波器，使发射滤波器和接收滤波器分别为左奇异向量和右奇异向量，对自干扰进行抑制。类似地，参考文献[50]在假设信道变化缓慢、干扰为窄带信号的情况下，构造 MMSE 接收器和使信噪比最大的发射波束成形进行干扰抑制。针对 370 MHz 载频、100 kHz 带宽的发射信号，可以达到 45～50 dB 的抑制效果。参考文献[52]将参考文献[51]的方法推广到多天线中继的条件下，利用正交分量法，构造接收滤波器和发射滤波器。

　　（4）非线性自干扰抑制

　　参考文献[38]针对发射支路中的功率放大器的非线性，提出了一种数字域非线性自干扰抑制方法，显著降低了功放非线性对信号解调的影响。仿真结果表明，在典型的射频前端参数下，相对已有的数字域线性干扰抑制方法，建议的新方法能够将发射机的最大发射功率提高至少 10 dB，而且不降低解调的 SINR 指标；或者保持最大发射功率不变，系统可以采用较低 IIP3（三阶交调截止点）值的低质量功放。

　　参考文献[54]针对发射支路射频功率放大器的非线性、接收支路低噪放的非线性、振荡器的相位噪声、AD 的量化噪声，采用纯数字域的自干扰抑制架构，提出了一种迭代算法，联合估计自干扰信道和非线性系数，实现线性自干扰和非线性自干扰的共同抑制。仿真结果表明，经过 3～4 次迭代后，相对理想的线性干扰系统，全双工系统残余的非线性失真不超过 0.5 dB。

参考文献[55]提出了一种附加接收支路的全数字自干扰抑制新架构。针对收发通道产生的非线性失真，提出了辅助接收链路的数字域干扰对消结构，在该数字域对消结构基础上，采用多项式非线性模型估计发送通道的非线性失真系数。仿真结果表明，当接收机接收的自干扰信号功率为−45 dBm 时，建议的新架构可以实现线性和非线性共约 40 dB 干扰抑制能力。

美国斯坦福大学[24]、电子科技大学[25]相继进行了数字域非线性自干扰抑制的实验验证。针对发射支路的非线性，美国斯坦福大学实现了 18 dB 的数字域非线性自干扰抑制能力，电子科技大学取得了 13 dB 的数字域非线性自干扰抑制能力。

综上，数字域自干扰抑制存在以下不足。

① 数字域自干扰抑制需要的信道估计精度不够。宽带自干扰信号，经多径信道、射频域自干扰抑制后，残余的宽带自干扰信号带内频率选择性明显。数字域自干扰抑制不论在时域还是频域进行，都需要高精度的自干扰信道估计，才能达到更大的自干扰抑制量。

② 数字域时变自干扰抑制能力不够。数字域自干扰抑制的主要目标是将空域抑制和射频域抑制后的残余自干扰信号进一步抑制到噪底，通常这些残余自干扰主要由时变多径信号组成。当同时同频全双工通信设备自身处于高速移动状态时，快速时变、强频率选择性的自干扰信道将成为数字域自干扰抑制的难点。

③ 非线性自干扰分量抑制很不够：对于大功率发射的自干扰信号，例如 LTE 基站典型功率 46 dBm，16-QAM 调制波形的发射信噪比为 17 dB（EVM 是 13.5%），意味着非线性自干扰信号功率为 29 dBm，距离 LTE 最小带宽 1.4 MHz 接收机的底噪−112 dBm 有 141 dB；假设空域和射频域对非线性信号抑制达到 93 dB，还需要数字域抵消 48 dB 非线性自干扰信号，才能保证接收机灵敏度不受损失。

3.4.3.4　同时同频全双工的 5G 应用

首先，同时同频全双工技术可以应用在非连续覆盖的热点场景，涵盖家庭基站或 Wi-Fi。在这种场景中，同时同频全双工的基站或 AP 只需要解决基站侧发射通道对接收通道的干扰，通过用户调度解决上行用户对下行用户的干扰。其次，同时同频全双工技术也有望应用于连续覆盖场景。连续覆盖场景包括同构网络场景和异构网络场景，不同类型的基站可以根据自身小区的业务需求工作在全双工或半双工模式。在该场景中，基站对基站的干扰以及相邻小区的用户间干扰是应用全双工技术的难点所在，需要设计高效的干扰抑制协调技术解决这些干扰，才能够充分发挥全双工的技术优势。再次，同时同频全双工也可以应用在中继传输场景中，在中继节点、接收信号和转发信号可以在同频同时进行传输，中继到基站的传输可以利用波束成形技术较好地控制干扰。最后，同时同频全双工还可以应用于 D2D 的短距离通信，未来具备同时同频全双工能力的终端可以利用同时同频全双工来提升双向数据传输速率，由于是短距通信，终端发射功率较小，通信终端对其他通信的干扰可以较好控制。

从设备和场景差异的角度出发，图 3-44 给出了同时同频全双工应用的可能现实路径。中继站和回传设备受标准约束较弱，信道相对稳定，可首先应用全双工技术。室内固定接入设备，如 Wi-Fi 的 AP 接入点，功率较小，接入距离近，自干扰抑制能力要求适度，可以作为同时同频全双工在接入技术上的应用示范。室外宏基站，由于功率较大，信道变化快，对自干扰抑制要求高，尤其是多天线基站的自干扰抑制电路复杂，有待芯片和创新技术的突破。移动终端，考虑体积、成本、信道变化快的联合约束，应用同时同频全双工技术的时间预期还较长，但并不妨碍基站全双工和终端半双工混合组网的探索尝试。

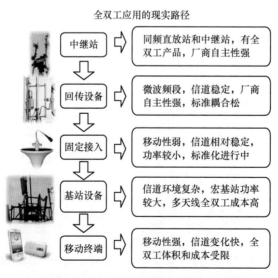

图 3-44　同时同频全双工应用的可能现实路径

｜ 参考文献 ｜

[1] 唐友喜. 同时同频全双工原理与应用[M]. 北京: 科学出版社, 2016.

[2] NTT DoCoMo. Overview of eMBB oppration for NR access technology: 3GPP R1-163105[R]. 2016.

[3] National Instruments Co. A dynamic TDD radio interface: 3GPP R1-162238[R]. 2016.

[4] WANG W, WANG X. Virtual full duplex via joint selection of transmission point and DL/UL configuration[C]//Proceedings of IEEE VTC2015-Spring. Piscataway: IEEE Press, 2015.

[5] WANG W, WANG X. Proportional fairness scheduling with power control for virtual full-duplex scheme[C]// Proceedings of IEEE VTC2015-Fall. Piscataway: IEEE Press, 2015.

[6] 3GPP. Further enhancements to LTE TDD for DL-UL interference management and traffic adaptation: 3GPP TSG RAN#28, RP-121772[R]. 2012.

[7] 3GPP. Evolved universal terrestrial radio access (E-UTRA); further enhancements to LTE time division duplex (TDD) for downlink-uplink (DL-UL) interference management and traffic adaptation: TR36.828[R]. 2013.

[8] WANG L, WU H, YU Y, et al. Heterogeneous network in LTE-advanced system[C]// Proceedings of 2010 IEEE International Conference on Communication Systems (ICCS). Piscataway: IEEE Press, 2010: 156-160.

[9] Melissa Duarte. Full-duplex wireless: design, implementation and characterization[D].Houston: Rice University , 2012.

[10] HANEDA K, KAHRA E. Measurement of loop-back interference channels for outdoor-to-indoor full-duplex radio relays[C]// Proceedings of the Fourth European Conference on Antennas and Propagation (EuCAP), [S.l.:s.n.], 2010: 1-5.

[11] SETHI A, TAPIO V, JUNTTI M, Self-interference channel for full duplex transceivers[C]// Proceedings of Wireless Communications and Networking Conference (WCNC)[S.l.:s.n.], 2014: 781-785.

[12] DUARTE M, DICK C. Experiment-driven characterization of full-duplex wireless systems [J]. IEEE Transactions on Wireless Communications, 2012, 11(12): 4296-4307.

[13] WU X, SHEN Y, TANG Y. The power delay profile of the single-antenna full-duplex self-interference channel in indoor environments at 2.6 GHz [J]. IEEE Antennas and Wireless Propagation Letters, 2014(13): 1561-1564.

[14] 吴翔宇. 同时同频全双工自干扰信道测量与特征分析[D]. 成都: 电子科技大学, 2015.

[15] KHOJASTEPOUR M A, SUNDARESAN K. The case for antenna cancellation for scalable full-duplex wireless communications[C]// Proceedings of 10th ACM Workshop on Hot Topics in Networks-HotNets. New York: ACM Press, 2011: 1-6.

[16] TSAKALAKI E, FOROOZANFARD E, CARVALHO E, et al. A 2-order MIMO full-duplex

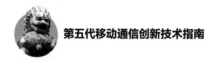

antenna system[C]//Proceedings of 2014 8th European Conference on Antennas and Propagation (EuCAP). Piscataway: IEEE Press, 2014.

[17] JOHNSTON S E, FIORE P. Full-duplex communication via adaptive nulling[C]//Proceedings of Asilomar Conference on Signals, Systems and Computers. Piscataway: IEEE Press, 2013.

[18] DUARTE M, SABHARWAL A. Full-duplex wireless communications using off-the-shelf radios: Feasibility and first results[C]//Proceedings of Asilomar Conference on Signals, Systems and Computers. Piscataway: IEEE Press, 2010.

[19] EVERETT E, SAHAI A, SABHARWAL A. Passive self-interference suppression for full-duplex infrastructure nodes[J]. IEEE Transactions on Wireless Communications, 2014, 13(2): 680-694.

[20] RADUNOVIC B, GUNAWARDENA D, KEY P, et al. Rethinking indoor wireless mesh design: Low power, low frequency, full-duplex[C]//Proceedings of 2010 5th IEEE Workshop on Wireless Mesh Networks (WIMESH). Piscataway: IEEE Press, 2010.

[21] RAGHAVAN A, GEBARA E, TENTZERIS E, et al. Analysis and design of an interference canceller for collocated radios[J]. IEEE Transactions on Microwave Theory and Techniques, 2005, 53(11): 3498-3508.

[22] JAIN M, CHOI J, KIM T M, et al. Practical, real-time, full duplex wireless[C]// Proceedings of ACM 17th Annual International Conference. 2011.

[23] HONG S, MEHLMAN J, KATTI S. Picasso: flexible RF and spectrum slicing[C]// Proceedings of ACM SIGCOMM'12. NewYork: ACM Press, 2012.

[24] BHARADIA D, MCMILIN E, KATTI S. Full duplex radios[C]//Proceedings of ACM SIGCOMM'13. New York: ACM Press, 2013.

[25] ZHANG Z, SHEN Y, SHAO S. et al. Full duplex 2×2 MIMO radios[C]//Proceedings of 6th WCSP. [S.l.:s.n.], 2014.

[26] BHARADIA D, KATTI S. Full duplex MIMO radios[C]//Proceedings of 11th USENIX NSDI. [S.l.:s.n.], 2014.

[27] SAHAI A, PATEL G, SABHARWAL A. Pushing the limits of full-duplex: design and real-time implementation[J]. arXiv:1107.0607v1, 2011.

[28] DUARTE M, SABHARWAL A, AGGARWAL V, et al. Design and characterization of a full-duplex multiantenna system for Wi-Fi networks[J]. IEEE Transactions on Vehicle Technology, 2014, 63(3): 1160-1177.

[29] LAUGHLIN L, BEACH M A, MORRIS K A, et al. Optimum single antenna full duplex using hybrid junctions[J]. IEEE Journal on Selected Areas on Communications, 2014, 32(9): 1653-1661.

[30] HAMAZUMI H, IMAMURA K, IAI N. et al. A study of a loop interference canceller for the relay stations in an SFN for digital terrestrial broadcasting[C]//Proceedings of IEEE GLOBECOM 2000. Piscataway: IEEE Press, 2000.

[31] PARK S I, PARK S R, EUM H, et al. Equalization on-channel repeater for terrestrial digital

multimedia broadcasting system[J]. IEEE Transactions on Broadcasting, 2008, 54(4): 752-760.

[32] NASR K M, COSMAS J P, BARD M, et al. Performance of an echo canceller and channel estimator for on-channel repeaters in DVB-T/H networks[J]. IEEE Transactions on Broadcasting, 2007, 53(3): 609-618.

[33] CHOI J Y, HUR M S, SUH Y W, et al. Interference cancellation techniques for digital on-channel repeaters in T-DMB system[J]. IEEE Transactions on Broadcasting, 2011, 57(1): 46-56.

[34] LEE Y, LEE J, PARK S I. et al. Feedback cancellation for T-DMB repeaters based on frequency-domain channel estimation[J]. IEEE Transactions on Broadcasting, 2011, 57(1): 114-120.

[35] CHANG D. Apparatus and method for removing self-interference and relay system for the same: US8224242B2[P]. 2012-06-17.

[36] ZHOU Y, GE M, JI S. et al. Echo cancellation research of channel estimation based on PN sequence[C]//Proceedings of 6th International Forum on Strategic Technology. Piscataway: IEEE Press, 2011.

[37] ZHOU Y, JI S, WANG X, et al. Echo cancellation technology based on PN sequences[C]//Proceedings of 2nd ICIECS. [S.l.:s.n.], 2010.

[38] ANTTILA L, KORPI D, SYRJALA V, et al. Cancellation of power amplifier induced nonlinear self-interference in full-duplex transceivers[C]// Proceedings of Asilomar 2013 Conference on Signals, Systems and Computers. Piscataway: IEEE Press, 2013.

[39] HONG J, SUH Y, CHOI J, et al. Echo canceller for on-channel repeaters in T-DMB system[C]// Proceedings of 10th ICACT. Piscataway: IEEE Press, 2008.

[40] ANDERSON C R, KRISHNAMOORTHY S, RANSON C G, et al. Antenna isolation, wideband multipath propagation measurements, and interference mitigation for on-frequency repeaters[C]// Proceedings of IEEE SoutheastCon. Piscataway: IEEE Press, 2004.

[41] MA J, LI G Y, ZHANG J, et al. A new coupling channel estimator for cross-talk cancellation at wireless relay stations[C]//Proceedings of IEEE GLOBECOM 2009. Piscataway: IEEE Press, 2009.

[42] KENWORTHY G R. Self-cancelling full-duplex RF communication system: US5691978[P]. 1997-11-25.

[43] TUNG C C. Full duplex wireless method and apparatus: US20120263078A1[P]. 2012-10-18.

[44] LOPEZ-VALCARCE R, ANTONIO-RODRIGUEZ E, MOSQUERA C, et al. An adaptive feedback canceller for full-duplex relays based on spectrum shaping[J].IEEE Journal on Selected Areas on Communications, 2012, 30(8): 1566-1577.

[45] KORPI D, ANTTILA L, SYRJALA V, et al. Widly linear digital self-interference cancellation in direct-conversion full-duplex transceiver[J]. IEEE Journal on Selected Areas on Communications, 2014, 32(9): 1674-1687.

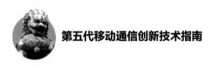

[46] HUA Y, LIANG P, MA Y, et al. A method for broad band full-duplex MIMO radio[J]. IEEE Signal Processing Letters, 2012, 19(12): 793-796.

[47] CHUN B, JEONG E R, JOUNG J, et. al. Pre-nulling for self-interference suppression in full-duplex relays[C]//Proceedings of APSIPA ASC 2009. [S.l.:s.n.], 2009: 91-97.

[48] HUA Y. An overview of beamforming and power allocation for MIMO relays[C]// Proceedings of MILCOM 2010. [S.l.:s.n.], 2010: 99-104.

[49] VANDENAMEELE P. Apparatus and method for reducing self-interference in a radio system: US20100022201[P]. 2010-01-28.

[50] BLISS D W, PARKER P A, MARGETTS A R, Simultaneous transmission and reception for improved wireless network performance[C]//Proceedings of SSP'07. [S.l.:s.n.], 2007: 478-482.

[51] JU H, OH E, HONG D. Improving efficiency of resource usage in two-hop full duplex relay systems based on resource sharing and interference cancellation[J]. IEEE Transactions on Wireless Communications, 2009,18(8): 3933-3938.

[52] CHOI D PARK D. Effective self-interference cancellation in full duplex relay systems[J]. Electronics Letters, 2012, 48(2): 129-130.

[53] LIOLIOU P, VIBERG M, COLDREY M. Self-interference suppression in full-duplex MIMO relays: US20120105405A1[P]. 2012-05-03.

[54] AHMED E, ELTAWIL A M, SABHARWAL A. Self-interference cancellation with nonlinear distortion suppression for full-duplex systems[C]//Proceedings of Asilomar 2013 Conference on Signals, Systems and Computers. Piscataway: IEEE Press, 2013: 1199-1203.

[55] AHMED E, ELTAWIL A M. All-digital self-interference cancellation technique for full-duplex systems[J]. arXiv:1406.5555, 2014.

第 4 章

新型多载波

首先介绍无须 CP 的滤波器组多载波 FBMC,包括 FBMC 传输原理、FBMC 收发机设计和脉冲设计等,并探讨其在 5G 中的应用;其次,介绍基于 CP-OFDM 和 FBMC 的通用滤波多载波 UFMC,包括 UFMC 发射机和 UFMC 接收机原理,并简要给出其 5G 应用;最后介绍广义频分复用 GFDM,包括系统原理和所采用处理技术特征,并探讨其在 5G 中的应用。新型多载波能够克服传统的 CP-OFDM 存在带外泄漏高、同步要求严格、不够灵活等缺点,较好地应对 5G 各种丰富的业务场景。

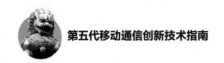

　　面向 5G 的新型多载波传输技术主要有：滤波器组多载波（Filter Bank based Multicarrier，FBMC）、通用滤波多载波（Universal Filtered Multicarrier，UFMC）和广义频分复用（Generalized Frequency Division Multiplexing，GFDM）。

　　FBMC 旁瓣水平低，有极小带外干扰，降低了对同步的严格要求，同时具有 OFDM 的特点，但不易于与 MIMO 结合，而且滤波器长度太长，不能很好地适用于物联网等小分组数据的传输；UFMC 对一组连续的子载波进行滤波处理，结合 FBMC 和 OFDM 的大部分优点，虽然使用较短滤波器长度，可以很好地支持短包数据的传输，并且与 MIMO 技术很好地结合，但是算法复杂度过高，由于 UFMC 没有 CP，故对需要松散时间同步以节约能源的应用场景不适合；GFDM 最大的优点是不仅在不同的应用场景可以灵活配置 CP 和子载波宽度，具有灵活的帧结构，可以适配不同的业务类型，从而大大提高了频谱利用率，而且算法复杂度低于 FBMC 和 UFMC。

　　与 4G 网络相比，5G 网络效率高、抗干扰能力强，具有极强的智能化属性，为网络用户提供更为丰富、更为优质的通信服务。多载波传输技术作为 5G 网络的核心传输技术，借助 FBMC、UFMC 以及 GDFM 技术，形成多载波传输技术体系，可以增强信息数据传输效能，构建起灵活、快捷的 5G 网络运行模式，为用户提供更为多样化的网络服务选项。

|4.1　滤波器组多载波（FBMC）|

4.1.1　FBMC 技术分析

滤波器组多载波（FBMC）不需要使用 CP，其信号传输频谱效率得到了有效提升。FBMC 通过对每一个子载波进行单独滤波来获取该子载波的低 OOB 功率，即传输在单一子载波上的脉冲频谱可以使用发送（综合）滤波器进行成形，而发送滤波器需要适当选择一个接收（分析）滤波器来搭配使用。在 OFDM 系统中，两种（综合和分析）脉冲均为矩形，而 FBMC 系统可以使用脉冲波形。FBMC 系统同样也存在一些缺点，例如其固有的（自）干扰性质，这为其与多输入多输出（MIMO）系统的结合带来了一个严重的问题。此外，对应用于发射机和接收机的算法，该性质导致了比 OFDM 更高的复杂度。

4.1.1.1　FBMC 传输原理

FBMC 的概念形成可追溯至 20 世纪 60 年代中期，对于一个给定频带内传输的脉冲振幅调制（PAM）码元，提出了滤波器组的应用。残留边带（VSB）信号[1]和双边带调制模式[2]被分别应用于 PAM 和 QAM 信号传输。在有线系统中（如数字用户线），已经从应用前景角度对 FBMC 波形提出了解决方案，参考文献[3-4]对离散小波多频（DWMT）和滤波多音（FMT）方案进行了讨论。基于 FBMC 的系统依靠分别安装于发射端和接收端的专用滤波器组 $g(t)$ 和 $\gamma(t)$，对每一个子载波进行单独滤波。这些滤波器集合构成了位于发射端的综合滤波器组和位于接收端的分析滤波器组的结构，如图 4-1 所示。其中，发射端时域连续信号可表示为：

$$s(t) = \sum_{n=0}^{N-1}\sum_{m=0}^{M-1} d_{n,m} g_{n,m}(t) = \sum_{n=0}^{N-1}\sum_{m=0}^{M-1} d_{n,m} g_{n,m}(t-mT)\exp(j2\pi nF(t-mT)) \quad (4-1)$$

其中，$d_{n,m}$ 是第 n 个子载波、第 m 个符号周期上传输的实数部分数据符号，$g_{n,m}(t)$ 是调制在时频点（n,m）处的原型滤波器函数，N 为子载波数，M 为符号数，T 为时间周期，$F=1/T$ 为时移系数。

发射端频域离散信号可表示为：

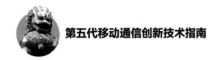

$$s[k] = \sum_{n=0}^{N-1}\sum_{m=0}^{M-1} d_{n,m}g_{n,m}[k] = \sum_{n=0}^{N-1}\sum_{m=0}^{M-1} d_{n,m}g[k-mM_\Delta]\exp[j2\pi nN_\Delta(k-mM_\Delta)] \qquad (4\text{-}2)$$

其中，M_Δ 为频率间隔，$N_\Delta=1/M_\Delta$ 为频移系数。

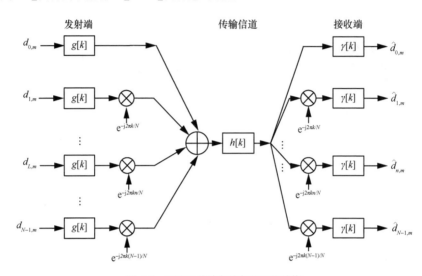

图 4-1　FBMC 传输多路复用器的结构

在数学描述上，FBMC 信号不仅和 GMC 信号是一样的，而且与 OFDM 信号十分相似。FBMC 传输与 OFDM 传输之间的关键差异在于它们所使用的传输脉冲的持续时间和形状的定义。在 OFDM 中，可以选择振幅为 1 的矩形脉冲用于发射和接收链路。同时，发射脉冲持续时间为 δ，在接收端，接收脉冲持续时间设置为 $\frac{1}{F}$。在 OFDM 系统中，每一个传输码元都添加了 CP 以最小化时间色散信道所带来的影响；该前缀在接收端通常会被丢弃。相反，在 FBMC 系统中，虽然脉冲通常在频域中被很好地局部化（通过先进的滤波获取旁瓣的高衰减），但是脉冲的持续时间通常是 $\frac{1}{F}$ 的整倍数，这导致了连续信号的重叠。此外，相较 OFDM 系统而言，FBMC 系统没有引入 CP，从而提高了频谱效率。总体上，频谱形状和调制数据良好的时频局部化，允许最小化相邻脉冲之间的载波间干扰（ICI）和码间串扰（ISI）[5-8]。

根据系统所携带的数据种类，FBMC 系统可以分为两类。在第一类系统中，被传的是复值码元（QAM 符号）。在第二类系统中，只需要考虑实值数据。当复值码元被传输的时候，由于应用了矩形的时频格，式（4-1）和式（4-2）不必进行特别调整，也就是说，每一个携带复值数据的脉冲与其相邻的脉冲，在时域中相隔 T，在频域中相隔 F。在这种情况下的关键问题就是设计一对收发脉冲，以允许接收端的无失真码元恢复。

当只允许传输纯实值数据符号时，需要缩小时域或频域中脉冲之间的距离来保持至少与 OFDM 相同的速率水平。在这一方面，已经有许多方法，例如交错多音调制（Staggered Multi-Tone，SMT）[8]或余弦多音调制（Cosine Modulated Multi-Tone，CMT）[9]。这类方法称为基于偏置正交幅度调制（OQAM）的 FBMC（FBMC/OQAM），其中时域信号可表示为：

$$s[k] = \sum_{n=0}^{N-1}\sum_{m=0}^{M-1} d_{n,m} g_{n,m}[k] =$$

$$\sum_{n=0}^{N-1}\sum_{m=0}^{M-1} \tilde{d}_{n,m} g\left[k - m\frac{M_\Delta}{2} \right] \exp\left[j(n+m)\frac{\pi}{2} \right] \cdot \exp\left[j2\pi n N_\Delta\left(k - m\frac{M_\Delta}{2} \right) \right] \quad (4-3)$$

其中，$\tilde{d}_{n,m} = d_{n,m} \exp\left[j(n+m)\frac{\pi}{2} \right]$ 表示在 TF（时频）平面上坐标 (n,m) 处的偏移正交幅度调制 OQAM 符号。

4.1.1.2　FBMC 收发机设计

在 FBMC 发射端，每一个子载波的脉冲调制都被单独滤波，关键的挑战就是有效地设计滤波器脉冲响应来满足各种标准（如良好的 TF 局部化和滤波器脉冲响应时间）。在接收端，需要使用双脉冲来重构发射数据码元。在 FBMC 发射端，N 个用户数据符号集（复数或实数）通过低通滤波器滤波。这些光谱形状的符号调制 N 个子载波（例如，通过 IFFT 方式），以便于它们在 N 个平行流组合中进行传输。通过信道之后，接收信号需要进行解调，并且在滤波器中进行低通滤波。

常规的收发机结构可以进行调整来满足各种优化标准（如复杂度最小化）。这一目标可以通过应用多相滤波器、借助 IFFT 有效实现，或者是应用如参考文献[10]中所讨论的其他滤波器结构中的一种来实现。对于第一种方式，原始的滤波器模型在调制器（IFFT）输出端被分解为多相发射滤波器组。在滤波器的输出端，N 个信号分量结合组成了发射信号。在接收端，多相接收滤波器组被应用在解调器（FFT）的输入端。发射滤波器组通常被称为综合滤波器组，而接收滤波器组通常被称为分析滤波器组。FBMC 收发机的这种滤波器组结构可以支持低复杂度方案，特别是在发射脉冲持续时间不长的情况下。例如，当脉冲持续时间（样本内）等于子载波数

目 N 时，对每一个子信道的滤波就简化为与一个（复数）标量的简单乘积。

在 FBMC 波形生成过程中，输入数据可以是实数或者复数类型。然而，通常的 FBMC 系统是传输 OQAM 数据符号的滤波器组多载波系统。由参考文献[11-12]可知，FBMC 收发机可以通过图 4-2 所示的途径实现。在参考文献[13]中，可以看到交错 QAM 符号预处理，它是一个简单的复数到实数转换，其中复值符号的实部和虚部被分割成两个新的符号，从复数到实数的转换使采样速率增加为原来的两倍。因此，可以反映由于 OQAM 系统的应用和时域中码元之间的距离（样本内）所造成的信号调整。在接收端，会执行一个相反的解交错操作[13]形成复值信号，以便于进一步的 QAM 检测。

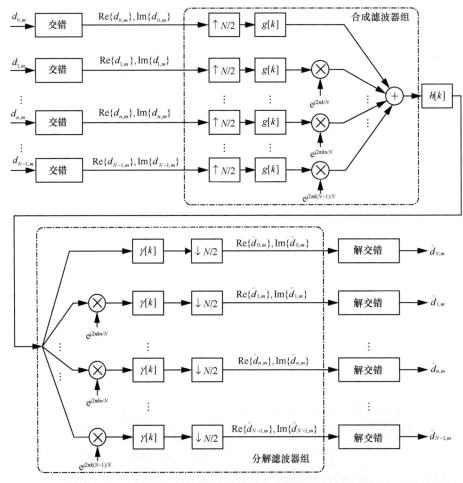

图 4-2 FBMC/OQAM 传输多路复用器结构

4.1.1.3　脉冲设计

在设计 FBMC 系统时，一个关键的问题就是对收发脉冲对的定义（原型滤波器脉冲响应与其相对偶的理想重构滤波器）。它们应当具备以下特征：良好的时域、频域局部化属性并且满足一些设计标准，例如使能量最小化、低 OOB 功率，一些硬件限制或者频谱零化[14]。可以考虑各种类型的脉冲形状。对于 FBMC 系统的具体应用可提出一些函数：各向同性正交转换算法（Isotropic Orthogonal Transform Algorithm，IOTA）函数、扩展高斯函数（Extended Gaussian Function，EGF）以及参考文献[15-16]中所提出的函数。参考文献[14,17]给出了有关脉冲形状（原型滤波器），其对应的网格结构以及与一个特殊脉冲选择相关的应用方面的描述。

4.1.1.4　奈奎斯特滤波器和模糊度函数

在间隔 T 内生成信号的过零点是原型滤波器的设计准则之一，它保证能够避免 ISI。可以设计出满足理想重构条件的原型滤波器，即（双）接收滤波器可以在理想信道条件下完美地重构原始数据。在这种情况下，设计的原型滤波器通常是一个 N 阶带宽奈奎斯特滤波器的频谱因子。如果根–奈奎斯特原型滤波器的脉冲响应是 $g(t)$，$g_n(t) = g(t)\exp(j2\pi t f_n)$ 是频率为 f_n 的第 n 个子载波上的已调综合滤波器，$\gamma(t)$ 是理想–重构接收滤波器，且 $\gamma_l(t) = \gamma(t)\exp(j2\pi t f_l)$，那么下述正交条件可表述为：

$$< g_n(t-aT), \gamma_l(t-bT) >= \int_{-\infty}^{\infty} g_n(t-aT)\gamma_l^*(t-bT)\mathrm{d}t = \delta_{n,l}\delta_{ab} \qquad (4-4)$$

其中，$(\cdot)^*$ 表示复共轭，δ_{ab} 为 Kronecker δ 函数，a、b 为符号所在周期的序号。内积 $< \cdot, \cdot >$ 表示元素之间的相似性，它可以看作模糊函数的一个具体例子。

通常，理想重构并非是必要的，这是因为设计的滤波器组在传输脉冲之间产生的自干扰远低于由于传输信道的时域和频域色散所引起的干扰。此外，相较于理想重构滤波器，近似理想的重构滤波器的设计会更加有效，它对一个给定的原型滤波器阶数会产生更低的 OOB 功率成分。参考文献[18]提出了一条 FBMC 系统脉冲波形设计的有效途径。

在对设计的脉冲进行时–频特性评估时，一个关键的指标为模糊函数 $A_g(\tau, v)$，它定义了时频点阵上特定点之间的关系，定义如下：

$$A_g(\tau, v) \int_{-\infty}^{\infty} g_n\left(t+\frac{\tau}{2}\right)g_l^*\left(t-\frac{\tau}{2}\right)\mathrm{e}^{-j2\pi vt}\,\mathrm{d}t \qquad (4-5)$$

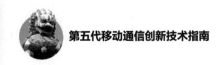

其中，τ 表示时延，v 表示频移。注意，当 $g(t) = \gamma(t)$、$aT = bT = \dfrac{\tau}{2}$ 且 $v = f_n - f_l$ 时，式（4-5）与内积 $\langle g_n(t-aT), \gamma_l(t-bT) \rangle$ 成比例。实际上，在许多应用中，综合滤波器和分析滤波器是相同的。模糊函数可以表示在时频平面上，从时频局部化的角度表示所使用的脉冲的性能，在脉冲之间产生自干扰以及在接收端理想或近似理想地进行重构的概率。当 $g(t)$ 是一个偶对称脉冲时，该式是一个实值函数。在理想情况下，模糊函数在时频平面上应当接近于 Kronecker 脉冲。

4.1.2 FBMC 技术在 5G 中的应用

4.1.2.1 FBMC 系统设计

在通用 FBMC 收发机结构中，不论其是否是通过多相滤波器实现的，数据码元均可以是复值（当 $d_{n,m}$ 为 QAM 调制符号时）或者实值（当 $d_{n,m}$ 为 PAM 调制符号时）。滤波器脉冲响应形状会对潜在的传输数据格式产生直接影响。在 FBMC 系统中，一种典型的设计是显著减少由标称频带发射的能量。这样一来，发射滤波器 $g(t)$ 频率响应的倾斜程度通常比较陡峭，这导致了脉冲响应的持续时间比较长。对于脉冲形状的选择（时域和频域中），等同于对时频平面上脉冲位置的定义（即相邻脉冲之间的距离）。对时频网格不当的选择，可能会导致严重的自干扰。

4.1.2.2 FBMC 计算的复杂性

FBMC 系统实现涉及计算的复杂性和实际应用的可行性问题。为实现高频谱效率、子载波 OOB 功率回退以及对相邻信道干扰消除而付出的代价就是导致发射机复杂度上升。相较于 OFDM 系统，这是由额外的滤波操作导致的。

参考文献[19]中，相较子载波数目，在每一个采样周期内应用在发射机端（特别是在调制器处）和接收机端（解调器处）的操作数（实乘和加法的次数）在示例——GMC 分析和综合滤波器多相分析中已有表示，并且包括一些重叠因子值。此外，在 IFFT 和 FFT 应用中，除去标准分裂基-2 算法之外，就没有其他可能的简化措施了。在实际情况中，对于使用离散傅里叶变换（DFT）的调制和解调，有各种技术可以用来减少其所需要的操作数，其中一个例子就是对 IFFT 和 FFT 运算的裁剪。在此，从计算的复杂度来看，GMC 系统收发机由于滤波器组的应用，故比

OFDM 收发机的要求更高。

在参考文献[13]中，综合滤波器组（SFB）的实乘总数可以由每一个处理（包括预处理）模块的乘法数再求和得到，处理模块包括基于 N 点 IFFT 的发射机和 N 分支的多相滤波器。这一操作由式（4-6）给出：

$$C_{\text{SFB}} = 2 \cdot \{2N + [N(\text{lb}N - 3) + 4] + 2KN\} \tag{4-6}$$

其中，K 为重叠因子。预处理部分被认为没有乘法，IFFT 再一次被认定通过分裂基-2 算法来实现。由于接收端（与发射端）有相似的处理模块，故分析滤波器组的复杂度与综合滤波器组的复杂度相同。在参考文献[13]中，一个 FBMC 调制器和解调器总的复杂度被认为是式（4-13）描述的复杂度的 2 倍。此外，在上述内容中，对 FBMC 系统和 OFDM 系统（实际上是调制器和解调器）的复杂度（从实乘次数的角度）进行了比较。当然，FBMC 系统比传统的 OFDM 系统更为复杂（参考文献[13]认为大约是 10 倍的系统参数），且其计算复杂度与重叠因子 K 是成比例的。

虽然 FBMC 调制解调器的复杂度看起来比 OFDM 的高，但是应当注意一些与 FBMC 相关的信号处理算法的复杂度，例如信道均衡或者干扰消除算法，它们与 OFDM 系统中应用的类似算法比起来，要复杂得多。与这些信号处理模块相关的复杂性的增加，同样取决于所应用的脉冲成形滤波器以及其他 FBMC 参数[19]。如果发送单元能很好地定位于时频面，尤其是在频域中，那么由多普勒效应和本地振荡（LO）不稳定所引起的接收信号的频率偏移以及产生的 ICI 就不会很严重，例如在 OFDM 中。在 FBMC 接收机中，用来消除这种偏移所需要的算法的复杂度可能并不高。此外，如果进行适当修改，那么接收端的综合滤波器可以均衡信道失真，从而免除了信道均衡所需要的额外操作。有兴趣的读者可以参考在参考文献[20]中由 GMC 传输导出的复杂性分析，以及可应用于 GMC 系统的子类，即 FBMC 传输的简化措施。

4.1.2.3 FBMC 在突发式传输中的局限性

滤波器组多载波传输的主要优势之一在于其更低的 OOB 辐射，这是由于每一个子载波均基于相对较低的剩余带宽进行滤波。如前所述，这一点导致了更长的原型滤波器脉冲响应以及时域里连续脉冲之间的重叠，即 ISI。由于进行了适当的脉冲设计，该问题可被最小化，例如，当一个给定子载波频率的脉冲在时域中准确地位于另外一个脉冲的零交叉点处。如果考虑一个由 N 个子载波所组成的 M 个码元符号

的突发脉冲（这 N 个子载波调制平行脉冲并且生成 FBMC 帧），那么下一个突发脉冲会由于 ISI 而失真，或由于突发脉冲或帧间干扰而失真[15]。要注意的是，这种作用会因为多径传播信道的影响而增强。实际上，所选脉冲宽度对时限传输有一个直接的影响，例如，在时分复用（TDD）传输中，或者不考虑双工情况的快速突发脉冲传输。当 FBMC 应用于快速脉冲传输，突发脉冲的长度必须及时获得延长，例如，通过应用一些保护周期允许一些由于滤波器脉冲响应引起的转换。如果在频域中允许一些临时的信号泄漏，那么这些转换就可能被缩短。有关突发式场景中 FBMC 传输的一些讨论可见于参考文献[15]。

4.1.2.4　FBMC 传输中的 MIMO 技术

对于如何将 FBMC 应用到 MIMO 传输中的问题，参考文献[15]明确表明，对应 FBMC 系统中两种数据传输的方式，存在两种可能的方式。在第一种方式中当子载波（脉冲）间的自干扰可以被完全消除或忽略时，并且复值 QAM 数据传输在激活子载波上，会选择那些没有干扰或者干扰低于可接受水平的子载波承载数据。如果满足了这一点，那么原来应用在 OFDM 系统中的传统 MIMO 技术同样可以用于 FBMC 传输。然而，在第二种方式中，当在时频平面上相距很近的传输脉冲之间存在自干扰以及应用 OQAM 时，情况会更为复杂。

由于如前所述的相邻子载波之间的自干扰问题以及可能缺少正交性（即带有索引 n_0 和 $n_0 \pm 1$ 的子载波、承载数据的实部或虚部），故对 MIMO 技术的应用（例如在 OFDM 系统中的应用）不会一蹴而就。这是因为在 MIMO 传输和编码技术中，假设了 MIMO 信道为统计独立。如果没有考虑 FBMC/PQAM 信号的特殊性，那么人们所熟悉的、成熟的 MIMO 技术在没有任何调整的情况下是不能被应用的。例如，对于 2×2 MIMO，简单且著名的 Alamouti 编码策略就不能使用，这是由于自干扰影响了应用于 OFDM 的中原始的译码策略[21]。

在结合 MIMO 传输过程中，有关克服 FBMC 信号自干扰影响的方法设计，已经有不少进展。参考文献[22]提出了一种值得关注的名为 FFT-FBMC 的收发机结构，为了消除干扰，分别在发射端和接收端对每一个子载波进行 IDFT 和 DFT。这种新型收发机使 MIMO-OFDM 中形成的解决方案在此也得以应用，其代价是显著上升的计算复杂度。对于频率选择性 MIMO 信道，参考文献[23]研究了收发波束成形器的联合设计。这是在每个子载波的基础上结合使用多抽头式滤波结构完成的。提出了两种方式，第一种方式致力于信漏噪功率比的最大化以及对基于多抽头滤波和单抽头均衡器的预编码器的应用。第二种方式致力于信噪比最大化，并且在发射器端使用单抽头滤波，在接收器端使用多抽头均衡器。参考文献[24]在宽带频率选择性衰落信道 MIMO 传输这一背景之下，提出了一种基于线性预编码的方案来减小信道色散。预编码器和相对应的均衡器是基于多项式奇异值分解来定义的。参考文献[25]对每一个子载波的预编码器设计提出了另外一种途径，其中使用了频域采样的思想。

多用户场景下 MIMO-FBMC 系统的应用在参考文献[26]中已做出了讨论，其目标是通过对波束成形器适当的迭代设计克服信道频率选择性所带来的影响。特别地，在每一个用户终端，预编码器以仅使用实值单抽头空间滤波器的方式进行设计，并且减小了多用户、码间以及载波间干扰所带来的影响。参考文献[27]在适当设计迫零预编码器和均衡器这一背景下，对多用户情况进行了讨论。MIMO-FBMC 系统中，关于有效均衡的问题也已被参考文献[28]分析。特别地，对于在子载波层面，信道被认为非平坦型衰落这一情况，已经提出了单抽头且对每一个子载波的预编码器和均衡器。最后，对 OFDM MIMO 和 FBMC MIMO，参考文献[15,29]提供了两者间比较早期的比较。

| 4.2　通用滤波多载波（UFMC）|

随着智能终端的发展以及新技术和新业务的不断出现，OFDM 技术已经不能满足 5G 系统中多样化业务、更高的频谱效率、海量连接等技术要求。因此，为了更好地支撑 5G 的各种应用场景，同时考虑低时延、零碎频谱的使用、非严格同步以及在高速情况下系统的稳健性等，业界已提出了多种新型多载波技术，UFMC 技术是新型多载波技术中的典型代表之一。UFMC 是为了替代 CP-OFDM 而被提出来的一种新型的多载波技术，它是基于 OFDM 和 FBMC 技术提出的新技术[30-31]。

4.2.1　UFMC 技术分析

由于 FBMC 滤波器的帧的长度要求使 FBMC 不适用于短分组类通信业务以及对时延要求较高的业务，所以有研究提出了针对 FBMC 的改进方案——通用滤波多载波（UFMC）技术。

FBMC 是对每个子载波独立进行滤波操作，而通用滤波多载波（UFMC）则是对一组连续的子载波进行滤波处理。因此，UFMC 也被称为通用滤波（OFDM）。

对一组连续子载波进行滤波可以使 UFMC 具有更大的灵活性，它除了具有 FBMC 传输的优点外，从低带宽、低功率的物联网设备到高带宽的视频传输，UFMC 都可以支持。相比于 FBMC 的滤波器长度，UFMC 技术可以使用较短滤波器长度，这样可以支持短突发通信，作为未来 5G 无线系统支持大量 MTC（机器通信）和低成本 IoT 传输的一个潜在候选技术。而 UFMC 只需控制一组连续子载波的旁瓣和带外抑制，就可以明显减少旁瓣对邻道的干扰，并降低滤波器实现的复杂度。

同时，在 UFMC 中，可以选择支持增加 CP。这会带来两个好处：首先，由于增加 CP，提高抵抗 ICI 的能力，更方便地实现信道估计，进而和 MIMO 技术相结合；其次，根据 CP 配置的不同，UFMC 可以提供不同的子载波带宽和符号长度，满足不同业务的时频资源要求。

虽然 UFMC 比 FMBC 有更多的优势，但在实际应用中，其大尺度的时延扩散，需要更高阶的滤波器来实现。同时，其在接收机处需要更复杂的算法，从而增加系统的复杂度。因为 CP 并不是必须要添加，所以会引起符号干扰和子载波间的干扰。

UFMC 是对 FBMC 技术的一种改造，是将若干个连续的子载波进行滤波操作，UFMC 实际上考虑了多种 FBMC 传输情况，当每组中子载波数为 1 时，传输方式变为 FBMC 传输。该技术很好地解决了传统 FBMC 系统的帧长问题。UFMC 不再使用循环前缀，因此自带的宽度直接决定了滤波器的长度。这样可以根据需求来设置宽带的长度，可以满足不同网络需求，使移动通信网络配置更加灵活。总之，UFMC 不仅具有 FBMC 系统所有的优点，而且可以在这一基础上支持更多的通信业务，最重要的是解决了 FBMC 无法支持短分组类业务的弊端。然而，由于不使用 CP，因此对于短时间的不重合性更加敏感，对零散频谱的利用率不高。如果当地基站较多，网络需求较大时，采用该技术无法实现零散频率的收集，也就无法进行频率资源的拓展。因此，通常将该技术和 FBMC 技术结合使用。UFMC 的主要介绍如下。

（1）UFMC 发射机

UFMC 通过对一组连续的子载波进行滤波操作，其中子载波的个数根据实际应用进行配置，这样能克服 FBMC 系统中存在的不足。

图 4-3 给出了 UFMC 发射机和接收机（上行）结构的示意图。其中，用户 k 使用

频率资源数量为 B 个子带，每个子带携带的符号位为 $s_{ik}, i=1,2,\cdots,B$，滤波器的长度为 L，每个子带的符号首先经过 IDFT 调制变换到时域，即信号向量 $V_{ik}S_{ik}$，这里的 V_{ik} 是 IDFT 变换矩阵 V 的一部分列向量所组成的矩阵，即所有子带的变换矩阵列向量构成完整的 IDFT 变换矩阵。之后，再将时域信号通过滤波器进行线性滤波操作，即 $F_{ik}V_{ik}S_{ik}$，这里，F_{ik} 是常对角矩阵（Toeplitz 矩阵），其每一列由相应子带位置的 FIR 滤波器系数循环移位获得。由此，用户 k 在单个发射天线的发射信号可以表示为：

$$\underset{(N+L-1)*1}{x} = \sum_{i=1}^{B} \underset{(N+L-1)^*N}{F_{i,k}} \underset{N^*n_j}{V_{i,k}} \underset{n_j^*1}{S_{i,k}} \tag{4-7}$$

其中，V_{ik} 为第 k 位用户的第 i 个子带的 IDFF 矩阵，F_{ik} 是一个由滤波器冲激响应组成的 Toeplitz 滤波矩阵，s_{ik} 是第 k 位用户的第 i 个子带的传输信号，x_k 为所有子带叠加后的信号。UFMC 不使用循环前缀，滤波器的长度取决于子带的宽度。根据实际的应用需求配置子载波的个数使得 UFMC 变得更加灵活，因此 UFMC 具有 FBMC 系统的优点，还可以支持不同类型的业务。相比于 FBMC 的滤波器长度，UFMC 技术使用较短滤波器长度，可以支持短包类业务。

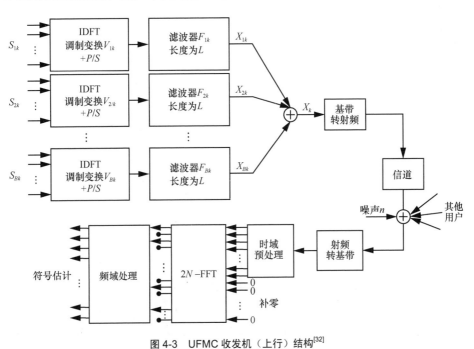

图 4-3　UFMC 收发机（上行）结构[32]

上述表达方法可以改进为矩阵形式，即：

$$x = \overline{F}\,\overline{V}\,\tilde{s}_k \qquad\qquad (4\text{-}8)$$

其中：

$$\overline{F} = \left[F_{1,k}, F_{2,k} \cdots F_{B,k} \right]$$

$$\overline{V} = \mathrm{diag}\left[V_{1,k}, V_{2,k} \cdots V_{B,k} \right]$$

$$\tilde{s}_k = \left[s_{1,k}^{\mathrm{T}}, s_{2,k}^{\mathrm{T}}, \cdots, s_{B,k}^{\mathrm{T}} \right]$$

表 4-1 总结了 UFMC 发射机的主要参数。

表 4-1　UFMC 发射机的主要参数

参数变量	参数名称
B	子带数目
n_i	子带 i 子载波数目
N	子载波总数
$F_{i,k}$	子带 i 的滤波器矩阵

图 4-4 以一个 LTE 资源块为例给出了 OFDM 与 UFMC 之间频域的对比，子带的宽度为 12 个子载波。

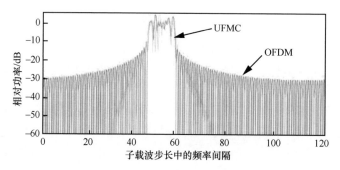

图 4-4　OFDM 与 UFMC 之间的频域特征对比[32]

可见，在对 12 个子载波进行滤波之后，带外旁瓣得到极大的抑制。

图 4-5 以 6 个 LTE 资源块为例给出 UFMC 信号的频谱图，子带的宽度为 12 个子载波。

由上面的发射机可以看到，每个 UFMC 符号都包括由滤波器滤波所导致的拖尾部分，通过设定恰当的滤波器长度，这部分拖尾能够实现避免 ISI 的功能。在这里，需要说明的是，不同子带的子载波数目不一定相同，即 n_i 的取值可以随 i 的变化而变化；不同子带的子载波间隔、滤波器长度也可以不同。

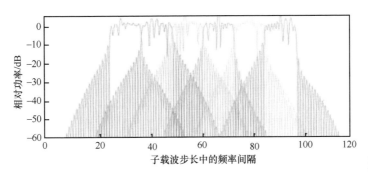

图 4-5　UFMC 信号的频谱图（6 个 LTE 资源块）[32]

（2）UFMC 接收机

考虑时域检测算法。由发射信号的解析表达接收信号可以表示为：

$$\boldsymbol{y} = \boldsymbol{H}\boldsymbol{x} + \boldsymbol{n} = \boldsymbol{H}\overline{F}\overline{V}\boldsymbol{s}_k + \boldsymbol{n} \tag{4-9}$$

其中，$\boldsymbol{H}$ 具有常对角矩阵（Toeplitz 矩阵）结构，$\boldsymbol{x}$ 为发射端发送的信号向量，$\boldsymbol{y}$ 为信号经过信道后所获得的接收信号向量，$\boldsymbol{n}$ 为加性噪声向量。定义 $\boldsymbol{H}_{\mathrm{eff}} = \boldsymbol{H}\overline{F}\overline{V}$，由此，基于匹配滤波的检测算法可以表示为：

$$\hat{S}_{\mathrm{MF}} = \boldsymbol{H}_{\mathrm{eff}}^{\mathrm{H}}\boldsymbol{y} = \overline{F}^{\mathrm{H}}\overline{V}^{\mathrm{H}}\hat{H}^{\mathrm{H}}\boldsymbol{y} \tag{4-10}$$

其中，$\hat{H}$ 为由信道估计所获得的信道矩阵。

基于迫零（Zero Forcing，ZF）的检测算法为：

$$\hat{S}_{\mathrm{MF}} = \boldsymbol{H}_{\mathrm{eff}}^{\mathrm{H}}\boldsymbol{y} = (\boldsymbol{H}\,\overline{F}\,\overline{V})^{\dagger}\boldsymbol{y} \tag{4-11}$$

此外，还可以有其他的检测算法，例如最小均方差（Minmum Mean Square Error，MMSE）算法等。

从计算复杂度的角度考虑，可以采用 FFT 转换到频域进行符号检测。参照图 4-3 给出的收发机示意图，通过对接收信号添零的方式构造长度为 $2N$ 的符号向量，即：

$$\overline{y} = \left[y_{N+L-1}^{\mathrm{T}}, 0\cdots0\right]_{2N}^{\mathrm{T}} \tag{4-12}$$

对 $\overline{y}$ 进行 FFT，并对 $2N$ 点的频域变换隔点取值进行均衡，这里，均衡实际上抵消了每个子带的滤波器与相应无线信道的复合影响。很明显，与时域处理检测方

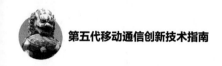

法相比，频域处理方法具有更低的复杂度。

UFMC 通过滤波器的过渡和缓降提供一个内在的软保护来抵抗符号间干扰，可以提高异步情况下的多径用户的稳健性。主要从两个方面考虑 UFMC 的时频效率，一方面要考虑的是时域方面的开销，例如滤波器滚降、循环前缀等；另一方面要考虑的是频域方面的开销，例如频率保护等。在时域方面，UFMC 滤波处理时间比 FBMC 的短，滤波器长度变短直接导致时域开销变小。在频域方面，UFMC 的子载波是相互正交的，而 FBMC 的子载波不是相互正交的，因此需要一些格外的信令开销来做保护，这些信令的引入使得整个系统的效率降低，而这些问题在 UFMC 中则可以避免。

4.2.2　UFMC 技术在 5G 中的应用

在 UFMC 应用的过程中，需要根据需要适当引入 CP，通过这种方式来增加整个网络对于 ICI 的抵抗能力，便于网络通信通道的估算，为与 MIMO 技术的结合创造了极为便利的条件。同时，在这一过程中，要及时调整 CP 配置，使得 UFMC 的子载波带宽与符号长度能够满足不同使用情况下的用户需求，用户也可以通过 UFMC 技术实现高效的资源配置，避免了不必要的资源损耗与费用支出。

┃4.3　广义频分复用（GFDM）┃

4.3.1　GFDM 技术分析

广义频分复用（GFDM）作为一类波形灵活得多载波传输方案[33]，不仅具有比正交频分复用（OFDM）更低的带外泄漏，并且能够针对不同通信网络的信号时频分布需求进行灵活的波形设计，从而得到了业界的广泛关注[34-36]。

GFDM 采用非矩形脉冲成形的多载波调制，利用循环卷积在频域上实现 DFT 滤波器组结构。其将 S 个时隙和 M 个子载波上的符号块视为一帧，且不必在每一个符号前面添加循环前缀，只需在一个 GFDM 帧前面添加循环前缀即可，在避免帧间干扰和降低开销的同时，提高频谱利用率。同时，在 GFDM 中通常使用 OQAM 调制，可以减小邻道干扰以及降低实现复杂度。

GFDM 作为一种新的多载波传输技术，具有信号接收方式简单、带外功率泄漏小、无须正交传输等优势，对干扰的控制比较理想。它将若干个时隙和子载波上的符号作为一帧，通过一组滤波器的设计加上"咬尾"功能完成发射端的滤波转化为循环卷积，节省了发送滤波器拖尾消耗的 CP 长度。GFDM 将每个子载波上都加上 CP，接收端则利用一阶频域均衡，在 Double-SIC 技术的支持下，不仅降低了干扰，而且消除了 ICI。发送过程中的这种"咬尾"操作不仅降低了 CP 开销，还可以通过 FFT 功能来使计算复杂度降低，使信号传输更加顺畅。其中，所采用的 N 倍内插，是指在系统的频域范围内，将 M 点 FFT 的结果复制 N 次。同时，GFDM 的滤波器的设计与 FBMC 具有相同之处，一般是依照原型低通滤波器而进行，在功能和特点上也具有一定的共同点。CP 的作用在于使多径信道等同于循环卷积信道，便于接收机部分使用频域单点均衡，这与传统的 OFDM 技术相似。

GFDM 根据不同类型的业务与应用对空口的要求，实现脉冲成形滤波器的随意选择，这样可以引入不同类型的 CP，发挥它们在系统中的重要作用；由于其具体信号具有频域稀疏性特征，故采用的计算方式和接收方式均较为简单。此外，GFDM 设置独立的块调制，通过配置不同的子载波与子符号，提高了其灵活性，可开展多样化的业务。GFDM 的子载波利用有效的原型滤波器，在频率和时间域被循环移位，从而减少了带外泄漏，与 MIMO 多天线等基本技术一起，可在 5G 系统中发挥积极的作用。

GFDM 的系统原理框图如图 4-6 所示，发送数据流经过串并转换为 K 路并行数据，经过 J-QAM 映射以及 N 倍升采样之后，与循环延时 mN 的成形脉冲 $g(n{-}mN)$ 做循环卷积，各路信号分别与相应子载波 $P_k(n)$ 相乘，完成子载波调制，串并转换在帧前添加循环前缀，避免帧间干扰，完成一帧信号的基带处理。

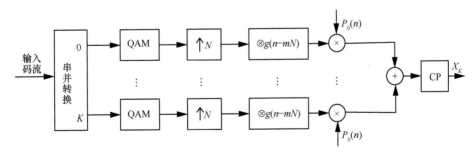

图 4-6　GFDM 系统原理框图

假设一帧中同一个子载波发送的符号数为 M，将一帧中的符号用矩阵表示为：

$$S = \begin{bmatrix} S_{0,0} & S_{0,1} & \cdots & S_{1,K-1} \\ S_{1,0} & S_{1,1} & \cdots & S_{1,K-1} \\ \vdots & \vdots & \vdots & \vdots \\ S_{K-1,0} & S_{K-1,1} & \cdots & S_{1,K-1} \end{bmatrix}.$$

第 k 行表示在第 k 个子载波上发送的符号，第 m 列表示在第 m 个信令时隙发送的符号。

N 倍升采样后的输出信号为：

$$S_{k,m}(n) = s_{k,m}\delta(n-mN), n = 0,1,\cdots,MN-1 \tag{4-13}$$

将此信号经过滤波器进行脉冲成形和子载波调制、串并转换后的发送信号为：

$$x(n) = \sum_{M=0}^{M-1}\sum_{k=0}^{K-1} s_{k,m}\delta(n-mN) \otimes g(n-mN) p_k(n) \tag{4-14}$$

最后在发射端发射之前，加入 CP，得到发射结果。根据其设计原理可以得出 GFDM 具有信号接收方式简单、带外功率泄漏小、无须正交传输等优势，并且 GFDM 可以根据不同类型的业务与应用场景对 CP 长度的要求，插入不同长度类型的 CP，发挥 CP 在系统中的重要作用。另外 GFDM 是基于块传输的，对于不同的块可以配置不同的子载波宽度，使其具有灵活的帧结构，从而可以很好地应对未来移动通信的需求。

GFDM 多载波调制方案使用封闭间隔的非正交载波，可以提供灵活的脉冲整形。因此，这对于诸如机器对机器通信的各种应用是有吸引力的。GFDM 收发器是宽带的，能满足未来通信场景的各种需求。GFDM 具有以下特征：

（1）通过减少带外辐射，避免有害干扰；

（2）传输信号具有宽带特性，较容易进行均衡设计；

（3）灵活的信号带宽，允许频率捷变的空白分配；

（4）以数字实现减少模拟前端要求。

GFDM 符号通常可由 KM 样本组成，其中 K 个子载波各自携带 M 个时隙。可以调整这些参数以匹配应用程序的要求。因此，GFDM 可以灵活地根据相应的场景设计时频结构。在 GFDM 中，使用循环卷积对每个子载波进行滤波。因此，GFDM 的 OOB 发射相当低，并且可以用于分散和机会性频谱分配目的。GFDM 对包含多个子符号的整个块使用单个 CP。这使频域均衡（FDE）成为可能，并提高了频谱效率。因此，可以容易地调整 GFDM 的灵活特性以满足新要求。

GFDM 属于自适应多载波传输方法，与 OFDM 传输方法不同，它不保持载波正交性，可以更好地管理带外发射，并能够降低峰均功率比（PAPR）。对每个子载波的滤波处理是单独完成的。用户的可用频谱分布在多个频谱段中。数据采用块的形式，每块以 CP 开头，并被分成几个子符号。这对等待时间要求较短的应用、使用较短的子符号，提供了灵活性，并且所有子符号可以在时间受约束的应用中用于一个特定用户。相邻的子载波重叠，导致非正交波形。但是，使异步数据传输成为可能。GFDM 的优点是低 PAPR、通过滤波器调整的带外发射减少、时域和频域的多用户调度、频谱空洞聚类以及基于块的高效均衡和传输。缺点是接收器复杂、使用匹配滤波器来消除干扰以及 OQAM 使 MIMO 变得困难。

　　GFDM 旨在将 OFDM 的灵活性和简单性与更强的干扰降低机制相结合。已知最突出的多载波系统 OFDM 即使在使用脉冲整形技术或保护载波时也会引起强烈的频谱泄漏。GFDM 背后的想法是保留线性滤波器以过滤圆形整形冲击。使用圆形滤波器，多载波调制（MCM）系统可以维持变换块，从而可以容易地插入循环前缀（CP）。此外，使用冲击平方根升余弦（SRRC）改善了信号的功率频谱密度（PSD）。

　　由于 GFDM 不是正交系统，故频带中的干扰严重导致性能下降。为了减轻性能下降，可能的解决方案是使用迭代干扰消除。

　　在 GFDM 之后，滤波器多音（FMT）采用的圆形滤波器产生了循环块 FMT（CBFMT）。这可以被认为是正交性问题的解决方案。然而，由于调制核仍然是 FMT（滤波器多音），因此，需要在损耗频谱效率（SE）以及波形的正交性和灵活性之间进行折中。

4.3.2　GFDM 技术在 5G 中的应用

　　作为 5G 的候选波形，广义频分复用（GFDM）作为 FBMC 的增强而被提出，GFDM 也是 OFDM 的一种通用形式。与 OFDM 不同，GFDM 调制采用二维时频数据块，每个数据块包括多个子符号和子载波。GFDM 数据块的时频结构可以灵活地适应不同的应用和场景。同时，GFDM 具有更好的子载波分离和更高的带宽效率，优异的子载波分离允许 GFDM 用户使用分段频谱，而不会对其他用户造成重大干扰，但代价是复杂性更高。GFDM 继承了 OFDM 的大部分优势，例如易于与 MIMO 结合，通过快速傅里叶变换（FFT）和逆 FFT（IFFT）完成简单的硬件实现。

　　5G 网络的物理层传输技术都与多输入多输出（MIMO）传输技术兼容。多输入多输出的友好性是物理层方案中能够令人满意地满足未来无线网络的预期要求的关

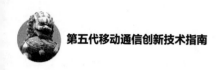

键能力。由于 GFDM 是 OFDM 的一种通用形式，故其与 MIMO 的组合是可行的。这表现在空时编码（STC）和空间复用技术应用等方面。

GFDM 与指数调制（IM）的紧密集成具有满足 5G 网络要求的巨大潜力[37]。GFDM 与有希望的 IM 技术的集成能同时提高频谱效率以及误差性能和降低计算复杂性。GFDM 可以灵活地设计时频结构等有益特性，满足 5G 网络的要求。通过在熟练的框架中将 GFDM 与有前途的空间和频率索引方案集成，成为 5G 网络的一种有前景的物理层传输技术。

▎ 参考文献 ▎

[1] CHANG R W. High-speed multichannel data transmission with band limited orthogonal signals[J]. Bell System Technical Journal, 1966(45): 1775-1796.

[2] SALTZBERG B. (1967) Performance of an efficient parallel data transmission system[J]. IEEE Transactions on Communication Technology, 1967, 15 (6): 805-811.

[3] CHERUBINI G, ELEFTHERIOU E, OKER S, et al. Filter bank modulation techniques for very high speed digital subscriber lines[J]. IEEE Communications Magazine, 2000, 38 (5): 98-104.

[4] CHERUBINI G, ELEFTHERIOU E, OLCER S. Filtered multitone modulation for very high-speed digital subscriber lines[J]. IEEE Journal on Selected Areas in Communications 2002, 20(5): 1016-1028.

[5] BOLCSKEI H, DUHAMEL P, HLEISS R. Design of pulse shaping OFDM/OQAM systems for high data-rate transmission over wireless channels[J]. IEEE International Conference on Communications, 1999, (1): 559-564.

[6] DU J, SIGNELL S. Time frequency localization of pulse shaping filters in OFD/OQAM systems[C]//Proceedings of 6th International Conference on Information, Communications Signal Processing. Piscataway: IEEE Press, 2007.

[7] LE FLOCH B, ALARD M, BERROU C. Coded orthogonal frequency division multiplex [TV broadcasting][J]. Proceedings of the IEEE, 1995, 83(6): 982-996.

[8] FARHANG-BOROUJENY B, YUEN C G. Cosine modulated and offset QAM filter bank multicarrier techniques: a continuous-time prospect[J]. EURASIP Journal on Advances in Signal Processing, 2010(16).

[9] FARHANG-BOROUJENY B, LIN L. Cosine modulated multitone for very high-speed digital subscriber lines[C]// Proceedings of IEEE International Conference on Acoustics, Speech, and Signal Processing (ICASSP '05). Piscataway: IEEE Press, 2005: 345-348.

[10] VAIDYANATHAN P. Multirate systems and filters banks[M]. Upper Saddle River: Prentice Hall PTR, 1993.

[11] PÉREZ-NEIRA A I, CAUS M, ZAKARIA R, et al. MIMO signal processing in offset-QAM based filter bank multicarrier systems[J]. IEEE Transactions on Signal Processing, 2016, 64(21): 5733-5762.

[12] CAUS M, PÉREZ-NEIRA A I. Multi-stream transmission for highly frequency selective channels in MIMO-FBMC/OQAM systems[J]. IEEE Transactions on Signal Processing, 2014, 62 (4): 786-796.

[13] VIHOLAINEN A, BELLANGER M, HUCHARD M. Prototype filter and structure optimization: Deliverable D4.1, EU ICT – 211887 project, PHYDYAS[Z]. 2009.

[14] SAHIN A, GUVENC I, ARSLAN H. A survey on multicarrier communications: prototype filters, lattice structures, and implementation aspects[J]. IEEE Communication Surveys and Tutorials, 2014, 16 (3): 1312-1338.

[15] BELLANGER M G. FBMC physical layer: a primer, online (PHYDYAS FP7 project document)[Z]. 2010.

[16] BELLANGER M G. Specification and design of a prototype filter for filter bank based multicarrier transmission[C]// Proceeding of 2001 IEEE International Conference on Acoustics, Speech, and Signal Processing(ICASSP '01). Piscataway: IEEE Press, 2001: 2417-2420.

[17] FARHANG-BOROUJENY B. Filter bank multicarrier modulation: a waveform candidate for 5G and beyond[J]. Advances in Electrical Engineering, 2014(25).

[18] AMINI P, YUEN C H, CHEN R R, et al. Isotropic filter design for MIMO filter bank multicarrier communications[C]// Proceedings of 2010 IEEE Sensor Array and Multichannel Signal Processing Workshop (SAM). Piscataway: IEEE Press, 2010: 89-92.

[19] BOGUCKA H, WYGLINSKI A M, PAGADARAI S, et al. Spectrally agile multicarrier waveforms for opportunistic wireless access[J]. IEEE Communications Magazine, 2011, 49(6): 108-115.

[20] STEFANATOS S, POLYDOROS A. Gabor-based waveform generation for parametrically flexible, multi-standard transmitters[C]// Proceedings of European Signal Processing Conference(EUSIPCO'07). [S.l.:s.n.], 2007: 871-875.

[21] ZAKARIA R, RUYET D L. On interference cancellation in alamouti coding scheme for filter bank based multicarrier systems[C]// Proceedings of the 10th International Symposium on Wireless Communication Systems (ISWCS 2013). [S.l.:s.n.]. 2013:1-5.

[22] ZAKARIA R, RUYET D L. A novel filter-bank multicarrier scheme to mitigate the intrinsic interference: application to MIMO systems[J]. IEEE Transactions on Wireless Communications, 2012, 11(3): 1112-1123.

[23] CAUS M, NEIRA A I. Transmitter-receiver designs for highly frequency selective channels in MIMO FBMC systems[J]. IEEE Transactions on Signal Processing, 2012, 60 (12): 6519-6532.

[24] MORET N, TONELLO A, WEISS S. MIMO preceding for filter bank modulation systems based on PSVD[C]//Proceedings of 2011 IEEE 73rd Vehicular Technology Conference (VTC Spring). Piscataway: IEEE Press, 2011: 1-5.

[25] IHALAINEN T, IKHLEF A, LOUVEAUX J, et al. Channel equalization for multi-antenna FBMC/OQAM receivers[J]. IEEE Transactions on Vehicular Technology, 2011, 60(5): 2070-2085.

[26] CHENG Y, BALTAR L G, HAARDT M, et al. Precoder and equalizer design for multi-user MIMO FBMC/OQAM with highly frequency selective channels[C]//Proceedings of 2015 IEEE International Conference on Acoustics, Speech and Signal Processing (ICASSP). Piscataway: IEEE Press, 2015: 2429-2433.

[27] ROTTENBERG F, MESTRE X, LOUVEAUX J. Optimal zero forcing precoder and decoder design for multi-user MIMO FBMC under strong channel selectivity[C]//Proceedings of 2016 IEEE International Conference on Acoustics, Speech and Signal Processing (ICASSP). Piscataway: IEEE Press, 2016: 3541-3545.

[28] ROTTENBERG F, MESTRE X, HORLIN F, et al. Single-tap precoders and decoders for multi-user MIMO FBMC-OQAM under strong channel frequency selectivity[J]. IEEE Transactions on Signal Processing, 2016, 65(3): 587-600.

[29] ESTELLA I, PASCUAL-ISERTE A, M. OFDM and FBMC performance comparison for multistream MIMO systems[C]//Proceedings of 2010 Future Network Mobile Summit. [S.l.:s.n.], 2010: 1-8.

[30] RANI P N, RANI C S. UFMC: the 5G modulation technique[C]//Proceedings of 2016 IEEE International Conference on Computational Intelligence and Computing Research (ICCIC). Piscataway: IEEE Press, 2016.

[31] KAMURTHI R T, CHOPRA S R. Review of UFMC technique in 5G[C]//Proceedings of 2018 International Conference on Intelligent Circuits and Systems (ICICS). [S.l.:s.n], 2018.

[32] SCHAICH F, WILD T, CHEN Y. Waveform contenders for 5G – suitability for short packet and low latency transmissions[C]// Proceedings of 2014 IEEE 79th Vehicular Technology Conference (VTC Spring). Piscataway: IEEE Press, 2014.

[33] FETTWEIS G, KRONDORF M, BITTNER S.GFDM - generalized frequency division multiplexing[C]// Proceedings of 2009 IEEE 69th Vehicular Technology Conference (VTC Spring). Piscataway: IEEE Press, 2009: 1-4.

[34] MICHAILOW N, MATTHÉ M, GASPAR I S, et al. Generalized frequency division multiplexing for 5th generation cellular networks[J]. IEEE Transactions on Communications, 2014, 62(9): 3045-3061.

[35] OZTURK E, BASAR E, CIRPAN H A. Generalized frequency division multiplexing with index modulation[C]//Proceedings of 2016 IEEE Globecom Workshops (GC Wkshps). Piscataway: IEEE Press, 2016.

[36] ÖZTÜRK E, BASAR E, ÇIRPAN H A. Generalized frequency division multiplexing with flexible index modulation numerology[J]. IEEE Signal Processing Letters, 2018, 25 (10): 1480-1484.

[37] ÖZTÜRK E, BASAR E, ÇIRPAN H A. Generalized frequency division multiplexing with flexible index modulation[J]. IEEE Access, 2017(5): 24727-24746.

探讨适用于 5G 多样化应用场景的基于 OFDM 的调制方案,包括 OQAM-OFDM、UF-OFDM 和 F-OFDM;分析能通过主动干扰设计抑制 ICI 的频率正交幅度调制(FQAM);介绍可有效避免 ICI 和多天线发射同步问题的空间调制(SM);研究可克服由多径效应引起的时间色散和由多普勒频移引起的频率色散问题的正交时频空调制(OTFS)。同时,探讨最早提出的能逼近香农极限的信道编码——低密度奇偶校验码(LDPC),以及目前唯一能够被严格证明可以达到香农极限的信道编码——极化码(Polar Code);分析超奈奎斯特编码(FTN),包括 FTN 特点、编码原理、低复杂度接收和接收端改进等;从网络视角,分析网络编码的特点、基本原理、编码构造方法及其改进。

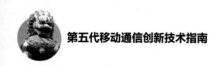

| 5.1 面向 5G 的调制技术 |

面对 5G 新的应用场景，传统的面向 4G 的调制技术表现得力不从心，无论是车联网还是物联网，现有的调制技术都不能满足它们对性能的要求，5G 网络亟待新的调制技术的加入。

5.1.1 正交频分复用

正交频分复用（Orthogonal Frequency Division Multiplexing，OFDM）技术，实际上是多载波调制（Multi Carrier Modulation，MCM）的一种[1-3]。OFDM 的主要思想是：将信道分成若干正交子信道，将高速数据信号转换成并行的低速子数据流，调制在每个子信道上进行传输[4-5]。正交信号可以通过在接收端采用相关技术分开，这样可以减少子信道之间的相互干扰（Inter-Symbol Interference，ISI）。每个子信道上的信号带宽小于信道的相关带宽，因此每个子信道上可以看成平坦性衰落，从而可以消除码间串扰，而且由于每个子信道的带宽仅是原信道带宽的一小部分，信道均衡变得相对容易。OFDM 具有频谱利用率高、实现复杂度低和对抗频率选择性衰落能力强等优势，正交频分复用技术被广泛应用于各类移动通信系统，并成为 4G 的物理层核心调制技术。

通常的数字调制都是在单个载波上进行的，如 PSK、QAM 等。这种单载波的调制方法易发生码间干扰而增加误码率，而且在多径传播的环境中因受瑞利衰落的影响而造成突发误码。若将高速率的串行数据转换为若干低速率数据流，每个低速数据流对应一个载波进行调制，组成一个多载波同时调制的并行传输系统。这样将总的信号带宽划分为 N 个互不重叠的子通道（频带小于 Δf），N 个子通道进行正交频分多重调制，就可克服上述单载波串行数据系统的缺陷。

OFDM 是 4G 关键的技术之一，可以结合分集、时空编码、干扰和信道间干扰抑制以及智能天线技术，最大限度地提高系统性能。包括以下类型：V-OFDM、W-OFDM、F-OFDM、MIMO-OFDM 以及多带 OFDM。

OFDM 中的各个载波是相互正交的，每个载波在一个符号时间内有整数个载波周期，每个载波的频谱零点和相邻载波的零点重叠，这样减小了载波间的干扰。由于载波间有部分重叠，所以它比传统的 FDMA 提高了频带利用率。

在 OFDM 中，高速信息数据流通过串并变换，分配到速率相对较低的若干子信道中传输，每个子信道中的符号周期相对增加，这样可减少因无线信道多径时延扩展所产生的时间弥散性对系统造成的码间干扰。另外，由于引入保护间隔，在保护间隔大于最大多径时延扩展的情况下，可以最大限度地消除多径带来的符号间干扰。如果用循环前缀作为保护间隔，还可避免多径带来的信道间干扰。

在过去的频分复用(FDM)系统中，整个带宽分成 N 个子频带，子频带之间不重叠，为了避免子频带间相互干扰，频带间通常加保护带宽，但这会使频谱利用率下降。为了克服这个缺点，OFDM 采用 N 个重叠的子频带，子频带间正交，因而在接收端无须分离频谱就可将信号接收。

OFDM 系统的一个主要优点是正交的子载波可以利用快速傅里叶变换（FFT/IFFT）实现调制和解调。

在 OFDM 系统的发射端加入保护间隔，主要是为了消除多径所造成的 ISI。其方法是在 OFDM 符号保护间隔内填入循环前缀，以保证在 FFT 周期内 OFDM 符号的时延副本内包含的波形周期个数也是整数。这样时延小于保护间隔的信号就不会在解调过程中产生 ISI。由于 OFDM 技术有较强的抗 ISI 能力以及高频谱效率，于2001 年开始应用于光通信中，相当多的研究表明了该技术在光通信中的可行性。

一方面，OFDM 技术需要使用循环前缀来对抗多径衰落，造成了频谱资源的浪费；另一方面，OFDM 技术对同步要求很高，参数无法灵活配置，难以支持 5G 多

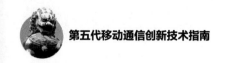

样化的应用场景。5G 的 OFDM 调制方案有以下几种：OQAM-OFDM、UF-OFDM 以及 F-OFDM。

5.1.1.1 OQAM-OFDM

相比 OFDM，基于交错正交幅度调制的正交频分复用（Offset Quadrature Amplitude Modulation Based Orthogonal Frequency Division Multiplexing，OQAM-OFDM）使用频域聚焦特性良好的原型滤波器，对多径效应引起的符号间干扰和载波间干扰能有效地克服[6]。同时，OQAM-OFDM 的带外干扰很低，各个子载波之间不需要严格的同步，就能够支撑 5G 海量的多样化的业务需求。OQAM-OFDM 已经成为 METIS、5GNOW 以及 PHYDYAS 等欧盟项目的重点研究内容，同时被我国 IMT-2020（5G）推进组纳入了 5G 物理层调制波形的主要候选方案。

OFDM 存在一个主要缺陷，即其采用的时域矩形窗使得子载波频域波形呈现 SINC 函数形状，导致了严重的带外泄漏。该缺陷引发的一系列问题使 OFDM 难以胜任 5G 提出的更高技术指标需求和更复杂应用场景支持的挑战。不同于 OFDM 使用的时域矩形窗，OQAM-OFDM 每个载波上的调制信号都通过一个精心设计的原型滤波器来塑形，从而获得良好的信号频域聚焦性。OFDM 矩形窗在频域上具有非常高的旁瓣，第一个旁瓣只比主瓣低十几 dB，而 OQAM-OFDM 带外泄漏则非常少。

OQAM-OFDM 以频分复用为基本原理，其结构的特别之处在于收发两端的滤波器组，两者都是原型滤波器经过平移之后得到的。OQAM-OFDM 系统接收端同样有一组滤波器用于多载波信号解调，解调后的信号还需要进行相位解调以抵消发射端的预调制处理。相比于 OFDM，OQAM-OFDM 具有的主要优势：OQAM-OFDM 通过使用具有良好频域聚焦特性的原型滤波器，能够在不引入循环前缀的情况下有效对抗多径衰落，避免了循环前缀带来的频谱资源浪费；OQAM-OFDM 的带外泄漏非常微弱，极大降低了对邻近频谱其他用户造成的干扰；极低的信号带外泄漏使 OQAM-OFDM 用户之间不需要保证严格的同步和正交，可以较好地支持异地传输。

5.1.1.2 UF-OFDM

就实现 5G 网络所需的灵活、弹性的空口而言，OFDM 多载波技术是非常优秀的，它不仅有利于采用统一的帧结构形式，而且具有相对简单的均衡解调方法。较大的峰均功率比（Peak-to-Average Power Ratio，PAPR）是其一个比较明显的缺点，但也有类似于 DFT 预编码之类的方法来改善信号的 PAPR。因此，在时频同步的情况下，OFDM 是一个非常有吸引力的技术。但是，5G 网络除了面对更高需求的移动宽带业务，还将面对需求纷繁多样的物联网业务。从前文可以看到降低同步性的要求是 5G 空口的一个重要特征，类似于 ATA 的技术可以替代现有闭环同步方法，使得低端终端的成本可以进一步降低，同时降低了一些同步的开销。但是，对 OFDM 信号来说，放松同步性的结果就是符号间以及子载波之间干扰的增加，这将降低系统性能。

UF-OFDM 采用基于滤波器的多载波方案，利用带限的子载波实现多载波传输，在每个子载波或子载波组上使用滤波器进行处理，然后合成为宽带信号进行发送和接收。相对于 CP-OFDM，它具有低的带外干扰，对于时频异步引起的载波间干扰相对稳健[7]。

对每个用户，UF-OFDM 根据不同的业务需求进行波形参数配置，然后按照如下步骤对需要发送的输入符号进行调制：

（1）对输入符号进行 IFFT 操作，生成时域信号；

（2）在时域对信号进行 CP 或 ZP 处理；

（3）按照子带或者子载波对信号进行滤波。

ZP 和 CP 都能够提供 ISI。有研究证明 ZP 具有更好的频偏稳健性，而 CP 具有更好的 PAPR 性能。在实际系统中，通常一组子载波组成一个子带，被分配给同一用户。因此，只需要在不同子带间进行抗 ICI（Inter-Carrier Interference）处理。与 CP-OFDM 相比，UF-OFDM 具有更大的带外泄漏抑制，这使 UF-OFDM 能够更好地抵抗时频异步造成的 ICI，更加适用于异步多址接入、高速移动等应用场景。

5.1.1.3　F–OFDM

F-OFDM（Filtered OFDM）是一种灵活自适应的空口波形技术，F-OFDM 能为不同业务提供不同的子载波带宽和 CP 配置，以满足不同业务的时频资源需求。F-OFDM 通过优化滤波器的设计，可以把不同带宽子载波之间的保护频带最低做到一个子载波带宽，大大提升了其应用的灵活性[8]。

F-OFDM 的基本思想是将系统带宽划分为若干子带，子带之间只存在极低的保护带开销，每种子带根据实际业务场景需求配置不同的波形参数。各子带通过子带滤波器进行滤波，从而实现各子带波形的解耦。F-OFDM 每个子带可以认为是不重叠的，所形成的频谱泄漏很少，具有极低的带外泄漏，不仅能提升频谱利用效率，还可以有效利用零散频谱实现与其他波形共存。同时，F-OFDM 根据业务的不同划分为不同的子带，并在每个子带配置不同的 TTI、子载波间隔和 CP 长度等，从而实现灵活的、自适应的 5G 空口，以支持 5G 按业务需求的动态软空口参数配置，提高 5G 系统的灵活性和可扩展性。

与传统的 OFDM 系统相比，F-OFDM 将整个频带划分为多个子带，在收发两端均增加了子带滤波器。每个子带可根据实际的业务需求配置不同的波形参数，如子载波间隔、CP 长度、FFT 点数等。发射端各个子带的数据通过子载波编号后映射到不同的子载波，并经子带滤波器进行滤波，抑制邻带频谱泄漏带来的干扰。接收端采用匹配滤波器实现各子带数据的解耦。F-OFDM 发送框图和接收框图如图 5-1 和图 5-2 所示。

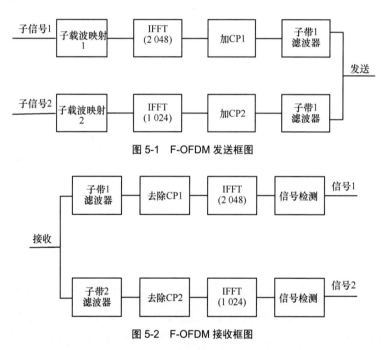

图 5-1　F-OFDM 发送框图

图 5-2　F-OFDM 接收框图

相比 LTE-OFDM 系统，F-OFDM 系统虽然在收发端均加入了子带滤波器，滤波器的时域宽度减少了一半，滤波后的带内子载波的正交性没有 LTE OFDM 系统严格，但带来了保护间隔的缩小（1 个子载波）和抑制带外泄漏 OOB 性能的提高。F-OFDM 系统在经过接收端滤波子带解耦后，与 LTE-OFDM 的接收处理基本一致，两个系统的性能基本持平。由于接收端子带解耦会对接收信道的信噪比有影响，故

F-OFDM 系统相比理论值，其误码性能存在差距。

5.1.2　频率正交幅度调制

频率正交幅度调制（Frequency and Quadrature-Amplitude Modulation，FQAM）技术是基于 OFDM 的系统的 FSK 和 QAM 的组合[9]，对于受到 ICI 严重影响的系统（如 LTE），其噪声分布取决于干扰信号的调制方案。特别是当子载波完全使用时，在 QAM 情况下噪声分布接近高斯。FQAM 设计的关键点是主动干扰设计，使 ICI 分布非高斯，具有提高信道容量的潜力。

FQAM 调制度可以通过 QAM 调制度和 FSK 调制度的组合表示。当 FQAM 调制度给定时，可以根据信道质量确定 QAM 调制度和 FSK 调制度之间的比率。例如，当通道相对较差时，优先增加 FSK 调制度。当通道相对较好时，优先增加 QAM 调制度。因此，支持 FQAM 方案的发射端和接收端可以根据信道质量来确定 QAM 调制度和 FSK 调制度。当发射端或接收端是基站时，基站可以确定 QAM 调制度和 FSK 调制度，并将所确定的调制度数或调制度数的组合通知给移动台。在这种情况下，可以通过地图消息通知调制度数或调制度数的组合。为此，发射端和接收端中至少有一个可以存储定义与信道质量相对应的 QAM 调制度和 FSK 调制度的表。

5.1.3　空间调制

近年，基于多天线的 MIMO 传输技术无线通信领域发展迅速。MIMO 系统是一种有多个发射与接收信道的通信系统，它能够有效地将通信链路分解成许多并行的子信道，通过空间复用提高传输速率，如 V-BLAST 系统。MIMO 系统还能采用波束成形技术及多用户检测技术抑制干扰，同时还具有空间分集的优势，使系统具有很好的抗衰落和抗噪声性能，可以达到较高的数据传输速率。

MIMO 系统在实际应用中存在以下一些问题如：（1）当发射天线同时发送频率相同的信号时，接收端会形成强烈的信道间干扰(ICI)；（2）多天线间的同步难以得到保证；（3）多个射频链路使 MIMO 系统成本增大；（4）需要的接收天线数要多于发射天线数，但受限于如手机等终端通信场景，影响了 MIMO 中空间复用等技术的应用。

空间调制（Spatial Modulation，SM）技术的出现一定程度上解决了这些问题[10]，

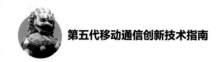
可以有效避免信道间干扰（ICI）和多天线发射的同步问题。SM 具有如下特点：（1）只需要一条射频链路，实现的成本有较大下降；（2）空间调制技术将数字调制二维映射扩展为三维映射，增加了空间维，从而增大了星座图上的欧氏距离，因此一定程度上降低了误码率；（3）可以在接收天线数目小于发射天线数目情况下正常工作，避免部分 MIMO 技术对接收天线数目的要求；（4）在空间调制系统中，每次发送信息只通过一根天线，这样就大大简化了收发端的实现复杂度。

SM 作为一种开创性的调制技术，虽然在无线通信领域已经体现出其性能优势，但仍有许多问题与瓶颈亟待解决：

（1）空间调制对发射天线数目有限制，必须为 2 的 n 次方，同时缺乏对天线阵列的充分应用，会存在一些调制星座点的浪费，如何能做到最大限度地利用空间资源以使系统性能达到最佳是一个需要深入研究的问题；

（2）SM 作为一种新的调制方式，其性能的好坏取决于发射天线间信道增益的差异性，因此空间调制对信道条件的依赖性较强，而目前的研究比较局限于理想信道或者平坦衰落信道；

（3）SM 本身不能提供发射分集，需要借助其他手段来获得，而与编码技术（特别是空时编码）结合方面的研究刚刚起步，具体的设计方案与接收算法仍有待进一步研究；

（4）SM 需要进行天线选择，天线需要长时间保持选择状态，而在发送天线切换中由于脉冲成形会使传输信号延迟几个符号周期，限制了射频链路的快速切换，影响高数据速率传输。

5.1.4 正交时频空调制

5G 系统需要在动态的信道条件下进行工作，包括高移动性场景（比如高铁）以及毫米波（mmWave）频段下的通信。这些场景下的信道是双色散的，其中多径效应会引起时间色散，而多普勒频移会引起频率色散[11]。OFDM 系统通常用添加保护间隔的方式消除由于时间色散而引起的码间干扰（ISI）[12]，但是由于多普勒频移而引起的载波间干扰（ICI）会损坏 OFDM 系统的性能[13]。尤其是在高多普勒频移的场景下，OFDM 系统的性能受到极大的破坏。因此，需要寻找一种新的调制技术来满足高动态通信场景的需求。

正交时频空调制（Orthogonal Time Frequency Space，OTFS）技术是一种新型二维调制技术[14-15]，它通过在时延–多普勒域对调制信号进行复用（传统调制技术是在时间–频率域对信号进行复用，比如 OFDM），能够满足高多普勒频移的通信场景要求。OTFS 调制对于无线信道中的时延–多普勒频移具有较高的稳健性。比如对 4 GHz 频段，速度高达 300 km/h 和 500 km/h 的车辆通信，相较于 OFDM OTFS 有一个极为显著的稳健性提升[16]。实际上，通过 OTFS 调制，即便是在高多普勒频移的场景下，所有的信息符号所经历的信道增益也是相同的。此外，随着 MIMO 阶数的增加，OTFS 能达到的信道容量和频谱效率之间呈线性关系[14,17]。

OTFS 调制包含两个步骤，如图 5-3 所示。首先，通过 OTFS 变换，发射机将时延–多普勒域中的二维序列 $x[n,m]$ 转换为时–频域中对应的二维序列 $X[n,m]$，然后通过 Heisenberg 变换，将 $X[n,m]$ 转换为时域信号 $s(t)$ 进而通过天线发射。在接收端会进行相应的反操作，通过 Wigner 变换（Heisenberg 的逆变换）将时域信号 $r(t)$ 转换为时–频域二维序列 $Y[n,m]$，再通过 OTFS 反变换将该时–频域二维序列转换为时延–多普勒域的二维序列。

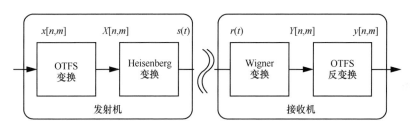

图 5-3　OTFS 调制架构图：发射机与接收机

假设时延为 τ、多普勒频移为 v 时，信道的复值基带脉冲响应为 $h_c(\tau,v)$ [11]，那么输入信号 $s(t)$ 通过该信道后的输出信号为：

$$r(t) = \iint h_c(\tau,v) \mathrm{e}^{\mathrm{j}2\pi v(t-\tau)} s(t-\tau) \mathrm{d}\tau \mathrm{d}v \qquad (5\text{-}1)$$

由式（5-1）可知，接收信号 $r(t)$ 为发射信号 $s(t)$ 经过多个传播路径后的叠加，其中每一条路径所经历的时延为 τ，频移为 v，并且被复值时延–多普勒脉冲响应 $h_c(\tau,v)$ 加权。

实际上，式（5-1）可以看作基于脉冲响应函数 $h_c(\tau,v)$ 的线性操作因子 $\Pi_h(\cdot)$，该线性操作因子作用于输入信号 $s(t)$，进而产生输出信号 $r(t)$：

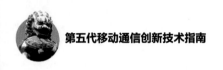

$$\Pi_h(s): \ s(t) \xrightarrow{\Pi_h} r(t) \qquad\qquad (5\text{-}2)$$

这样的操作 $h \to \Pi_h$ 称为 Heisenberg 变换[18]，该变换可以看作 OFDM 变换的二维广义化。接下来可以发现，OTFS 调制同样也对传输信号进行了 Heisenberg 变换，因此，接收信号经历了两次 Heisenberg 变换。一次对应 OTFS 变换，另一次对应信道。

由图 5-3 可知，OTFS 由发射端和接收端的两次二维变换组成。首先发射端通过逆辛有限傅里叶变换（Inverse Symplectic Finite Fourier Transform，ISFFT）和加窗操作，将位于时延–多普勒域的二维序列 $x[n,m]$ 变换为时–频域中对应的二维序列 $X[n,m]$。将这样的一种串行操作称为 OTFS 变换。之后通过 Heisenberg 变换，将该时–频域已调信号 $X[n,m]$ 转换为时域信号 $s(t)$ 进而通过信道进行传输。在接收端会进行相反的操作。通过 Wigner 变换将时域信号 $r(t)$ 转换为时–频域二维序列 $Y[n,m]$，再将其转换到时延–多普勒域进行解调。

在此，给出时–频调制的简要说明，即所有的时–频调制（包括多载波调制）都可以映射为统一的架构，该架构包括以下几点。

- 分别以间隔 T 和 Δf 对时间和频率轴进行采样，从而形成时–频域的一个网格 Λ：

$$\Lambda = \{(nT, m\Delta f), n, m \in z\} \qquad\qquad (5\text{-}3)$$

- 一个时间为 NT，带宽为 $M\Delta f$ 的脉冲序列。
- 基于该脉冲序列进行传输的调制符号集 $X[n,m]$， $n = 0, \cdots, N-1, m = 0, \cdots, M-1$。
- 发射脉冲 $g_{tx}(t)$ 和接收脉冲 $g_{rx}(t)$，且两者关于时间 T 和频率 Δf 的内积满足自正交性质，即：

$$\int g_{tx}^*(t) g_{rx}(t-nT) e^{j2\pi m\Delta f(t-nT)} dt = \delta(m)\delta(n) \qquad\qquad (5\text{-}4)$$

基于以上设定，通过对传输脉冲 $g_{tx}(t)$ 进行延迟–调制操作，时频调制器可以将一个位于网格 Λ 的二维符号 $X[n,m]$ 映射为时域传输信号 $s(t)$：

$$s(t) = \sum_{m=0}^{M-1}\sum_{m=0}^{N-1} X[n,m] e^{j2\pi m\Delta f(t-nT)} g_{tx}(t-nT) \qquad\qquad (5\text{-}5)$$

注意，式（5-5）可以看作 $X[n,m]$ 作用于传输脉冲 $g_{tx}(t)$ 的 Heisenberg 变换[16]。类似于将信道的作用看作对传输信号 $s(t)$ 的 Heisenberg 操作：

$$s(t) = \prod_X (g_{tx}) \tag{5-6}$$

这样的思想在将接收信号看作两次 Heisenberg 变换的串行操作时是非常有用的。

对于串行作用在 $g(t)$ 上的两次 Heisenberg 变换 h_1、h_2，有如下关系[16]：

$$\prod_{h_2}(\prod_{h_2}(g(t)) = \prod_h(g(t)) \tag{5-7}$$

其中，$h(\tau,\nu) = h_2(\tau,\nu) *_\sigma h_1(\tau,\nu)$ 为 $h_1(\tau,\nu)$ 和 $h_2(\tau,\nu)$ 的扭曲卷积（Twisted Convolution），对其定义如下：

$$h_2(\tau,\nu) *_\sigma h_1(\tau,\nu) = \iint\!\!\iint h_2(\tau',\nu')h_1(\tau-\tau',\nu-\nu')e^{j2\pi\nu'(\tau-\tau')}d\tau'd\nu' \tag{5-8}$$

经过调制和信道的两次 Heisenberg 串行操作所产生的接收信号可表示为：

$$r(t) = \iint f(\tau,\nu)g_{tx}(t-\tau)e^{j2\pi\nu(t-\tau)}d\nu d\tau + v(t) \tag{5-9}$$

其中，$v(t)$ 为输入接收端的加性噪声，$f(\tau,\nu)$ 为连续函数 $h_c(\tau,\nu)$ 和离散函数 $X[n,m]$ 的扭曲卷积：

$$f(\tau,\nu) = h(\tau,\nu) *_\sigma X[n,m] = \sum_{m=-M/2}^{M/2-1}\sum_{n=0}^{N-1}X[n,m]h(\tau-nT,\nu-m\Delta f)e^{j2\pi(\nu-m\Delta f)nT} \tag{5-10}$$

在接收端，首先计算接收信号 $r(t)$ 和接收脉冲 $g_{rx}(t)$ 的交叉模糊函数 $A_{g_{rx},r}(\tau,\nu)$，定义如下：

$$A_{g_{rx},r}(\tau,\nu \triangleq \int g_r^*(t-\tau)r(t)e^{-j2\pi\nu(t-\tau)}dt \tag{5-11}$$

交叉模糊函数可以理解为二维的时延–多普勒相关函数。在网格 Λ 上，即在 $\tau = nT$、$\nu = m\Delta f$ 处对该函数采样，可得到匹配滤波器的输出：

$$Y[n,m] = A_{g_{rx},r}(\tau,\nu)|_{\tau=nT,\nu=m\Delta f} \tag{5-12}$$

式（5-12）即 Wigner 变换，该变换即式（5-5）所表示的 Heisenberg 变换的逆变换。

至此，建立了时–频域中的接收机匹配滤波器输出信号 $Y[n,m]$ 和发射机输入信号 $X[n,m]$ 之间的关系。

基于以上背景可以定义详细的 OTFS 调制和解调变换以用来对各个信息符号产生近似于常数的信道增益。该变换是标准傅里叶变换的一种变形——辛有限傅里叶变换(Symplectic Finite Fourier Transform，SFFT)，定义如下：

$X_p[n,m]$ 为 $X[n,m]$ 以 (N,M) 为周期进行周期性延拓的结果，那么对 $X_p[n,m]$ 的 SFFT 变换 $x_p[k,l] = \mathrm{SFFT}(X_p[n,m])$ 定义为：

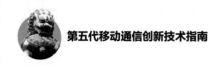

$$x_p[k,l] = \sum_{n=0}^{N-1} \sum_{m=-\frac{M}{2}}^{\frac{M}{2}-1} X_p[n,m] \mathrm{e}^{-j2\pi\left(\frac{nk}{N}-\frac{ml}{M}\right)} \tag{5-13}$$

其逆变换为 $X_p[n,m] = \mathrm{SFFT}^{-1}(x[k,l])$：

$$X_p[n,m] = \frac{1}{MN} \sum_{l,k} x[k,l] \mathrm{e}^{j2\pi\left(\frac{nk}{N}-\frac{ml}{M}\right)} \tag{5-14}$$

其中，$l = 0,\cdots,M-1, k = 0,\cdots,N-1$。可以证明的是，对于周期为$(N,M)$的二维序列 $X_1[n,m]$，$X_2[n,m]$ 有[16]：

$$\mathrm{SFFT}(X_1[n,m] \circledast X_2[n,m]) = \mathrm{SFFT}(X_1[n,m]) \cdot \mathrm{SFFT}(X_2[n,m]) \tag{5-15}$$

其中，$\circledast$ 表示二维循环卷积。这一点类似于传统离散傅里叶变换的卷积属性。

基于以上背景，可以得到时–频域和时延–多普勒域之间的信号关系为：

$$X[n,m] = W_{\mathrm{tx}}[n,m] \mathrm{SFFT}^{-1}(x[k,l]) \tag{5-16}$$

其中，$W_{\mathrm{tx}}[n,m]$ 为发射端窗函数。将上述操作称为 OTFS 变换。将时延–多普勒域信号转换为对应时–频域信号之后，就可以采取前述一系列操作来获取接收端信号。这样，基于时延–多普勒域，将接收端的操作总结如下。

- 对接收时域信号 $r(t)$ 使用（离散）Wigner 变换来获取时–频域无界二维序列：

$$Y[n,m] = A_{g_{\mathrm{rx}},r}(\tau,\nu)|_{\tau=nT,\nu=m\Delta f} \tag{5-17}$$

- 将接收窗函数 $W_{\mathrm{rx}}[n,m]$ 作用于 $Y[n,m]$ 来获取有界二维序列：

$$\hat{Y}_W[n,m] = W_{\mathrm{rx}}[n,m]\hat{Y}[n,m] \tag{5-18}$$

- 对 $\hat{Y}_w[n,m]$ 进行周期性延拓得到 $\hat{Y}_p[n,m]$，其时–频域周期为 (N,M)：

$$\hat{Y}_p[n,m] = \sum_{n'=-\infty}^{\infty} \sum_{m'=-\infty}^{\infty} \hat{Y}_W[n-n'N, m-m'M] \tag{5-19}$$

- 对 $\hat{Y}_p[n,m]$ 使用 SFFT 变换：

$$\hat{y}_p[k,l] = \mathrm{SFFT}^{-1}(\hat{Y}_p[n,m]) \tag{5-20}$$

至此，建立了基于时延–多普勒域的通信链路输入–输出关系。

更进一步，考虑信道脉冲响应和窗函数的周期卷积：

$$h_w(\tau,\nu) = \iint \mathrm{e}^{-j2\pi\nu'\tau'} h_c(\tau',\nu') w(\nu-\nu',\tau-\tau') \mathrm{d}\tau' \mathrm{d}\nu' \tag{5-21}$$

该窗函数 $w(\tau,\nu)$ 为时–频域窗函数 $W[n,m]$ 的离散辛傅里叶变换（Discrete Symplectic Fourier Transform，DSFT）：

$$w(\tau, v) = \sum_{n=-\infty}^{\infty} \sum_{m=-\infty}^{\infty} \mathrm{e}^{-\mathrm{j}2\pi(vnT-\tau m\Delta f)} W[n,m] \tag{5-22}$$

其中，$W[n,m] = W_{\mathrm{tx}}[n,m]W_{\mathrm{rx}}[n,m]$。

最后，给出基于时延–多普勒域 OTFS 调制的通信链路输入–输出关系：

$$y[k,l] = \frac{1}{NM} \sum_{k'=0}^{M-1} \sum_{l=0}^{N-1} x[k',l']h_w\left(\frac{k-k'}{M\Delta f}-\tau, \frac{l-l'}{NT}-v\right) \tag{5-23}$$

OTFS 以其自身所特有的对抗高多普勒频移等性能，将在 5G 高动态通信场景（如 V2V、V2X、高铁通信及无人机通信、MIMO 通信、毫米波通信）等方面具有较高的应用价值。

| 5.2　面向 5G 的编码技术 |

5.2.1　典型编码方式

5.2.1.1　低密度奇偶校验码

低密度奇偶校验码（Low Density Parity Check Code，LDPC），也称 Gallager 码，由 Robert Gallager 于 1962 年提出[19-20]。理论研究表明：1/2 码率的 LDPC 码在 BPSK 调制下的性能距香农极限仅差 0.004 5 dB，是目前距香农极限最近的纠错码，也是最早提出的逼近香农极限的信道编码。

LDPC 码是一种具有稀疏校验矩阵的线性分组码，它的特征完全由其奇偶校验矩阵决定。相对于行、列的长度，校验矩阵每行、列中非零元素的数目（又称行重、列重）非常小。若校验矩阵 **H** 的行重、列重保持不变（或保持均匀），则称该 LDPC 码为规则 LDPC 码，反之若行重、列重变化较大，则称其为非规则 LDPC 码。研究表明正确设计的非规则 LDPC 码性能要优于规则 LDPC 码性能。

LDPC 码除了用稀疏校验矩阵表示外，另一重要表示就是 Tanner 图（或二分图）。Tanner 图中，当一条路径的起始节点和终止节点重合时形成的路径是一条回路，称之为环，环所对应的路径长度称为环长，所有环中路径长度最短的环长为 Tanner 图的周长。当采用迭代置信传播译码时，短环的存在会限制 LDPC 码的译码

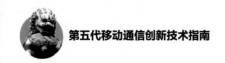

性能，阻止译码收敛到最大似然译码 MLD。因此，LDPC 码的 Tanner 图上不能包含短环，尤其是长为 4 的环。

通常有两类 LDPC 码，一类是随机码，由计算机搜索得到，优点是具有灵活的结构和良好的性能。但是，长的随机码通常由于生成矩阵没有明显的特征，因而编码复杂度高。另一类是结构码，由几何、代数和组合设计等方法构造。随机方法构造 LDPC 码的典型代表有 Gallager 和 Mackay，用随机方法构造的 LDPC 码的码字参数灵活，具有良好性能，但编码复杂度与码长的平方成正比。后续提出采用几何、图论、实验设计、置换方法来设计 LDPC 编码，极大地降低了编码的复杂度，使编码复杂度与码长接近线性关系。

5.2.1.2　极化码

极化码（Polar 码）由 Arikan 在 2007 年提出，2009 年开始引起通信领域的关注[21]。Polar 码是一种新的信道编码方式，是基于信道极化理论提出的一种线性分组码。理论上，它在低译码复杂度下能够达到信道容量且无错误平层。当码长 N 增大时，其优势会更加明显。

信道极化理论是 Polar 编码方式的核心，包括信道组合和信道分解部分。信道极化过程本质上是一种信道等效变换的过程。当组合信道的数目趋于无穷大时，则会出现极化现象：一部分信道将趋于无噪信道，另外一部分则趋于全噪信道，这种现象就是信道极化现象。无噪信道的传输速率将会达到信道容量 $I(w)$，而全噪信道的传输速率趋于零。Polar 码的编码策略正是应用了这种现象的特性，利用无噪信道传输用户有用的信息，全噪信道传输约定的信息或者不传信息。

根据上述信道极化理论，Polar 码选择 $I(w)$ 接近于 1 的完全无噪声比特信道发送信源输出的 K 位信息比特，而在 $I(w)$ 接近于 0 的全噪声比特信息上发送 $(N-K)$ 位冻结比特。通过这种编码构造方式，保证了信息集中在较好的比特信道中传输，从而降低了信息在信道传输过程中出现错误的可能性，保证了信息传输的正确性。

5.2.2　低密度奇偶校验码

5.2.2.1　LDPC 码的特点

LDPC 码与 Turbo 码相比，LDPC 码具有描述简单、译码复杂度低、实用灵活等特点。LDPC 码自身的矩阵结构特性，迭代译码的思想方法，涉及图论、组合数学、概率论、矩阵论、代数、几何、黎曼几何等方面。研究表明 LDPC 码的性能可以非常接近香农极限，具有良好的距离特性、较小的译码错误概率和较低的译码复杂度，因此无论是在理论上还是在实际上 LDPC 码都具有极其重要的价值[22-23]。

从实际应用方面（如从码字构造的角度考虑），如何将 LDPC 码应用于实际才更有意义。在译码方面，各种方法最终都可以归结为和积算法(Sum-Product Algorithm，SPA) 的变形，目的是在保证译码性能的前提下使译码方法尽可能简单。相对于 Turbo 码来说，LDPC 码的译码算法的迭代次数还是过多，实际应用中性能会受到影响，因此，在保证性能的前提下需要设法减少其译码时间。

5.2.2.2　LDPC 码的基本原理

LDPC 码是一类线性分组码，它之所以被称为低密度的校验码，是因为其校验矩阵是一个稀疏矩阵，即矩阵当中的非零元素的比例相当低，矩阵中绝大多数元素为 0。

一个矩阵的密度表示矩阵中非零元素所占的比例。当一个矩阵的密度小于 0.5 时可以被认为它是稀疏的；而当矩阵元素数目增大，它的密度逐渐减小时这个矩阵被认为是非常稀疏的。

（1）H 矩阵

LDPC 码的校验矩阵 H 是稀疏矩阵：矩阵的每一行表示一个校验方程约束，包含 k 个码元；矩阵的每一列表示一个码元参与了 j 个校验方程。基于 GF(2) 域上的 m 行 n 列的稀疏校验矩阵 H 有如下特性：

性质 1　每一行的"1"的数量 k（称为行重）相同，即 k 是一个固定的常数；

性质 2　每一列的"1"的数量 j（称为列重）相同，即 j 是一个固定的常数；

性质 3　任意两行（列）最多只能在 1 个相同位置上是"1"；

性质 4　行重和列重相对于码字长度和行数 m 来说都非常小；

性质 4 确保一致校验矩阵 H 是一个稀疏矩阵。由此可知 LDPC 码是用一个稀疏的非系统的校验矩阵 H 定义的线性码。LDPC 码可以分为多种。

按照校验矩阵列重量分为以下几种。

• 正则（regular）LDPC 码：列重 j 一致。

• 非正则（irregular）LDPC 码：列重 j 不一致。

按照取值域分为以下几种。

- 二进制 LDPC 码：基于 GF(2)。
- 多进制 LDPC 码：基于 GF(q)，($q > 2$)。

通常情况下，多进制码的性能优于二进制码；同一取值域的 LDPC 码，不规则码的性能优于规则码。但是复杂度正好相反。

一个 (n, j, k) 的规则 LDPC 码由它的校验矩阵 $\boldsymbol{H}$ 定义，校验矩阵有 m 行 n 列，列重 j，行重 k，其中 $m = n \cdot j / k$，$j < k$，$j \ll m$，$k \ll n$。例如一个 $(6, 2, 4)$ 的校验矩阵：

$$\begin{bmatrix} 1 & 1 & 0 & 1 & 1 & 0 \\ 1 & 0 & 1 & 0 & 1 & 1 \\ 0 & 1 & 1 & 1 & 0 & 1 \end{bmatrix}$$

（2）Tanner 图

LDPC 码的校验矩阵 $\boldsymbol{H}$ 的行对应于校验方程（校验节点），列对应于传输比特（比特节点），如图 5-4（a）所示，它们之间的关系可以表示为 Tanner 图（二分图），如图 5-4（b）所示，图 5-4（b）的上边有 $n = 7$ 个节点，每个节点 v_i 代表信息节点（变量节点），是码字的比特位，对应于校验矩阵的各列；下边有 $m = 7$ 个节点，每个节点 $s_i = 7$ 代表一个校验节点，对应于校验矩阵的各行；与校验矩阵中"1"元素相对应的上下两边节点之间存在连接的线。这条线两端的节点称为相邻节点，每个节点相连的边数称为该节点的度（Degree）。

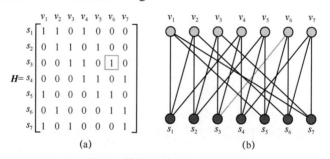

图 5-4 校验矩阵与二分图的关系

LDPC 码校验矩阵 $\boldsymbol{H}$ 的最小圈长，即在一个 LDPC 码的编码二分图中存在的闭合环路中最短的闭合环路的长度，称之为最小圈长 (girth)。图 5-5 就是一个 girth=4 的二分图。

二分图中环的存在会对迭代译码过程进行准确的概率分析产生障碍，而且图中的环越短，分析过程会越早地被迫中断。如果构造校验矩阵时限制任两列之间重叠的 1 位置最多只有一个，那么就可以消除长度为 4 的环。

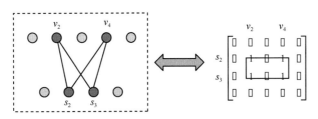

图 5-5　二分图的环

5.2.2.3　LDPC 码的编码方法

LDPC 码构造的目标是构造一个稀疏矩阵（以二进制为例），通常有正则码以及非正则码两种，其中正则码的构造包括 Gallager 的构造方法和准循环 LDPC 码的构造方法。

（1）非正则码的构造

在正则 LDPC 码中，每一类（变量或者校验）节点的度是相同的。而非正则的 LDPC 码的每类节点的度则可能不同，而它们的度依赖于已知的度分布对 $((\lambda(x)),(\rho(x)))$。

其中的变量节点维度分布函数为：

$$\lambda(x) = \sum_{i=2}^{d_v} \lambda_i x^{i-1} \tag{5-24}$$

校验节点维度分布函数为：

$$\rho(x) = \sum_{i=2}^{d_c} \rho_i x^{i-1} \tag{5-25}$$

其中，λ_i 表示在二分图中，与维度为 i 的变量节点相连的边（Edge）占所有边的比例；d_v 表示变量节点的最大度。ρ_i 表示在二分图中，与维度为 i 的校验节点相连的边（Edge）占所有边的比例；d_c 表示校验节点的最大度。

对于非正则的 LDPC 码，选取不同的度分布对 $((\lambda(x)),(\rho(x)))$ 会对码字性能产生不同的影响。为了达到更好的性能尽可能地逼近香农极限，就需要优化得到最佳的度分布对。

（2）正则码的构造

Gallager 的构造方法：Gallager 在 1962 年最初的工作中，给出了 (λ,ρ) 正则码的构造方法即对码长为 N 的 (λ,ρ) 正则码，将校验矩阵按行水平地分割为几个大小相同的子矩阵，每个子矩阵的每一列都只含有一个"1"。在构造校验矩阵 $\boldsymbol{H}$ 之前预先构造一个子矩阵，如式（5-26）所示。

$$H_0 = \begin{bmatrix} \underbrace{11\cdots1}_{\rho} & & & \\ & \underbrace{11\cdots1}_{\rho} & & \\ & & \ddots & \\ & & & \underbrace{11\cdots1}_{\rho} \end{bmatrix} \tag{5-26}$$

令 π 代表矩阵 H_0 的列置换，$\pi_i(H_0)$ 为 H_0 的随机列置换矩阵。利用 H_0，可以通过列交换的方法得到校验矩阵 H。

$$H = \begin{bmatrix} \pi_1(H_0) \\ \pi_2(H_0) \\ \cdots \\ \pi_\lambda(H_0) \end{bmatrix} \tag{5-27}$$

准循环 LDPC 码的构造方法：准循环 LDPC 码实际上属于 Gallager LDPC 码，但它不是采用的随机列置换方式。准循环 LDPC 码的编码具有低复杂度，它可以利用简单的移位寄存器完成编码。优化的准循环 LDPC 在误码性能等方面和随机 LDPC 码一样好。因此在实际应用中，它成为随机码的有力竞争者。准循环 LDPC 码凭借它的循环对称性在集成电路译码实现方面也非常有优势。

（3）生成矩阵

LDPC 码属于线性分组码，得到其校验矩阵还不能直接生成码字。利用其校验矩阵 H 可以生成编码矩阵 G，从而可以生成码字。

基于高斯消元的直接编码：在构造得到校验矩阵 H 后，利用 H 和 G 之间的正交性可以用高斯消元法来得到生成矩阵 G。

近似下三角矩阵形式进行编码：对用随机方法构造好的奇偶校验矩阵 H 一般可以采用高斯删除法将其化成相似三角形，但是当 H 很大时，高斯删除法的计算量会过大。目前比较常用的方法是 Efficient 编码算法。Efficient 编码算法的核心思想是考虑生成矩阵 H 具有某种特殊的形式，即所谓近似下三角矩阵的形式。通过行列置换将 H 矩阵化为：

$$H = \begin{pmatrix} A_{(m-g)\times(n-m)} & B_{(m-g)\times g} & T_{(m-g)\times(m-g)} \\ C_{g\times(n-m)} & D_{g\times g} & E_{g\times(m-g)} \end{pmatrix} \tag{5-28}$$

其中，T 为下三角阵。H 矩阵化为近似下三角形状，如图 5-6 所示。

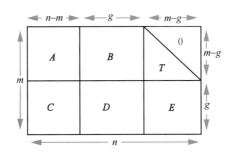

图 5-6　*H* 矩阵转化为近似下三角形状

5.2.2.4　LDPC 码的译码方法

LDPC 码的译码算法主要分为两大类：硬判决译码和软判决译码。一般而言，实现 LDPC 码译码器主要考虑以下几个方面：（1）码字的纠错性能；（2）码字实现所需的硬件资源；（3）系统所要求达到的吞吐率与信息传输速率。以上 3 个条件相互制约，因此在实际应用中需要找到一个比较理想的折中方案。

硬判决算法的优势在于只需要做判断和加法运算，因而运算量小且复杂度比较低，比较实用；其缺点是性能比较低，译码时长不确定。而对于软判决来说，可以更加充分地挖掘利用信道信息，通过迭代的译码算法，使得其译码性能无限接近香农极限。

这两种算法都是基于消息传递算法(Message Passing Algorithm，MPA)的思想。在消息传递(Message Passing，MP)算法中，概率信息依据二分图在变量节点和校验节点之间传递，逐步进行迭代译码。节点沿边发送的信息取决于和它相连的其余边上接收的信息，而与上次接收到的信息无关。其目的在于使得任一条边上只有外来信息传递，从而保证译码性能。

两种算法的区别在于量化的比特数：硬判决是将收到的信息判决为 0 或 1，而软判决算法是将收到的信息量化为多比特，从而使其收到的信息更加细化。

常见的译码算法有比特翻转译码（Bit-Flipping，BF）算法（属于硬判决）与和-积算法（Sum-Product Algorithm，SPA），也称为置信传播（Belief Propagation，BP）算法（属于软判决译码）。下面介绍几种译码算法。

（1）比特翻转译码算法

自从 1962 年 LDPC 码被 Gallager 提出时，Gallager 同时给出了一种译码算法，即 BF（Bit Flipping）译码算法，也称作比特翻转译码算法。

BF 算法的基本原理：当传输结果发生错误时，接收到的信息经过校验得到校验

向量 S，S 可以反映出校验失败的信息比特。当接收到的信息序列 Z 发生错误时，S 中的某些比特就会发生错误导致校验向量 S 发生改变。BF 算法首先统计不满足的校验结果，找出使得校验方程不成立的个数超过门限值（Threshold）的比特，然后将这些点进行翻转，这样就完成了一次迭代，继续不断重复迭代直到所有的比特都满足校验方程；或设置一个最大迭代次数门限值 σ，当迭代次数达到 σ 后，不管是否得到正确结果，都立即停止且认为译码失败。

（2）BP 译码算法

LDPC 的译码算法中，最经典的是 Belief Propagation（BP）算法。实际上 BP 算法也是消息传递算法的一个特例，是一种软判决的译码算法，该算法中传递的信息是前一级模块软判决输出的概率或似然比，因此是 MP 算法中最精确、性能最好的一种。

假设函数 $g(x_1,\cdots,x_n)$ 可以分解成局部函数的乘积，也即：

$$g(x_1,\cdots,x_n) = \prod_{j\in J} f_j(X_j) \tag{5-29}$$

其中，每个局部函数 $f_j(X_j)$ 中的 X_j 是集合 $\{x_1,\ldots,x_n\}$ 的子集。因子图是一个用来表述上述因式分解的二分图。其中每个变量节点对应一个变量 x_i，每个函数节点对应一个局部函数 $f_j(X_j)$ 的自变量，只有当变量 x_i 是 $f_j(X_j)$ 的自变量时，有一条连接的边存在于对应的变量节点和局部函数节点之间。

图 5-7 是一个因子图，式（5-7）中的 $g(x_1,x_2,x_3,x_4,x_5)$ 是具有 5 个变量的实值函数，将其分解成 5 个局部函数 f_A、f_B、f_C、f_D、f_E 之积，即：

$$g(x_1,x_2,x_3,x_4,x_5) = f_A(x_1)f_B(x_2)f_C(x_1,x_2,x_3)f_D(x_3,x_4)f_E(x_3,x_5) \tag{5-30}$$

当知道全局变量的时候能够得到以每个变量为参数的边缘函数。那么以 x_1 为参数的边缘函数就是：

$$g(x_1) = f_A(x_1)\left[\sum_{x_2}f_B(x_2)\left[\sum_{x_3}f_C(x_1,x_2,x_3)\left[\sum_{x_4}f_D(x_3,x_4)\right]\left[\sum_{x_5}f_E(x_3,x_5)\right]\right]\right] \tag{5-31}$$

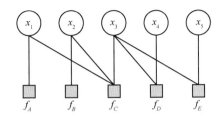

图 5-7 因子图

建立在 Tanner 图上的 LDPC 码，其 BP 译码的每次迭代包括两步骤：校验节点的处理和变量节点的处理。

每次迭代过程的进行，首先所有校验节点从相邻处的变量节点接收信息，经过处理然后回传到相邻的变量节点；然后所有的变量节点再从相邻处的校验节点接收信息并处理，回传相邻的校验节点；最后变量节点收集信息进行判决。在 LDPC 码进行译码的时候，所有校验节点、变量节点可以独立地同时进行信息处理，每个校验节点、变量节点都可以看成一个独立的处理器，由于这样的译码方式，可以利用并行结构构造高速的 LDPC 码译码器。

置信传播译码方法，从节点之间传递消息的方式来分，可以分为概率置信传播算法和对数似然比(Log-Likelihood Ratio，LLR)置信传播算法。概率置信传播算法传递的信息以概率的形式来表示，可以适用于非二进制的 LDPC 码译码。对于二进制 LDPC 码，消息可以用对数似然比 LLR 的形式，对应的译码算法就称为 LLR 置信传播算法。

全局函数的边缘函数在因子图没有环的时候可以从算术表达式计算出来。和–积译码算法是通过因子图的变量节点和函数节点及变量节点和函数节点之间的更新规则，由多变量的函数得到以某个变量为参数的边缘函数，而函数值消息沿着边在变量节点和函数节点之间传输，使得节点更新。而这种更新规则中的计算过程主要用到的是乘法、加法和积算法（Sum-Product Algorithm），由此而得名。如果假设全局函数 $g(x_1, x_2, x_3, x_4, x_5)$ 为概率函数或概率密度函数，边缘函数 $g(x_1), \cdots, g(x_n)$ 既是边缘概率函数也可能是边缘概率密度函数，那么概率译码就是基于每个比特的边缘概率进行最终判决的。

因此，LDPC 码的 BP 译码步骤大致如下。

步骤 1 初始化。

先计算出经过信道传到变量节点的初始概率 $P_i(1)$, $i = 1, 2, \cdots, n$，则 $P_i(0) = 1 - P_i(1)$。然后对每一个变量节点 i 和与其相邻的校验节点 $j \in C(i)$，设定变量节点 i 传向校验

节点 j 的初始消息为：

$$q_{ij}^{(0)}(0) = P_i(0) \tag{5-32}$$

$$q_{ij}^{(0)}(1) = P_i(1) \tag{5-33}$$

假设通信系统中传输过程采用的是二进制数字调制，因此按照在 AWGN 信道下 BPSK 调制的 LDPC 码译码的消息初始化。码字 c_i 映射为符号 $x_i = (-1)^{c_i}$，$i = 1,2,\cdots,n$，接收符号 $y_i = x_i + n_i$，各个 n_i 表示的是高斯随机变量，是统计独立同分布的（$n_0/2$），因此 y_i 是高斯变量（均值为 1，方差为 σ^2）。而对于 BPSK 调制在信源等概率分布的情况下，有 $P(x_i = +1) = P(x_i = -1) = 0.5$，根据贝叶斯定理有：

$$q_{ij}^{(0)}(0) = P(c_i = 0 \mid y_i) = P(x_i = +1 \mid y_i) = \frac{1}{1+e^{-2y_i/\sigma^2}} \tag{5-34}$$

$$q_{ij}^{(0)}(1) = P(c_i = 1 \mid y_i) = P(x_i = -1 \mid y_i) = \frac{1}{1+e^{2y_i/\sigma^2}} \tag{5-35}$$

步骤 2 迭代处理。

第一步，先处理校验节点消息。第一次迭代的时候，对于所有的校验节点 j 和与其相邻的变量节点 $i \in R(j)$，计算变量节点 i 传向校验节点 j 的消息：

$$r_{ji}^{(k)}(0) = \frac{1}{2} + \frac{1}{2} \prod_{i' \in R_j \setminus i} (1 - 2q_{i'j}^{k-1}(1)) \tag{5-36}$$

$$r_{ji}^{(k)}(1) = 1 - r_{ji}^{(k)}(0) \tag{5-37}$$

第二步，再将变量节点消息处理。对所有的变量节点 i 跟与其相邻的校验节点 $j \in C(i)$，计算校验节点 j 传向变量节点 i 的消息：

$$q_{ij}^{(k)}(0) = \alpha_{ij} P_i(0) \prod_{j' \in C_i \setminus j} 2r_{j'i}^{k}(0) \tag{5-38}$$

$$q_{ij}^{(k)}(1) = \alpha_{ij} P_i(1) \prod_{j' \in C_i \setminus j} 2r_{j'i}^{k}(1) \tag{5-39}$$

令 $q_{ij}^{(k)}(0) + q_{ij}^{(k)}(1) = 1$，其中的 α_{ij} 起到归一化的作用。

第三步，译码判决，前两步完毕之后对所有变量节点计算硬判决消息：

$$q_i^{(k)}(0) = \beta_i P_i(0) \prod_{j \in C_i} r_{ji}^{k}(0) \tag{5-40}$$

$$q_i^{(k)}(1) = \beta_i P_i(1) \prod_{j \in C_i} r_{ji}^{k}(1) \tag{5-41}$$

其中，β_i 是归一化因子，使 $q_i^{(k)}(0) + q_i^{(k)}(1) = 1$。如果 $q_i^{(k)}(0) < q_i^{(k)}(1)$，那么判定 $\hat{c}_i = 1$；反之 $q_i^{(k)}(0) > q_i^{(k)}(1)$，那么判定 $\hat{c}_i = 0$。

步骤 3　停止迭代计算。

前述步骤进行完毕则从步骤 1 开始继续迭代运算，除非(1) $H\hat{c}=0$ ；(2)迭代计算已经最大迭代次数限制。以上的条件其中之一发生，即停止迭代运算。

假如矩阵 H 中不包括环，那么当迭代次数趋近至无穷时，$q_i(0)$ 和 $q_i(1)$ 收敛于 c_i 的后验概率。

基于概率的 BP 译码算法有很多缺陷：比如不适合量化、算法实现复杂度较高等。因此，在硬件实现的时候，一般不会采用基于概率测度的译码算法。基于对数似然比(LLR)的译码算法不仅适合量化，而且实现复杂度比较低。对数似然比 $L(x)$ 的值得定义为：

$$L(x)=\ln\frac{P(x=0\mid y_i)}{P(x=1\mid y_i)}=\ln\frac{f_i^0}{f_i^1} \tag{5-42}$$

基于概率的 BP 译码算法和基于 LLR 的 BP 译码算法都含有比较复杂的算法，不适合硬件实现。最小和(Min-Sum)译码算法是根据对数域 BP 译码算法提出的一种近似简化算法，它利用求最小值的运算简化了函数运算，大大降低了运算复杂度且不需要对信道噪声进行估计，但其性能也有一定程度的降低。

BP 译码算法译码性能优异，但其复杂度较高，对 BP 译码算法的各种简化算法成为研究的热点，在保障译码性能的基础上降低复杂度是未来发展的方向。比特翻转译码算法复杂度很低，在一些特殊场合也具有重要的应用前景。在实际应用中，要根据 BER 性能要求和硬件条件等因素综合考虑，在译码性能和复杂度之间进行一个折中，选择合适 LDP 码译码方法开发相应的硬件产品。

5.2.2.5　5G 采用 LDPC 码

2016 年，经过 3GPP RAN1 会议讨论，在 5G 的三大编码候选技术（美国主推的 LDPC、法国主推的 Turbo2.0 以及中国主推的 Polar 码）中，最终确定中国主推的 Polar 码方案成为 5G 控制信道 eMBB 场景的编码方案，而美国主推 LDPC 码方案成为 5G 数据信道的上下行短码方案。同时，5G 长码编码方案也确认采用 LDPC 码。5G 采用的 LDPC 码是一种准循环 LDPC 码，它在大范围变化的码长、码率下都具有优秀的性能。

非正则 LDPC 码，其性能不仅优于正则 LDPC 码，甚至还优于 Turbo 码的性能，是目前已知的最接近香农极限的码。LDPC 码具有巨大的应用潜力，将在深空通信、光纤通信、卫星数字视频、数字水印、磁/光/全息存储、移动和固定无线通信、电缆调制/解调器和数字用户线（DSL）中得到广泛应用。

工业界也已经有 LDPC 编译码芯片发布。其中，Flarion 公司推出的基于 ASIC 的 Vector-LDPC 解决方案的译码器可以达到 10 Gbit/s 的吞吐量，其性能已经非常接近香农极限，可以满足目前大多数通信业务的需求。AHA 公司、Digital Fountain 公司也都推出了自己的编译码芯片解决方案。

从 3GPP RAN1 会议关于 LDPC 码的提案中，可以发现 LDPC 码不仅可以支持灵活的码长码率设计，而且可以支持增量冗余重传技术，其吞吐量较高。

5G 的吞吐量要求下行数据传输达到 20 Gbit/s，上行数据传输达到 10 Gbit/s。由于 LDPC 码具有并行性，可以采用更大的译码并行度，故其吞吐量会高于其他同等码长的编码方案（如 Turbo 码、Polar 码等）。LDPC 译码一般包括两个模块：校验节点更新模块和变量节点更新模块，两个模块之间进行迭代更新。根据各个公司对 LDPC 码的分析，可以知道 LDPC 码的吞吐量在高码率时是非常高的，其面积效率和能量效率也远高于 Turbo 码。

LDPC 码具有与 Turbo 码相当甚至更优的性能，结构化的设计非常有利于并行化的低复杂度设计，吞吐量大，能量效率与面积效率均非常优秀，特别适合于高频大带宽下的应用场景。

LDPC 码应用时，特别是在标准化应用时，需要考虑不同参数 LDPC 码的优化设计，一般重点研究以下两方面的内容：（1）LDPC 码的结构设计；（2）LDPC 码的性能优化，影响 LDPC 码性能的因素包括最小距离、环长等。

LDPC 码虽然需要特别设计码字结构以便于编码，但是译码结构较为简单，长码性能优异，有着较低的误码率，适用于高速高可靠传输场景。LDPC 码以其高速并行实现以及在高速率下体现出来的性能优势，在 5G 的高速传输场景、DVB 等通信系统中成为首选。在 5G 的未来演进中，LDPC 码仍有很大的发展空间和值得研究的方向，例如多元 LDPC 码。

5.2.3 极化码

5.2.3.1 Polar 码的特点

Polar 码采用前向错误纠正编码方式，通过信道极化（Channel Polarization）处理，在编码侧设法使各个子信道呈现出不同的可靠性，当码长持续增加时，部分信道将趋向于容量近于 1 的完美信道（无误码），其余部分信道趋向于容量接近于 0 的纯噪声信道，选择在容量接近于 1 的信道上直接传输信息以逼近信道容量，是目前唯一能够被严格证明可以达到香农极限的方法。在解码侧，极化后的信道可用简单的逐次干扰抵消的解码方法，以较低的复杂度获得与最大似然解码相近的性能[24]。

从代数编码和概率编码的角度来说，Polar 码具备了两者各自的特点。首先，只要给定编码长度，Polar 码的编译码结构就唯一确定了，还可以通过生成矩阵的形式完成编码过程，这一点和代数编码的想法是一致的。其次，Polar 码在设计时并没有考虑最小距离特性，而是利用了信道联合（Channel Combination）与信道分裂（Channel Splitting）的过程来选择具体的编码方案，在译码时也采用概率算法，这一点比较符合概率编码的想法。

Polar 码相对于近香农极限的 Turbo 码、LDPC 码等有着更好的 BER（Bit Error Ratio，误比特率）性能和更低的复杂度。当采用最简单的 SC（Successive Cancellation，连续消除）译码算法时复杂度仅为 $O(N \log N)$，其中 N 为 Polar 码的码长。

5.2.3.2 信道极化

Polar 码的理论基础就是信道极化。信道极化包括信道组合和信道分解。当组合信道的数目趋近于无穷大时，则会出现极化现象：一部分信道将趋于无噪信道，另一部分则趋于全噪信道，这就是信道极化。无噪信道的传输速率将会达到信道容量 $I(W)$，而全噪信道的传输速率趋于零。Polar 码的编码策略就是利用无噪信道传输用户有用的信息，利用全噪信道传输约定的信息或者不传信息。

（1）信道组合

信道组合是对给定的 B-DMC（Binary-input Discrete Memoryless Channel）信道 W 利用递归的方法来构造一个组合信道 $W_N : X^N \rightarrow Y^N (N = 2^n, n \geqslant 0)$。当 $n = 0$，$W_1 = W$。当 $n = 1$，就是利用两个相互独立的信道 W_1 递归组合成信道 $W_2 : X^2 \rightarrow Y^2$。$n=1$ 时的信道组合如图 5-8 所示。

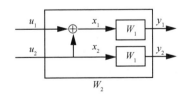

图 5-8 $n=1$ 时的信道组合

信道 W_2 对应的传输概率为：

$$W_2(y_1, y_2 \mid u_1, u_2) = W(y_1 \mid u_1 \oplus u_2)W(y_2 \mid u_2) \qquad (5\text{-}43)$$

当 $n = 2$ 时，利用两个相互独立的 W_2 信道组合成信道 $W_4 : X^4 \rightarrow Y^4$，组合步骤如图 5-9 所示。

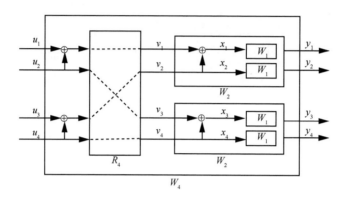

图 5-9 $n=2$ 时的信道组合

对应的传输概率计算式为：

$$W_4(y_1^4 \mid u_1^4) = W_2(y_1^2 \mid u_1 \oplus u_2, u_3 \oplus u_4)W_2(y_3^4 \mid u_2, u_4) \qquad (5\text{-}44)$$

R_4 是把序列 (s_1, s_2, s_3, s_4) 映射成 $v_1^4 = (s_1, s_2, s_3, s_4)$ 的排列操作。信道 W_4 的输入序列 u_1^4 到信道 W 的输入序列 x_1^4 的映射关系 $u_1^4 \rightarrow x_1^4$ 可以表示为：

$$x_1^4 = u_1^4 \boldsymbol{G}_4 \qquad (5\text{-}45)$$

并且：

$$\boldsymbol{G}_4 = \begin{bmatrix} 1 & 0 & 0 & 0 \\ 1 & 0 & 1 & 0 \\ 1 & 1 & 0 & 0 \\ 1 & 1 & 1 & 1 \end{bmatrix} \qquad (5\text{-}46)$$

因此，可以得出 W_4 的转移概率表达式为：

$$W_4(y_1^4 \mid u_1^4) = W^4(y_1^4 \mid u_1^4 \boldsymbol{G}_4) \qquad (5\text{-}47)$$

依次类推，可以得出信道组合的一般递推关系。由两个独立的信道 $W_{N/2}$ 组成信道 W_N。W_N 的输入序列 u_1^N 首先会被转化成 s_1^N 序列，对应的关系为：

$$\begin{cases} s_{2i-1} = u_{2i-1} \oplus u_{2i} \\ s_{2i} = u_{2i} \end{cases} \tag{5-48}$$

其中，$1 \leqslant i \leqslant N/2$。$R_N$ 代表一种翻转操作，作用于序列 $v_1^N = (s_1, s_3, \cdots s_{N-1}, s_2, s_4, \cdots, s_N)$ 作为信道 $W_{N/2}$ 的输入序列。

（2）信道分解

在完成组合信道 W_N 之后，信道极化的下一个步骤是信道分解，把信道 W_N 分解成 N 个二进制输入信道 $W_N^{(i)} : X \rightarrow Y^N \times X^{i-1}, 1 \leqslant i \leqslant N$，对应的转移概率定义为：

$$W_N^{(i)}(y_1^N, u_1^{i-1} \mid u_i) = \sum_{u_{i+1}^N \in X^{N-1}} \frac{1}{2^{N-1}} W_N(y_1^N \mid u_1^N) \tag{5-49}$$

其中，(y_1^N, u_1^{i-1}) 表示 $W_N^{(i)}$ 的输出，u_i 代表其输入。可见，当 $N = 2$ 时，信道分解的情况为 $(W, W) \rightarrow (W_2^{(1)}, W_2^{(2)})$。

对应的转移概率公式为：

$$W_2^{(1)}(y_1^2 \mid u_1) = \sum_{u_2} \frac{1}{2} W_2(y_1^2 \mid u_1^2) = \sum_{u_2} \frac{1}{2} W(y_1 \mid u_1 \oplus u_2) W(y_2 \mid u_2) \tag{5-50}$$

$$W_2^{(2)}(y_1^2, u_1 \mid u) = \frac{1}{2} W_2(y_1^2 \mid u_1^2) = \frac{1}{2} W(y_1 \mid u_1 \oplus u_2) W(y_2 \mid u_2) \tag{5-51}$$

（3）信道极化定理

经过上面信道极化的两个步骤，比特信道 $\{W_N^{(i)}\}$ 将会出现极化现象。随着 N 的不断增加，一部分比特信道的对称容量 $I(W_N^{(i)})$ 将趋于 1，另一部分比特信道的对称容量将趋于 0。

信道极化定理：对于任意给定的二进制离散无记忆信道 W，$\delta \in (0,1)$，当 $N(N = 2^n)$ 趋于无穷大时，信道容量 $I(W_N^{(i)}) \in (\delta, 1-\delta)$ 所占的比例趋于 0，而 $I(W_N^{(i)}) \in (0, \delta)$ 所占比例趋于 $1 - I(W)$，$I(W_N^{(i)}) \in (1-\delta, 1)$ 所占的比例趋于 $I(W)$。

（4）极化速率

为了证明编码定理，极化速率是非常重要的参数。极化速率由 Bhattacharyya 参数（巴氏参数）$Z(W)$ 来衡量，是整个 Polar 码编码理论中极其重要的一个参数，确定用来传输信息位的信道。Bhattacharyya 参数的定义如下：

$$Z(W_N^{(i)}) = \sum_{y_1^N \in Y^N} \sum_{u_1^{i-1} \in X^{i-1}} \sqrt{W_N^{(i)}(y_1^N, u_1^{i-1} \mid 0) W_N^{(i)}(y_1^N, u_1^{i-1} \mid 1)} \tag{5-52}$$

假如基本信道 W 是 BEC 信道，$Z(W)$ 满足以下关系：

$$Z(W_{2N}^{(2i-1)}) \leqslant 2Z(W_N^{(i)}) - Z(W_N^{(i)})^2 \qquad (5\text{-}53)$$

$$Z(W_{2N}^{(2i)}) = Z(W_N^{(i)})^2 \qquad (5\text{-}54)$$

5.2.3.3 Polar 码编码方法

为了利用信道极化的效果，构造了一种能够达到对称信道容量 $I(W)$ 的编码方法，称为 Polar 码。Polar 码的基本思想就是：能够单独处理每一个信道 $W_N^{(i)}$ 并且使用 $Z(W_N^{(i)})$ 趋于零的信道传输信息。那么如何选择好的信道传输信息就是 Polar 码编码的关键。

Polar 码是一种线性分组码，有效信道的选择也就对应着生成矩阵的行的选择。下面首先详细介绍 Polar 码的编码过程。Polar 码的编码公式与别的线性分组码类似，由信息序列乘以生成矩阵，具体计算式如下：

$$x_1^N = u_1^N \boldsymbol{G}_N \qquad (5\text{-}55)$$

其中，u_1^N 是将要传输的信息序列，$\boldsymbol{G}_N$ 就是生成矩阵。假设 A 是集合 $\{1,\cdots,N\}$ 的任意子集，式（5-55）可以写成如下形式：

$$x_1^N = u_A^N \boldsymbol{G}_N(A) \oplus u_A \boldsymbol{G}_N(A^c) \qquad (5\text{-}56)$$

其中，矩阵 $\boldsymbol{G}_N(A)$ 是由 A 决定的矩阵 $\boldsymbol{G}_N$ 的子矩阵，$\boldsymbol{G}_N(A^c)$ 是 $\boldsymbol{G}_N$ 去掉 $\boldsymbol{G}_N(A)$ 的矩阵，也是 $\boldsymbol{G}_N$ 的矩阵。

如果固定 A 和 u_A，但 u_A 是任意变量，那么可以把源序列 u_A 映射到码字序列 x_1^N，这种映射关系称为陪集编码（Coset Code）。Polar 码就是陪集码的例子，由 4 个参数 (N,K,A,u_A) 共同决定的陪集码，N 表示码字的码长，K 表示信息位的长度。

A 对应着生成矩阵 $\boldsymbol{G}_N$ 中用来传输有用信息的行，即 $\boldsymbol{G}_N(A)$ 中的行，并且 A 中元素个数等于 K；u_{A^c} 称为冻结位，用来传输固定的信息，即对应着性能较差的比特信道；码率 $R = K/N$。

例如，Polar 码的编码参数为 $\{4,2,\{2,4\},(1,0)\}$，则具体的编码映射关系为：

$$x_1^4 = u_1^4 \boldsymbol{G}_4 = (u_2,u_4) \begin{bmatrix} 1 & 0 & 1 & 0 \\ 1 & 1 & 1 & 1 \end{bmatrix} + (1,0) \begin{bmatrix} 1 & 0 & 0 & 0 \\ 1 & 1 & 0 & 0 \end{bmatrix} \qquad (5\text{-}57)$$

给定源信息序列 $(u_2,u_4) - (1,1)$，则对应的码字为 $x_1^4 = (1,1,0,1)$。

在 Polar 码的编码过程中最重要的是寻找性能好的信道，即对应 $Z(W_N^{(i)})$ 值较小的信道，也是序列 A 中元素的值。下面以 $N = 16$ 为例说明如何选择信道。

$$G_{16} = F^{\otimes 4} = \begin{bmatrix} 1 & 0 \\ 1 & 1 \end{bmatrix}^{\otimes 4} = \begin{bmatrix}
1&0&0&0&0&0&0&0&0&0&0&0&0&0&0&0\\
1&1&0&0&0&0&0&0&0&0&0&0&0&0&0&0\\
1&0&1&0&0&0&0&0&0&0&0&0&0&0&0&0\\
1&1&1&1&0&0&0&0&0&0&0&0&0&0&0&0\\
1&0&0&0&1&0&0&0&0&0&0&0&0&0&0&0\\
1&1&0&0&1&1&0&0&0&0&0&0&0&0&0&0\\
1&0&1&0&1&0&1&0&0&0&0&0&0&0&0&0\\
1&1&1&1&1&1&1&1&0&0&0&0&0&0&0&0\\
1&0&0&0&0&0&0&0&1&0&0&0&0&0&0&0\\
1&1&0&0&0&0&0&0&1&1&0&0&0&0&0&0\\
1&0&1&0&0&0&0&0&1&0&1&0&0&0&0&0\\
1&1&1&1&0&0&0&0&1&1&1&1&0&0&0&0\\
1&0&0&0&1&0&0&0&1&0&0&0&1&0&0&0\\
1&1&0&0&1&1&0&0&1&1&0&0&1&1&0&0\\
1&0&1&0&1&0&1&0&1&0&1&0&1&0&1&0\\
1&1&1&1&1&1&1&1&1&1&1&1&1&1&1&1
\end{bmatrix} \tag{5-58}$$

取初值 $Z(W_1^{(1)}) = 0.5$，由公式可计算出 $Z(W_{16}^{(i)})$，具体各项值是：[1, 0.899, 0.963, 0.227, 0.985, 0.362, 0.532, 0.007, 0.992, 0.467, 0.653, 0.014, 0.772, 0.037, 0.100, 0]（$i \in [1, \cdots, 16]$）。对 $Z(W_{16}^{(i)})$ 序列进行降序排列，选取 $Z(W_{16}^{(i)})$ 值最小的 4 个比特信道，这 4 个信道对应的行号的组成集合 A，$A = [14, 12, 8, 16]$。则在矩阵 G_{16} 中集合 A 对应的行构成 $G_{16}(A)$。

$$G_{16}(A) = \begin{bmatrix}
1&1&0&0&1&1&0&0&1&1&0&0&1&1&0&0\\
1&1&1&1&0&0&0&0&1&1&1&1&0&0&0&0\\
1&1&1&1&1&1&1&1&0&0&0&0&0&0&0&0\\
1&1&1&1&1&1&1&1&1&1&1&1&1&1&1&1
\end{bmatrix} \tag{5-59}$$

同理，通过矩阵 G_{16} 和 $G_{16}(A)$ 可得出 $G_{16}(A^c)$。在给定输入信息序列后就可编出 16 位的 Polar 码码字。

5.2.3.4 Polar 码译码

Polar 码的构造可以归结为极化信道的选择问题，而极化信道的选择是按照最优化 SC 译码性能为标准进行的。根据极化信道转移概率函数式，各个极化信道并不相互独立，具有确定的依赖关系：信道序号大的极化信道依赖于所有比其序号小的极化信道。基于极化信道之间的这一依赖关系，SC 译码算法对各个比特进行译码判决时，需要假设之前步骤的译码得到的结果都是正确的。正是在这种译码算法下，可以证明 Polar 码信道容量可达最优。因此，对 Polar 码而言，最合适的译码算法应当基于 SC 译码，只有这类译码算法才能充分利用 Polar 码的结构，同时保证在码长足够长时容量可达最优。

（1）SC 译码算法

在进行译码时，从式（5-59）的转移概率可以看出，序号 i 极化信道 $W_N^{(i)}$ 的输出包括信道接受信号 y_1^N 以及前 $i-1$ 个极化信道的输入 u_1^{i-1} 两个部分。

$$W_N^{(i)}(y_1^N, u_1^{i-1} \mid u_i) \triangleq \sum_{u_{i+1}^N \in X^{N-i}} \frac{1}{2^{N-1}} W_N(y_1^N \mid u_1^N) \tag{5-60}$$

对于 $i \in \{1, 2, \cdots, N\}$，比特 u_i 的估计值 $\hat{u}_i$ 可以根据接收信号 y_1^N 和部分估计序列 u_1^{i-1} 通过计算当 $\hat{u}_i = 0$ 或 $\hat{u}_i = 1$ 时 $W_N^{(i)}$ 的转移概率进行逐个地判断。这种译码算法称为串行抵消（SC）译码算法：对信道序号 i 从 1 到 N 取值，各个比特的估计值根据式（5-61）得到：

$$\hat{u}_i = \begin{cases} h_i(y_i^N, \hat{u}_1^{i-1}), i \in A \\ u_i, i \in A^c \end{cases} \tag{5-61}$$

其中，当 $i \in A^c$ 时，表明该比特为冻结比特，即收发端事先约定的比特，因此直接判决为 $\hat{u}_i = u_i$；当 $i \in A$ 时，表明该比特为承载信息的信息比特，判决函数为：

$$h_i(y_i^N, \hat{u}_1^{i-1}) = \begin{cases} 0, L_N^{(i)}(y_i^N, \hat{u}_1^{i-1}) \geqslant 0 \\ 1, L_N^{(i)}(y_i^N, \hat{u}_1^{i-1}) \leqslant 0 \end{cases} \tag{5-62}$$

定义对数似然比（Log-Likelihood Ratio，LLR）为：

$$L_N^{(i)}(y_i^N, \hat{u}_i^{i-1}) \triangleq \ln\left(\frac{W_N^i(y_1^N, \hat{u}_1^{i-1} \mid 0)}{W_N^i(y_1^N, \hat{u}_1^{i-1} \mid 1)}\right) \tag{5-63}$$

LLR 的计算可以通过递归完成。现定义函数 f 和 g 如下：

$$f(a, b) = \ln\left(\frac{1 + e^{a+b}}{e^a + e^b}\right) \tag{5-64}$$

$$g(a, b, u_s) = (-1)^{u_s} a + b \tag{5-65}$$

其中，$a, b \in R, u_s \in \{0, 1\}$。LLR 的递归运算借助函数 f 和 g 表示如下：

$$L_N^{(2i-1)}(y_1^N, \hat{u}_1^{2i-2}) = f(L_{N/2}^{(i)}(y_1^{N/2}, \hat{u}_{1,o}^{2i-2} \oplus \hat{u}_{1,e}^{2i-2}), L_{N/2}^{(i)}(y_{N/2+1}^N, \hat{u}_{1,e}^{2i-2}))$$
$$L_N^{(2i)}(y_1^N, \hat{u}_1^{2i-1}) = g(L_{N/2}^{(i)}(y_1^{N/2}, \hat{u}_{1,o}^{2i-2} \oplus \hat{u}_{1,e}^{2i-2}), L_{N/2}^{(i)}(y_{N/2+1}^N, \hat{u}_{1,e}^{2i-2}), \hat{u}_{2i-1}) \tag{5-66}$$

递归的终止条件为当 $N=1$ 时，即到达了信道 W 端，此时 $L_1^{(i)}(y_j)=\ln\left(\dfrac{W(y_j\,|\,0)}{W(y_j\,|\,1)}\right)$。

可以根据信道 W 的转移概率和接收符号值直接计算出结果。

定义事件 "SC 译码算法得到的译码码块错误" 为 $E=\bigcup_{i=1}^{N}B_i$，其中事件：

$$B_i=\left\{u_1^N,y_1^N:\hat u_1^{i-1}=\hat u_1^{i-1},W_N^{(i)}(y_1^N,u_1^{i-1}\,|\,u_i)<W_N^{(i)}(y_1^N,u_1^{i-1}\,|\,u_i\oplus1)\right\} \qquad (5\text{-}67)$$

表示 "SC 译码过程中第一个错误判决发生在第 i 个比特"。由于 $B_i\subset A_i$，因此有 $E\subset\sum_{i\in A}P(A_i)$，于是：

$$P(E)\leqslant\sum_{i\in A}P(A_i) \qquad (5\text{-}68)$$

其中，$P(A_i)$ 的值可根据前文所述的计算巴氏参数、密度进化或高斯近似方法得到。因此，通过前面结论可以得到 Polar 码在 SC 译码下的误块率（BLER）性能上界。

SC 译码算法以 LLR 为判决准则，对每一个比特进行硬判决，按比特序号从小到大的顺序依次判决译码。当码长趋近于无穷时，由于各个分裂信道接近完全极化（其信道容量为 0 或者为 1），故每个消息比特都会获得正确的译码结果，可以在理论上使得 Polar 码达到信道的对称容量 $I(W)$。而且 SC 译码器的复杂度仅为 $O(N\log N)$ 和码长呈近似线性的关系。然而，在有限码长下，由于信道极化并不完全，依然会存在一些消息比特无法被正确译码。当前面 $i-1$ 个消息比特的译码中发生错误之后，由于 SC 译码器在对后面的消息比特译码时需要用到之前的消息比特的估计值，这就会导致较为严重的错误传递。因此，对于有限码长的 Polar 码，采用 SC 译码器往往不能达到理想的性能。

（2）SCL 译码算法

Polar 在码长趋于无穷时，信道极化才完全。但在有限码长下，由于信道极化并不完全，依然会存在一些信息比特无法被正确译码。当前面 $i-1$ 个信息比特的译码中发生错误之后，由于 SC 译码器在对后面的信息比特译码时需要用到之前的信息比特的估计值，故会导致较为严重的错误传递。SC 译码算法是一种贪婪算法，对码树的每一层仅仅搜索到最优路径就进行下一层，无法对错误进行修改。串行抵消列表（Successive Cancellation List，SCL）译码算法就是对 SC 算法的改进。

根据 Polar 码在 SC 译码下各个比特判决之间的依赖关系，能够构造一棵码树 $\Gamma=(\varepsilon,V)$，其中，ε 和 V 分别表示码树中的边和节点集合。定义节点的深度为该节点到根节点的最短路径长度，对于一个码长为 N 的 Polar 码，其码树节点集合 V 能

够按照深度 d 划分成 $N+1$ 个子集，记作 V_d ，其中 $d=0,1,\cdots,N$ 。特别地，V_0 仅包含根节点，即 $|V_0|=1$ 。除了叶节点（即 $d=N$ 时），码树 Γ 中的每一个节点 $v \in V_d$ 均分别通过两条标记着 0、1 的边与两个 V_{d+1} 中的后继节点相连。某一个节点 v 所对应的序列 u_1^d 的值定义为从根节点开始到达该节点 v 所需经过的各个边的标记序列。例如，若某一个节点 v 对应着序列 u_1^i ，则其左、右后继节点分别代表了路径 $(u_1^i, u_1^{i+1}=0)$ 与 $(u_1^i, u_1^{i+1}=1)$ 。于是，从根节点到每一个深度为 d 的节点 $v \in V_d$ 的路径，均对应了一种 u_1^d 可能的取值，由于信源序列为二进制比特序列，所以 $|V_d|=2^d$ 。定义连接着深度为 $i-1$ 和 i 的节点的边所构成的集合为第 i 层边，记作 ε_i 。显然，对任意 $i \in \{1,2,\cdots,N\}$ ，有 $|\varepsilon_i|=2^i$ 。从根节点到任何一个节点所形成的路径，均对应一个路径度量值（PM）。值得注意的是，该码树结构仅与码长 N 有关。Polar 码译码码树实质上是一个满二叉树，因此译码过程也就是在满二叉树上寻找合适的路径。图 5-10 给出了一个当 $N=4$ 时 Polar 码码树的示例，各节点旁的数字指示了对应的转移概率，在每个节点处选择转移概率最大的路径，最终译码序列为 $\hat{u}_1^N=[0 \quad 0 \quad 1 \quad 1]$ 。

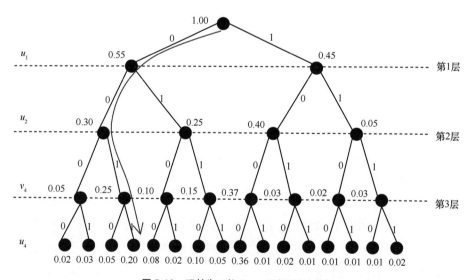

图 5-10 码长为 4 的 Polar 码的译码码树

针对 SC 译码算法的缺点，一个直接的改进方案是，增加每一层路径搜索后允许保留的候选路径数量，从仅允许选择"最好的一条路径进行下一步扩展"改为"最大允许选择最好的一条路径进行下一步扩展"，其中。与 SC 算法一样，改进的算法依然从码树根节点开始，逐层依次向叶子节点层进行路径搜索。不同的是，每一层扩展后，尽可能多地保留后继路径（每一层保留的路径数不大于 L）。完成一层的路径扩展后，选择路径度量值（Path Metrics，PM）最小的 L 条，保存在一个列表中，等待进行下一层的扩展。因此称该算法为串行抵消列表译码算法，并称参数 L 为搜索宽度。当 $L=1$ 时，SCL 译码算法退化为 SC 译码算法；当 $L \geq 2^K$ 时，SCL 译码等价于最大似然译码。

SC 译码算法是深度优先的，需要从根节点快速到达叶子节点。而 SCL 译码算法是广度优先的，先扩展，再剪枝，最终到达叶子节点。SCL 译码算法的路径度量值机制就像"马太效应"，越是错误的路径越要施加惩罚，越是正确的路径越可以直接继承父节点以便保证自己具有最小的 PM。对于信息比特且 $\hat{u}_i[l]$ 与 $\delta(L_N^{(i)}[l])$ 相等的情况，该比特直接继承父节点的 PM；对于信息比特且 $\hat{u}_i[l]$ 与 $\delta(L_N^{(i)}[l])$ 不相等的情况则次之，施加一个惩罚因子，该惩罚因子的大小就是 LLR 的模值；对于冻结比特而且还取值错误的情况是最坏的，施加的惩罚因子是无穷大。

5.2.3.5　5G 采用的 Polar 码

2016 年 11 月，3GPP RAN1-87 会议在美国内华达州里诺召开。3GPP 最终确定：中国主推的 Polar 码技术，成为 5G eMBB 控制信道（上行/下行）的编码方案。

针对中国 IMT-2020(5G)推进组第一阶段的 5G 空口关键技术验证测试需求，中国于 2016 年 4 月份完成了低频下的 Polar 码的性能对比测试。在低频、高频场景下，组合各种配置，做了大量的性能验证测试。在静止（实验室环境与外场环境）和移动（外场环境）场景下，无论选择了短分组和长分组，Polar 码性能增益都表现稳定。接着，又测试了 Polar 码在高频毫米波频段下单用户/多用户下的性能。

5.2.4　超奈奎斯特编码

5.2.4.1　FTN 的特点

1975 年，Mazo 提出 FTN（Faster than Nyquist，超奈奎斯特）发送信号方法[25]，证实当信号以超过奈奎斯特速率 25%以内传输时，信号之间最小欧氏距离不变且其系统的误码性能基本不下降。对信号进行 FTN 编码，可以获得更高的信号传输速率，进而提高通信系统的容量。

然而，FTN 会引入码间干扰，码间干扰会导致信号失真，因为信号发送时出现部分或全部重叠，引发了接收机检测性能的退化，不过设法提高接收机端的复杂度，可以补偿发射机端引入的蓄意码间干扰。

5.2.4.2　FTN 编码原理

通过选择合适的信号波形，当基带脉冲 $h(t)$ 的传输速率高于奈奎斯特速率时，误码率几乎不会有损失。FTN 在高斯白噪声信道下的信号表达式为：

$$s(t) = E_s \sum_{k=0}^{\infty} a_k h(t - k\tau T) \tag{5-69}$$

其中，$s(t)$ 为发送信号，E_s 为信号能量，a_k 为发送序列，$h(t)$ 为脉冲成形函数，即系统函数，T 为信号周期，τ 为系数，在 $\tau < 1$ 时，满足为 FTN 信号条件。此时高于奈奎斯特码元速率，按照奈奎斯特定理，存在码元干扰。

信号的归一化最小欧氏距离可以表示为：

$$d_{\min}^2 = \frac{E_s}{2E_b} \min_{a^1, a^2, a^1 \neq a^2} \int_{-\infty}^{\infty} \left| \sum_{k=0}^{\infty} (a_k^1 - a_k^2) h(t - k\tau T) \right|^2 dt \tag{5-70}$$

将 FTN 限值定义为达到的最小值 τ^*，E_b 为比特能量。在 FTN 限值的允许范围内，降低 τ，符号传输速率升高，最小欧氏距离保持不变，计算知 $\tau \geq 0.8$ 时，最小欧氏距离保持不变，而在 $\tau < 0.8$ 后，最小欧氏距离开始变小。误码率 p_e 和最小欧氏距离 $d_{\min}$ 之间的关系如下：

$$p_e \geq rQ \left[\frac{d_{\min}}{2N_0} \right] \tag{5-71}$$

其中，τ 可以认为是一个常数，N_0 为加性高斯白噪声，由此可见误码率与最小欧氏距离有关。在 FTN 限值的允许范围内，系统的性能基本保持不变。

5.2.4.3　FTN 的低复杂度接收

FTN 码虽然有效提高了系统的带宽和传输速率，但在接收端引入了无限长的码间串扰，使得接收设备的复杂度增高，FTN 的低复杂度接收技术包括：基于 Chase 算法的均衡、频率均衡和基于矩阵模型的接收。

（1）基于 Chase 算法的均衡

虽然 Chase 算法被证明当纠错半径达到最大值时，一定是渐进最优的，但是由于 Chase 算法主要用于分组码和 Turbo 乘积码的软判决、MIMO 信道检测以及多用户检测，故译码过程中会产生大量的试探序列，复杂度还有待降低。为此，有研究提出基于 Chase 算法的加窗 Chase 均衡和改进型 WCE。

- 加窗 Chase 均衡：可以使系统具有逼近 MLSD 的误码性能，同时对接收序列做加窗处理。当窗口内出现可信度低的值需重新传输时，只需重新传输窗口内的序列，从而避免 Chase 算法的复杂度随数据长度呈指数增长。为消除接收矢量中的 ISI 影响，加窗 Chase 均衡采用两级均衡，分别是 MMSE 均衡和加窗 Chase 均衡。

- 改进型 WCE：改进型 WCE，主要从以下两点对加窗 Chase 均衡进行改进。第一，将 Chase 算法产生的发送信号候选试探序列变传统的二进制编码排列为格雷编码排列，由于相邻的两个候选试探序列只存在一个不同比特，通过数学推导，可以得到迭代的欧氏距离计算方法，故可以减少运算量；第二，设计一种更简单、更高效的序列判决准则，而 Chase 算法的执行只能对应一个判决符号的输出。将上述改进型 WCE 和新的低复杂度判决准则相结合，可实现保持误码性能不变的同时，有效降低计算复杂度，即一种更简单、更高效的序列判决准则。

相较于加窗 Chase 算法，改进型 WCE 带来的复杂度降低体现在计算试探序列与接收序列的欧氏距离上。改进型 WCE 在复乘和复加计算上比加窗 Chase 均衡相比减少了 80%，在误码率上看，改进型 WCE 的性能与加窗 Chase 算法大致等同，都接近 MLSD 的误码性能。

（2）频率均衡

频率均衡有 IBDFE 和 LC-IBDFE 两种均衡器，复杂度的计算主要来自 3 个方面：第一，DFT、IDFT 计算；第二，DFE 接收机处理信号；第三，抽头系数的计算和参数估计。其中，第一和第二产生的运算量相同，不同点体现在抽头系数的计算和参数估计。计算 LC-IBDFE 的前向、反向抽头系数时，每个信号分组不随迭代次数的增加而更新，只需计算一次。因此，在高迭代次数的条件下，LC-IBDFE 的复杂度优势将更明显。在误码率上，如果加速因子取值相同，两种接收机在性能上很接近，都随加速因子的减小而变差。

（3）基于矩阵模型的接收

判决反馈均衡(Decision Feedback Equalization，DFE)采用简单直接的迫零算法，即接收信号向量 Y 左乘干扰矩阵的 Moore-Penrose 逆矩阵。该方法会使噪声幅度增

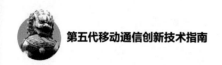

加而使误码率性能变差。

部分判决反馈均衡（Partial Decision Feedback Equalization，PDFE）作为 DFE 的改进型，用于降低计算复杂度，和 DFE 检测算法相比，它对 ISI 矩阵做分块处理，可降低 ISI 矩阵维度。但在误码率分析上看，加速因子相同时，PDFE 的误码率比 DFE 大，原因是 PDFE 仅考虑了部分串扰，且分块矩阵维度越小，PDFE 误码率越大。

5.2.4.4 FTN 的接收端改进

现有的 FTN 信号的接收和恢复方法基本上都是在基本算法上的改进，思路大多是将 FTN 的码间串扰视为普通的码间串扰的一种，从而采取一些高级的均衡算法，以求提高接收性能。这样做的负面效果就是加重了接收端译码的复杂度，而且有时候并没有在性能上有所提高。在接收端可以进行的改进如下。

（1）改进基于 FTN 时频域均衡的成果或者尝试将其他均衡方式应用于 FTN 中，寻找可能的方案。

（2）从部分响应的角度考虑 FTN 信号，将 FTN 信号类比于部分响应，可以将 FTN 视为一种特殊的部分响应信号。

（3）针对发射端信号固有的严重的 ISI 和 ICI，可以考虑采用信号时频分析和子空间分析法，进行 FTN 最佳接收机和低复杂度接收机设计。

（4）提出广义 FTN（General Faster than Nyquist，GFTN），给信号设计更多的空间，能够在取得良好性能的同时控制译码复杂度。不将系统内部符号间的相互重叠当作干扰，而是自然形成的编码约束关系，重叠越严重，编码增益越高。

5.2.5 网络编码

5.2.5.1 网络编码的特点

网络编码的基本思想是允许网络节点对数据进行编码[26]。中间节点可以对接收的多个数据分组进行编码融合，数据被编码后再被中间节点以多点传送方式（组播）进行转发，目的节点可依据相应的编码系数进行解码，从而还原出原始的数据。这样做的好处是能够大幅度提高网络性能，有效提高吞吐量、提高带宽利用率和均衡负载等。网络编码的提出为提高网络通信容量找到了新的方向。

网络编码已被证明可以逼近网络传输容量的极限，提高了网络的吞吐量、稳健性和安全性[27]。早期，网络编码的研究仅存在于有线网络的组播传输，近期研究领域已经扩充到有线和无线网络的各个层面。

网络编码通过与相关技术相结合，给 5G 无线网络技术带来前所未有的变化，不仅可以提高现有网络的吞吐量，并且还能够改变网络结构及协议的设计方法，优化网络传输性能。不足之处在于网络编码虽然很大程度上提高了网络性能，但相应的网络设计及可行性实现的复杂性也随之增加。

5.2.5.2 网络编码的基本原理

假设通信网络中任意一个数据传输路径的中间节点收到来自不同链路的数据分组 y_1、y_2 和 y_3，如图 5-11（a）所示的传统网络，中间节点仅对其接收的数据分组进行存储和转发，即经中间节点转发后的数据分组仍为 y_1、y_2 和 y_3。而如图 5-11（b）所示，在网络数据传输路径的中间节点应用网络编码后，经中间节点编码融合后的编码数据为 $f_1(y_1, y_2, y_3)$ 和 $f_2(y_1, y_2, y_3)$，即新数据来自不同链路数据的组合。

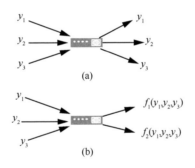

图 5-11　网络编码原理

网络编码对于网络各中继节点采用完全不同于传统路由传输信息的处理方式，即网络中第 i 个传输数据对应的边集 $\Gamma_i(v)$ 的每条边 e 存在一种映射：

$$f_e : \prod_{e \in \Gamma_i(v)} F_{2^m} \to F_{2^m} \tag{5-72}$$

其中，任何二进制长度的矢量都可以被解释为 F_{2^m} 域中的一个元素，即有着 2^m 个元素的有限域；f_e 是对应每条边的编码函数。将某节点输入端的信息映射成节点某个输出端传输的信息。同时，网络源节点产生的信息经网络中继节点传送到网络目的节点时，为从目的节点输入端传输的信息中恢复原始信息，目的节点对接收的数据进行解码，即存在从编码数据到原始数据的映射，即译码函数：

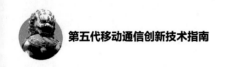

$$g_e : \prod_{e\in\Gamma_i(v)} F_{2^m} \to F_{2^m} \qquad\qquad (5\text{-}73)$$

其中，$g_{v,i}$ 为对应目的节点 v 的第 i 个所需数据的解码函数，由上述可知，网络节点可对网络传输的比特信息流进行特定的运算，达到网络编码的效果。

5.2.5.3　网络编码的构造方法

（1）集中式网络编码

① 代数法

代数法首先通过对矩阵行列式判定网络编码的可能性，然后进行网络编码的构造。代数法将构建网络编码问题转化为求解系统转移矩阵的问题，通过寻找一组使行列式不为 0 的参数求解网络编码。由给出网络编码构造的代数框架[28]将系统转移矩阵 M 分解为数量为 $|T|$ 的子矩阵 $M_1, M_2, \cdots, M_{|T|}$，经构造一组参数使每个子矩阵的行列式非 0，从而得到网络编码的解。

基于代数法的构造算法的优点在于借助成熟的矩阵理论分析各类拓扑结构的网络编码，其缺点是可扩展性差、计算量大。

② 信息流法

信息流法利用解耦技术，把网络编码问题分解为确定编码子图和给子图分配码字两个子问题。Jaggi 等人[29]给出了一个多项式时间复杂度的网络编码构造算法，此算法有两个步骤：第一步先采用流算法，为每个信宿找到从信源到信宿的 n 条不重叠的路径集合；然后采用贪心策略对已知路径按拓扑顺序分配线性码，并保证任意信宿的 n 条入边上的全局编码向量线性独立，且能扩张成有限域，从而获得网络编码解。

信息流法的优点在于解耦合的两个子问题可结合成熟的优化理论采用分布式算法分别求解，难点在于保证所有信宿的入边上的编码向量均线性独立。

（2）分布式网络编码

① 确定系数构造法

确定系数构造法的核心思想是将网络拓扑分解成多个子树，并保证每个子树的编码矢量属于其父树编码矢量的扩张空间，任意两个子树的共有信宿的编码矢量均线性无关。该方法具有良好的可扩展性，但不是最优的，节点越多，所需的字母表空间越大。

② 随机系数构造法

随机系数构造法的编码系数从有限域中均匀随机选取。该方法对线性相关的信源具有信息压缩作用，适用于链路动态变化的场景，当给定的字母表足够大时，能渐进达到最大组播速率，具有很强的实用性。

（3）两种方法的比较

集中式编码方法需要了解全局拓扑以分配编码系数，可扩展性较差，一旦出现拓扑变化，需进行全局编码系数的重分配，实用性不强。分布式编码在仅掌握局部拓扑信息时，即可对入边信息进行编码操作，具有良好的拓扑适应性，仅需要一定的通信开销交换编码系数。随机编码方法虽然实用性强，但需要较大的字母表且存在一定的解码失败概率。不过随着字母表的增大该概率呈指数下降趋势，当字母表增大到 2^8 时，失败概率可忽略不计。

5.2.5.4 网络编码方法改进

网络编码方法改进主要体现在以下几方面。

（1）网络编码理论的进一步完善。对单源组播网络的线性网络编码的理论研究较多，对于多源组播网络和非组播网络的网络编码理论研究远远不足。利用非线性网络编码优化网络性能是未来一个重要的研究方向。

（2）网络编码与其他相关领域的技术的融合，比如网络编码和信源编码 Slepian-Wolf 的结合，网络编码、信道编码和调制技术的更深层次结合以及网络编码与多描述分层编码的结合。

（3）降低网络编码的复杂度。网络编码提升了网络性能，同时也提升了设计和实现复杂度。为性能增益和网络开销两方面做好平衡，实现最小代价的网络编码。

（4）网络编码在实际网络和复杂流量条件下的性能改进。网络编码在无线网络和 P2P 系统中具有广阔的应用前景。目前涉及实际网络编码系统的性能分析和评估的研究还较少。针对实际网络的拓扑结构，结合 IP 路由技术、交叉层设计思想以及优化理论，实现编码感知的高效路由和调度算法将成为今后研究的重点问题。此外，在流量动态变化的真实网络中，具有可变速率的网络编码技术也将是值得关注的研究方向。

┃ 参考文献 ┃

[1] CHANG R W. Synthesis of band-limited orthogonal signals for multichannel data transmission[J]. The Bell System Technical Journal, 1966, 45(10): 1775-1796.

[2]   PELED A, RUIZ A. Frequency domain data transmission using reduced computational com-
      plexity algorithms[C]//Proceedings of ICASSP '80. IEEE International Conference on Acous-
      tics, Speech, and Signal Processing. Piscataway: IEEE Press, 1980: 964-967.

[3]   WEINSTEIN S，EBERT P. Data transmission by frequency-division multiplexing using the
      discrete fourier transform[J]. IEEE Transactions on Communication Technology, 1971, 19(5):
      628-634.

[4]   CHAN R W. High speed multichannel data transmission with bandlimited orthogonal sig-
      nal[J]. Bell Laboratories Technical Journal, 1966, 45: 1775-1796.

[5]   SALTZBERG B. Performance of an efficient parallel data transmission system[J]. IEEE
      Transactions on Communication Technology, 1967, 15(6): 805-811.

[6]   SIOHAN P, SICLET C. LACAILLE N. Analysis and design of OFDM/OQAM systems based
      on filterbank theory[J]. IEEE Transactions on Signal Processing, 2002, 50(5): 1170-1183.

[7]   WILD T, SCHAICH F, CHEN Y. 5G air interface design based on universal filtered
      (UF-)OFDM[C]//Proceedings of 2014 19th International Conference on Digital Signal
      Processing. [S.l.:s.n.], 2014.

[8]   ABDOLI J, JIA M, MA J. Filtered OFDM: a new waveform for future wireless sys-
      tems[C]//2015 IEEE 16th International Workshop on Signal Processing Advances in Wireless
      Communications (SPAWC). Piscataway: IEEE Press, 2015.

[9]   HONG S, SAGONG M, LIM C, et al. Frequency and quadrature-amplitude modulation for
      downlink cellular OFDMA networks[J]. IEEE Journal on Selected Areas in Communications,
      2014, 32(6): 1256-1267.

[10] MESLEH R Y, HAAS H, SINANOVIC S, et al. Spatial modulation[J]. IEEE Transactions on
      Vehicular Technology, 2008, 57(4): 2228-2241.

[11] JAKES W C. Microwave mobile communications[M].Piscataway: IEEE Press, 1994.

[12] GOLDSMITH A. Wireless communications[M]. Cambridge: Cambridge University Press,
      2005.

[13] WANG T, PROAKIS J G, MASRY E, et al. Performance degradation of OFDM systems due
      to Doppler spreading[J] IEEE Transactions on Wireless Communications, 2006, 5(6):
      1422-1432.

[14] RONNY H, MONK A.OTFS: a new generation of modulation addressing the challenges of
      5G[J]. arXiv preprint arXiv: pp. 1802.02623, 2018.

[15] MONKA, HADANI R, TSATSANIS M, et al. OTFS-orthogonal time frequency space[J].
      arXiv preprint arXiv: pp. 1608.02993, 2016.

[16] HADANI R, RAKIB S, TSATSANIS M, et al. Orthogonal time frequency space modula-
      tion[C]//Proceedings of 2017 IEEE Wireless Communications and Networking Conference
      (WCNC). Piscataway: IEEE Press, 2017.

[17] MATTHÉ M, MENDES L L, MICHAILOW N, et al. Widely linear estimation for
      space-time-coded GFDM in low-latency applications[J]. IEEE Transactions on Communica-

tions, 2015, 63(11): 4501-4509.

[18] MECKLENBRÄUKER W. A tutorial on non-parametric bilinear time-frequency signal repre-
sentations[M]//Time and Frequency Representation of Signals and Systems. Vienna: Springer,
1989: 11-68.

[19] GALLAGER R. Low-density parity-check codes[J].IRE Transactions on Information Theory,
2008, 8(1): 21-28.

[20] GALLAGER R. Low-density parity-check codes[M]. Cambridge: MIT Press, 1963.

[21] ARIKAN E. Channel polarization: a method for constructing capacity-achieving codes for
symmetric binary-input memoryless channels[J]. IEEE Transactions on Information Theory,
1980, 55(7): 3051-3073.

[22] RICHARDSON T J,URBANKE R L. Efficient encoding of low-density parity-check codes[J].
IEEE Transactions on Information Theory, 2001, 47(2): 638-656.

[23] MITCHELL D G M, LENTMAIER M, COSTELLO D J. Spatially coupled LDPC codes con-
structed from protographs[J]. IEEE Transactions on Information Theory, 2014, 61(9):
4866-4889.

[24] MORI R, TANAKA T. Performance of polar codes with the construction using density evolu-
tion[J]. IEEE Communications Letters, 2009, 13(7): 519-521.

[25] MAZO J E. Faster-than-nyquist signaling[J]. The Bell System Technical Journal, 1975, 54(8).

[26] AHLSWEDE R, CAI N, LI S Y R, et al. Network information flow[J]. IEEE Transactions on
Information Theory, 2000, 46(4): 1204-1216.

[27] LI S Y R, YEUNG R W, CAI N. Linear network coding[J]. IEEE Transactions on Information
Theory, 2003, 49(2): 371-381.

[28] KOETTER R,MÉDARD M. An algebraic approach to network coding[J]. IEEE/ACM Trans-
actions on Networking, 2001, 11(5): 782-795.

[29] JAGGI S,SANDERS P, CHOU P a, et al. Polynomial time algorithms for multicast network
code construction[J]. IEEE Transactions on Information Theory, 2005, 51(6): 1973-1982.

第6章

新型多址接入

从分析非正交多址的上行多址信道容量和下行广播信道容量入手，研究非正交多址在发射端通过将多个用户的发送信号多域非正交叠加传输，在接收端利用串行干扰消除法（SIC）、信息传递算法（MPA）和最大似然法（ML）等检测算法分离多用户信号，从而实现多种场景下系统频谱效率和接入能力的显著提升；分析非正交多址通过免调度传输有效地简化信令流程，降低空口传输时延，逼近多用户容量界和灵活地支持多个服务复用。逐一介绍作为新型多址接入典型技术：功率域非正交多址（PD-NOMA）、图样分割多址（PDMA）、稀疏码分多址（SCMA）、多用户共享接入（MUSA）、比特分割复用（BDM）、基于子载波调制的正交频分复用多址（ISIM-OFDMA）、迭代多用户检测的比特交织编码调制（MU-BICMID）和资源扩展多址（RSMA）等。

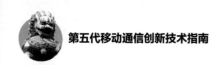

| 6.1　新型多址概述 |

5G 之前采用的多址方式大都基于正交的资源分配技术，统称为正交多址（Orthogonal Multiple Access，OMA），不仅能够有效地避免用户间出现相互干扰，而且能够获得较高的频谱效率。虽然 OMA 技术在提升系统容量、用户体验以及增加接入用户数等方面有不少改进，但是由于正交资源分配方式的局限性，故也存在一些缺点，如单用户容量受限制、同时传输用户数量受限制、免调度传输不可靠以及在 MU-MIMO 和 CoMP 系统中对 CSI 过分依赖等。为了满足更加丰富的业务需求，5G 对多址技术提出新的功能要求，表 6-1 给出了 5G 的 3 种应用场景下的具体功能要求。

表 6-1　不同应用场景下 5G 多址技术的预期功能[1]

应用场景	5G 多址技术的预期功能
eMBB	• 大网络连接 • 密集接入 • 统一的用户体验 • 易于进行 MU-MIMO 和 CoMP • 混合流量传输
mMTC	• 大规模连接 • 高效的小分组传输
uRLLC	• 超低时延传输 • 超可靠传输

　　5G 的新型多址，又称非正交多址（Non-Orthogonal Multiple Access，NOMA），能支持多个用户信号非正交地叠加在同一资源上。在发射端，NOMA 通过将多个用户的发送信号在空/时/频/码等域上进行非正交叠加传输；在接收端，利用新型的接收算法如串行干扰消除（Successive Interference Cancellation，SIC）、信息传递算法（Message Passing Algorithm，MPA）、最大似然法（Maximum Likelihood，ML）等检测算法分离多用户信号，从而实现多种场景下系统频谱效率和接入能力的显著提升。此外，NOMA 还通过免调度传输有效地简化信令流程，降低空口传输时延。相对于 OMA 技术，NOMA 技术能够逼近多用户容量界、支持系统过载传输、实现可靠低时延传输、实现开环多用户复用和 CoMP 以及灵活地支持多个服务的复用。

　　NOMA 技术主要包括：功率域非正交多址（Power Domain Non-orthogonal Multiple Access，PD-NOMA）、图样分割多址（Pattern Division Multiple Access，PDMA）、稀疏码分多址（Sparse Code Multiple Access，SCMA）、多用户共享接入（Multi-user Shared Access，MUSA）、比特分割复用（Bit Division Multiplexing，BDM)、基于子载波调制的正交频分复用多址（ISIM-OFDMA）、迭代多用户检测的比特交织编码调制（MU-BICMID）、资源扩展多址（Resource Spread Multiple Access，RSMA）等。

　　这些不同的多址技术可以采用统一的实现框架，并通过资源映射方案的不同来区分它们。一方面可以灵活地实现不同多址技术上的切换，另一方面可以复用相关模块，提高资源利用率，降低商用化成本。例如，5G 的 NOMA 技术可以基于 OFDM 波形实现[2]，其统一的框图如图 6-1 所示[1]。

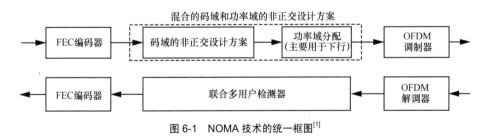

图 6-1　NOMA 技术的统一框图[1]

6.2　NOMA 信道容量

　　通信系统的上行、下行模型存在显著的区别。上行通信系统是多点发送、单点接收，单用户功率受限，同时发送的用户越多则总发送功率越高。因此，在上行通信系统中，多用户的联合处理难以在发射端实现，而接收端可以进行的联合处理，相应的模型称为多址接入信道（Multiple Access Channel，MAC）。下行通信系统是单点发送、多点接收，总发送功率受限，同时接收的用户越多则分给单用户的功率越少。因此，发射端可以通过联合设计降低接收端对多用户信号的处理难度，相应的模型称为广播信道（Broadcast Channel，BC）。

6.2.1 上行多址信道容量

多用户信号在上行高斯多址接入信道的模型可以表示为 $y(t) = \sum_{i=1}^{K} x_i(t) + n(t)$ 。其中，$x_i(t)$ 为信源 U_i $(i = 1, \cdots, K)$ 编码调制后的发射信号，满足 $E\left[x_i^2\right] \leqslant P_i$ 的功率约束，其中，P_i 表示用户 i 的发送功率，且多用户占用相同的带宽 W ；$n(t)$ 为加性高斯白噪声，其中，$n(t) \sim N(0, N_0)$ ；$y(t)$ 为接收信号。高斯多址接入信道的容量可以表示为：

$$0 \leqslant \sum_{i \in U} R_i \leqslant W \lg \left(1 + \frac{\sum_{i \in U} P_i}{N_0 W}\right) \tag{6-1}$$

其中，$U \subseteq \{1, \cdots, K\}$ ，R_i 表示用户 i 的速率。

假设 $K = 2$ ，基于上述约束条件，可以得到高斯多址接入信道的容量域。在发射端，2 个用户在相同的资源上各自发送随机编码后的调制信号，并在空口进行信号的叠加。在接收端，NOMA 通过 SIC 技术获得的两用户容量域，如图 6-2（a）所示。然而，除去单用户传输时，OMA 只有 1 个点（即 C 点）到达两用户容量最优。

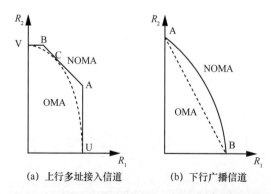

(a) 上行多址接入信道　　　　(b) 下行广播信道

图 6-2 在高斯信道下 OMA 以及 NOMA 的信道容量对比

6.2.2　下行广播信道容量

多用户信号在下行广播信道的模型可以表示为 $y_i(t) = h_i x(t) + n_i(t)$。其中，$x(t)$ 为信源 U_i $(i=1,\cdots,K)$ 编码调制后的发射信号，满足 $E\left[x^2\right] \leqslant P$ 的功率约束，且多用户占用相同的带宽 W；$n_i(t)$ 为加性高斯白噪声，其 $n_i(t) \sim N(0, N_0)$；$y_i(t)$ 为第 i 个用户的接收信号。多址接入信道的容量为：

$$0 \leqslant R_i \leqslant W \lg\left(1 + \frac{\alpha_i P}{N_i W + \sum_{j=1}^{i-1} \alpha_j P}\right) \tag{6-2}$$

其中，α_i 是分配给用户 i 的功率比例，满足 $\sum_{i=1}^{M} \alpha_i = 1$，$R_i$ 表示用户 i 的速率。

以两用户为例，考虑不同的功率分配因子，NOMA 和 OMA 技术可得到的多用户容量域如图 6-2（b）所示。考虑存在远近效应，并且在多用户公平性的实际情况下，NOMA 的理论容量域优于 OMA，能到达 AWGN 信道容量限。

|6.3　PD-NOMA|

6.3.1　PD-NOMA 的原理

PD-NOMA 通过将多个用户的信号在功率域进行叠加，使其在相同的时域、频域或空域资源内进行叠加传输，并采用新型的接收机（如 SIC 接收机）进行多用户信号分离，使系统在上行与下行方向上都趋近容量界。以下行两用户为例，图 6-3 显示了 PD-NOMA 的发射端和接收端信号处理过程。

基站发射端：小区中心的用户 1 和小区边缘的用户 2 占用相同的时频空资源，两者的信号在功率域进行叠加。其中，给信道条件好的用户 1 分配较低的功率；给信道条件差的用户 2 分配较高的功率。基站端发送的叠加符号可以表示为：

$$\boldsymbol{x}(i) = \sqrt{\alpha}\,\boldsymbol{x}_{\text{UE1}}(i) + \sqrt{1-\alpha}\,\boldsymbol{x}_{\text{UE2}}(i) \tag{6-3}$$

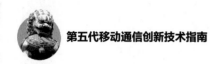

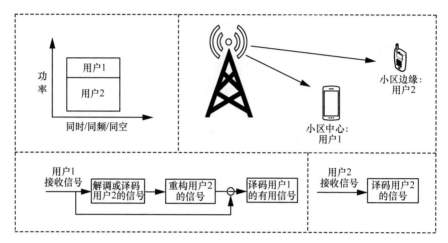

图6-3 下行 PD-NOMA 的收发端信号处理过程

其中，$x(i)$ 表示线性相加后的传输符号，i 表示符号的编号，$x_{UE1}(i)$ 和 $x_{UE2}(i)$ 分别表示用户1和用户2的传输符号，α 表示分配给用户1的功率比例。

考虑到用户1的信道质量优于用户2，为了使接收端更简单地区分出不同用户的信号，考虑功率分配比例因子 $\alpha < 0.5$，即中心用户分配的功率小于边缘用户。此外，配对用户分配功率的总和受基站最大传输功率的限制。

用户1接收端：由于分给用户1的功率低于用户2，为了保证能够正确地译码用户1的有用信号，需先解调/译码用户2的信号，并对用户2的信号进行重构，然后在用户1接收的叠加信号中减去用户2的重构信号。通过去除用户2的信号干扰，保证用户1的信号能够在较高的信干噪比（SINR）条件下进行译码，提高用户1信号的正确译码率，如图 6-3 所示。用户 2 可以根据其自身的信道条件选择合适的 MCS，用户1可以高概率地正确解调出用户2信号，因此可以假设用户2的信号能够被完全删除。用户1在 PD-NOMA 和 OMA 模式下，接收 SINR 之间的关系可以表示为：

$$SINR_{PD\text{-}NOMA,UE1} = \alpha \times SINR_{OMA,UE1} \qquad (6\text{-}4)$$

用户2接收端：虽然用户2的接收信号中，存在传输给用户1的信号干扰，但由于发射端给用户2分配了较大的功率，因此用户1的干扰功率会低于用户2的有用信号功率。通过适当的 AMC 机制，将用户1的干扰当作噪声处理，用户2仍能对有用信号进行正确译码。用户2在 PD-NOMA 和 OMA 模式下，接收 SINR 之间的关系可以表示为：

$$\text{SINR}_{\text{PD-NOMA,UE2}} = (1-\alpha) / \left(\alpha + \frac{1}{\text{SINR}_{\text{OMA,UE2}}} \right) \qquad (6\text{-}5)$$

PD-NOMA 技术的主要优点如下：

（1）能够把信道增益差异转化为复用增益，提升频谱效率和系统容量；

（2）即使在高速移动场景下，同样能够获得较强的稳健性；

（3）简单高效且特别适用于很难增加发射天线却需要提升系统性能的场景；

（4）能很好地兼容 OFDMA 和 SC-FDMA 技术；

（5）可以很好地和多天线技术结合，如波束成形等。

6.3.2 PD-NOMA 关键技术

6.3.2.1 用户调度算法

在 PD-NOMA 系统中，选择合适的用户进行信号叠加传输能有效地提高用户信号解码的正确性，促进系统整体性能的提升。用户间的配对方案主要是根据信道质量情况决定的。在这里，将主要介绍一种将信道质量较好的用户与信道质量较差的用户进行配对的用户配对机制[3]。它首先将用户根据信道质量情况进行从好到差进行排序。信道质量为第 m 差的用户记为用户 m。如果将用户 n 与用户 m 进行配对（其中 $n > m$），用户 m 可达的传输速率大于其在传统的正交传输速率的概率近似正比于 $1/\rho^m$，其中 ρ 表示发送 SNR；而用户 n，其可达的传输速率大于在传统的正交传输速率的概率近似正比于 $1 - 1/\rho^n$。为了最大化地提高两者的速率，可以让 n 尽可能大，m 尽可能小，实际意义在于配对的两个用户其信道质量差距越大，也就是将信道质量最好和信道质量最差的用户进行配对，此时系统性能的提升越大。因此，该方案能够选择出一组信道质量差距最大的用户对，最大化地提升系统性能。

6.3.2.2 传输功率分配

对每个用户分配合理的功率不仅影响目标用户是否能够获得预计的吞吐量，还影响其他用户以及整个系统的性能。目前的用户传输功率分配方式主要有以下几种。

全搜索功率分配（Full Search Power Allocation，FSPA）[4]：FSPA 是指对所有的用户对和传输功率分配进行全面的搜索，即对所有候选用户可能会分配的所有功率分配方案都将进行考虑。这种算法虽然能够促使 PD-NOMA 获得最好的性能，但是极大地增加了运算复杂度。

部分功率分配（Fractional Transmit Power Allocation，FTPA）[5]：FTPA 在 LTE 上行链路的功率控制机制（FTPC）基础上，提出一种次最优的功率分配方案。在 FTPC 中，候选用户 k 的传输功率为 $P_s(k)$，可通过式（6-6）得到：

$$P_s(k) = \frac{P}{\sum_{j \in U_s} \left(G_s(j)/N_s(j)\right)^{-\alpha_{\text{FTPC}}}} \left(\frac{G_s(k)}{N_s(k)}\right)^{-\alpha_{\text{FTPC}}} \tag{6-6}$$

其中，U_s 表示候选用户的集合，$G_s(j)$ 表示用户 j 在子载波 s 上的信道增益，$N_s(j)$ 表示用户 j 在子载波 s 上的噪声功率。α_{FTPC}（$0 \leqslant \alpha_{\text{FTPC}} \leqslant 1$）为衰减因子，当 $\alpha_{\text{FTPC}} = 0$ 时，把功率平均分配给每个候选用户；当 α_{FTPC} 增加，功率将优先将功率分配给信道增益（$G_s(k)/N_s(k)$）低的用户。

有研究提出了 3 种修正 FTPA 机制[5-6]，分别为基于最小 SNR 的 FTPA（FTPA（min））、基于平均 SNR 的 FTPA（FTPA（avg））和基于最大 SNR 的 FTPA（FTPA（max））。当复用数为 m 时，第 i 个用户组的传输功率为 P_i。根据提出的 3 种改进功率分配机制，可以得到 3 种不同的定义式。分别为：

$$P_i = P \frac{\left(\min[\text{SNR}_i]\right)^{-\eta}}{\sum_{i=1}^{m} \left(\min[\text{SNR}_i]\right)^{-\eta}}$$

$$P_i = P \frac{\left(\text{avg}[\text{SNR}_i]\right)^{-\eta}}{\sum_{i=1}^{m} \left(\text{avg}[\text{SNR}_i]\right)^{-\eta}} \tag{6-7}$$

$$P_i = P \frac{\left(\max[\text{SNR}_i]\right)^{-\eta}}{\sum_{i=1}^{m} \left(\max[\text{SNR}_i]\right)^{-\eta}}$$

其中，$\min[\text{SNR}_i]$、$\text{avg}[\text{SNR}_i]$ 和 $\max[\text{SNR}_i]$ 分别代表在第 i 用户组中接收机接收到的 SNR 的最小、平均和最大值。η（$0 < \eta < 1$）代表衰减因子，相当于参考文献[5] 中的 α_{FTPC}，当 $\eta = 0$ 时，采用平均功率分配；当 $\eta \propto 1$ 时，功率将优先分配给信道增益低的用户组。

此外，为了更好地保证用户公平，根据接收机侧的瞬时信道状态信息（CSI）和最大–最小公平原则，通过设立最大化最小用户可达速率问题，如式（6-8）所示，形成一种功率分配方案[7]：

$$\max_{\beta} \min_{i \in K} R_i^{\text{PD-NOMA}}(\beta)$$

$$\text{s.t.} \sum_{j=1}^{K} \beta_j = 1 \tag{6-8}$$

$$0 \leqslant \beta_j, j \in K$$

其中，β_j 表示用户 j 的功率分配因子，K 表示用户总数。式（6-8）是非凸的，需要将其转换为一系列线性问题。有必要证明该问题是一个准凹问题，换句话说，要保证每个水平子集必须为凹的，例如，$S_t = \left\{ \min_i R_i^{\text{PD-NOMA}}(\beta) \geq t \right\}$，其中 t 表示最小用户速率。通过一系列的计算式变换后，问题（6-8）的最优解可以表示为：

$$\beta_i = \frac{2^t - 1}{P|h_i|^2} \left(P|h_i|^2 \sum_{l=i+1}^{N} \beta_l + \sigma_n^2 \right), i \in K \tag{6-9}$$

其中，h_i 表示用户 i 的信道系数，P 表示系统的总功率，σ_n^2 表示噪声功率。该功率分配方案在确保用户公平的基础上，最大化了用户的可达速率。

除了上述几种典型的功率分配方案之外，也有研究提出一些新的功率分配方案。例如基于 KKT 优化条件，有研究提出了可以针对任意大小的用户对给出最优的功率分配方案[8-9]。针对在发射端具有统计和理想 CSI 的 PD-NOMA 系统，提出了最优功率分配方案，由于该方案算法复杂度太大，故也提出了基于 KKT 条件的可比拟的次优化功率分配算法[10]。考虑 BS 处的非理想 CSI 情况，有研究提出了迭代功率分配方案，并通过对偶分解方法导出每个用户的最优功率分配表达式[11]。有研究表明，PD-NOMA 中功率分配的基本限制仅取决于最小 QoS 和同时服务的用户总数[12]。

6.3.2.3　接收技术

在 PD-NOMA 系统中，假定用户 1 为小区中心用户，用户 2 为小区边缘用户。如上文提到的，用户 2 将接收到的用户 1 的信号视为干扰进行直接解调。对用户 1 而言，采用 SIC 接收机先减去用户 2 的信号，再进行信号解调。SIC 接收机主要分为符号级 SIC 接收机和码字级 SIC 接收机[13]，其具体流程如图 6-4 所示。

符号级 SIC 接收机：用户 1 先解调用户 2 的符号级信号，记为 $\hat{s}_2 = \left\lfloor \dfrac{y}{\sqrt{P_2}} \right\rfloor$，其中 $\lfloor \bullet \rfloor$ 表示通过硬判解调出的用户的信号，y 为接收到的信号。再减去用户 2 的信号，得到自身有用信号，记为 $\hat{s}_1 = \left\lfloor \dfrac{y - \sqrt{P_2}\hat{s}_2}{\sqrt{P_1}} \right\rfloor$。

　　码字级 SIC 接收机：在符号级 SIC 接收机的基础上增加了译码和再编码模块。相对符号级 SIC 而言，其提升了 BLER 性能，如图 6-5 所示。虽然在一定程度上抑制了误码传播，但是译码和编码增加了接收机的计算复杂度和检测时延。

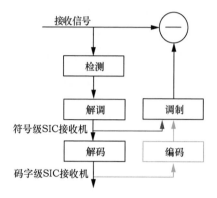

图 6-4　符号级 SIC 和码字级 SIC 接收机的流程[13]

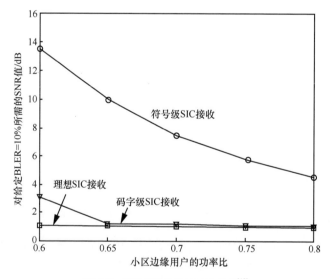

图 6-5　不同接收机的 BLER 性能[13]

　　PD-NOMA 与 MIMO 的结合：MIMO 是目前能够有效地提升系统容量的技术之一。通过基站的天线阵列进行波束成形，经过适当的预编码，每个 MIMO 层在空域相互正交，将每层分配给一个用户。在接收端，每个用户和特定层进行匹配。PD-NOMA 相对传统的正交多址接入，能够使小区平均用户和小区边缘用户的吞吐量得到提高。MIMO 主要利用空域资源，PD-NOMA 利用功率域，两种技术的结合不仅可以进一步提高系统容量，还可以实现用户公平。

MIMO 与 PD-NOMA 的结合主要通过两种方案：一种是利用 MU-MIMO 技术创建多个空间波束（即分解为多个 SIMO 信道），在每个波束中运用 PD-NOMA 技术实现多个用户的复用[14]；另一种是利用 PD-NOMA 技术将用户分为多个功率级，再对每个功率等级中的用户进行 SU-MIMO 和/或 MU-MIMO 技术的信号传输[15]。SU-MIMO/MU-MIMO 和 PD-NOMA 结合的示意图如图 6-6 和图 6-7 所示[14]。

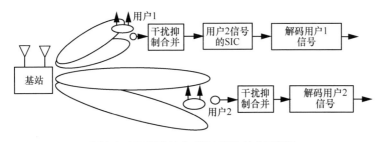

图 6-6　PD-NOMA 与 SU-MIMO 结合示意图

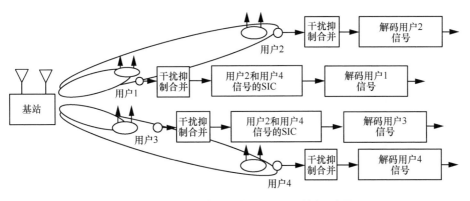

图 6-7　PD-NOMA 与 2×2 的 MU-MIMO 结合示意图

基于 PD-NOMA 和 MIMO 结合的方案，有研究波束内和波束间的干扰问题，并提出一系列抑制干扰的方法[14,16-20]。通过在发射端对多用户信号进行波束内叠加编码，运用随机波束成形确定波束成形矩阵，采用空间滤波技术消除波束间干扰，再在用户终端接收机中使用 SIC 技术消除波束内的用户间干扰[18]。采用块对角随机波束成形代替前述随机波束成形来确定波束成形矩阵[19]。通过设计合理预编码和检测矩阵抑制波束间的干扰，再通过 SIC 技术消除用户对间的干扰[20]。

此外，针对多小区 MIMO-NOMA，有研究提出了一种基于 PD-NOMA 的干扰信道对齐，可以支持任意数量的小区并最小化小区间干扰[21]。也有研究提出了基于干扰对齐的协作波束成形和基于多小区 MIMO-NOMA 中的干扰信道对齐的协作波束成形[22]，以及专注于研究波束成形、用户配对和功率分配的关键原则[23]。此外，有研究发现了 MIMO-NOMA 的一些局限性，例如 SIC 稳定性问题，需要在以后的研究中进行不断改进[23]。

|6.4 PDMA|

6.4.1 PDMA 的原理

PDMA 通过发射端和接收端的联合设计，使通信系统的整体性能提升。在发射端，通过为不同的用户设计不等分集的特征图样，实现时频域、功率域和空域等多域度信号的非正交叠加传输[24]。在接收端，采用先进的接收机进行信号分离。PDMA 可以在时频资源以及空域资源进行针对性的用户图样设计，图 6-8 和图 6-9 分别给出了 PDMA 上行和下行的应用技术框图[25]。

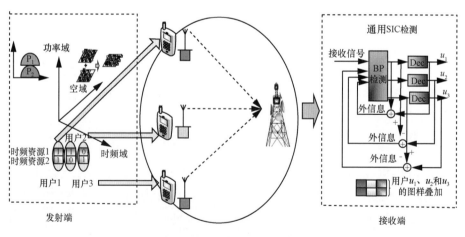

图 6-8　PDMA 上行技术框图

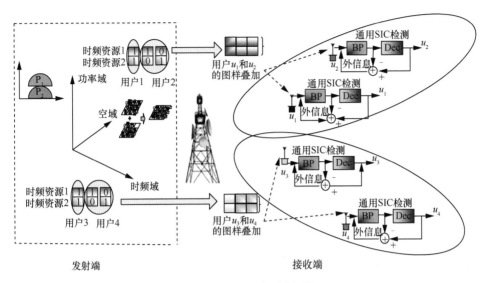

图 6-9　PDMA 下行技术框图

在上行系统中，假设有 K 个用户，每个用户根据特定的特征图样将特征图样 g_k（$1 \leqslant k \leqslant K$）映射到 N 个 RE 上。用户 k 通过 PDMA 图样映射过后的调制向量为 v_k[26]：

$$v_k = g_k x_k, 1 \leqslant k \leqslant K \tag{6-10}$$

其中，g_k 为 $N \times 1$ 的二进制向量，其中 "1" 表示有用户数据映射到相应的 RE 上，"0" 则反之。在 N 个 RE 上的 K 个用户的 PDMA 图样矩阵用 N 行 K 列的矩阵 $G_{\mathrm{PDMA}}^{[N,K]}$ 表示，其中 $G_{\mathrm{PDMA}}^{[N,K]} = [g_1, g_2, \cdots, g_K]$。

基站接收到的叠加信号可表示为：

$$y = \sum_{k=1}^{K} \mathrm{diag}(h_k) v_k + n \tag{6-11}$$

其中，n 表示接收机接收到的噪声和干扰，h_k 表示用户 k 的上行信道响应，y、n 和 h_k 都是长度为 N 的向量，$\mathrm{diag}(h_k)$ 表示对角线元素为 h_k 的对角矩阵。上述计算式可以简化为：

$$y = Hx + n \tag{6-12}$$

其中，$x = [x_1 \quad x_2 \quad \cdots \quad x_K]^{\mathrm{T}}$，$H$ 为 K 个用户复用在 N 个 RE 上的等效信道响应矩阵，其中，$H = H_{\mathrm{CH}} \cdot G_{\mathrm{PDMA}}^{[N,K]}$，$H_{\mathrm{CH}} = [h_1, h_2, \cdots, h_K]$，$H_{\mathrm{CH}}$ 为 K 个用户与基站之间真实的信道响应矩阵，"·" 表示两个矩阵对应的元素相乘。

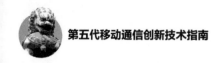

在 6 个用户复用于 3 个 RE 的情况下，假设 $G_{\mathrm{PDMA}}^{[3,6]} = \begin{bmatrix} 1 & 1 & 0 & 1 & 0 & 0 \\ 1 & 0 & 1 & 0 & 1 & 0 \\ 0 & 1 & 1 & 0 & 0 & 1 \end{bmatrix}$，基站

接收的叠加信号可以表示为：

$$\begin{bmatrix} y_1 \\ y_2 \\ y_3 \end{bmatrix} = \begin{bmatrix} h_{1,1} & h_{1,2} & 0 & h_{1,4} & 0 & 0 \\ h_{2,1} & 0 & h_{2,3} & 0 & h_{2,5} & 0 \\ 0 & h_{3,2} & h_{3,3} & 0 & 0 & h_{3,6} \end{bmatrix} \begin{bmatrix} x_1 \\ x_2 \\ x_3 \\ x_4 \\ x_5 \\ x_6 \end{bmatrix} + \begin{bmatrix} n_1 \\ n_2 \\ n_3 \end{bmatrix} \qquad (6\text{-}13)$$

同理，针对 PDMA 下行系统，通过给每个用户分配一个特定的特征图样，基站将多个用户的信号进行叠加并同时发送，用户 k 接收的信号可以表示为：

$$y_k = \mathrm{diag}(\boldsymbol{h}_k)\sum_{i=1}^{K}\boldsymbol{g}_i x_i + \boldsymbol{n}_k = (\mathrm{diag}(\boldsymbol{h}_k)G_{\mathrm{PDMA}}^{[N,K]})\boldsymbol{x} + \boldsymbol{n}_k = \boldsymbol{H}_k \boldsymbol{x} + \boldsymbol{n}_k \qquad (6\text{-}14)$$

其中，$\boldsymbol{H}_k = \mathrm{diag}(\boldsymbol{h}_k)G_{\mathrm{PDMA}}^{[N,K]}$，$\boldsymbol{n}_k$ 表示接收端的噪声和干扰；$\boldsymbol{h}_k$ 为用户 k 的下行信道响应；$\boldsymbol{H}_k$ 是用户 k 的等效响应矩阵，$\boldsymbol{x} = [x_1, x_2, \cdots, x_K]^{\mathrm{T}}$，$x_k$ 表示用户 k 的调制符号。

PDMA 技术的主要优势体现如下。

（1）PDMA 技术基于在多用户间引入合理不等分集度提升容量的原理，通过为多用户设计不等分集的稀疏图样矩阵和联合编码调制的图样优化方案，实现时域、频域、空域（波束域）和功率域等多维度的非正交信号叠加传输，获得更高多用户复用和分集增益。

（2）PDMA 能够突破多址技术与编码调制独立设计的传统，进行多址与调制、多址与信道编码联合优化设计的方案，同时获取编码增益和星座成形增益。

（3）PDMA 采用高性能低复杂度的多用户检测算法，在接收机复杂度显著降低的前提下，获得渐近于最大后验概率（Maximum A Posteriori，MAP）的性能，在算法收敛速度与检测性能之间取得优化平衡点。

（4）PDMA 能够与速率分割技术结合，弥补稀疏编码本身带来的系统遍历容量的下降，进一步逼近信道容量限。同时，通过 PDMA 技术与速率分割相结合，对用户进行速率拆分与多数据流图样矩阵分集度的联合优化设计，可以充分利用无线信道资源，达到系统容量与用户灵活性的双重性能优势，获得多用户的适配增益。

6.4.2 PDMA 关键技术

6.4.2.1 图样设计

在 PDMA 系统中,每个用户根据自己特定的特征图样进行资源块映射,特征图样是由 "0" 和 "1" 构成的向量,它确定用户信号在哪些资源块上传输,其中 "1" 表示用户信号在相应的资源块上传输, "0" 则反之。用户的特征图样中 "1" 的个数表示用户的传输分集度。所有用户的特征图样组成 PDMA 图样矩阵,PDMA 图样矩阵确定了用户的信号在资源块上的叠加方式。图样矩阵也在很大程度上决定了 PDMA 系统的性能以及接收机的复杂度[27]。以 6 个用户复用在 4 个资源块上为例,假设 PDMA 图样矩阵 $H_{\text{PDMA}}^{[4,6]}$ 为:

$$\begin{bmatrix} 1 & 1 & 1 & 0 & 0 & 0 \\ 1 & 1 & 0 & 1 & 0 & 0 \\ 1 & 1 & 1 & 0 & 1 & 0 \\ 1 & 0 & 0 & 1 & 0 & 1 \end{bmatrix}$$

对应的每个用户信号在 4 个资源块上的映射关系如图 6-10 所示。

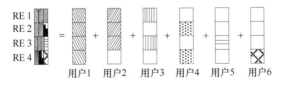

图 6-10 资源映射图

在 PDMA 系统中,如果系统有 N 个正交资源块,那么每个用户的特征图样有 $2^N - 1$ 种选择方式。为了使接收机能够有效区分用户,PDMA 图样矩阵要求用户之间的特征图样不能重复。对于 N 个正交资源块而言,最多能够支持 $2^N - 1$ 个用户。假定,接入的用户数为 K,那么系统的过载因子 $\alpha = K / N$。随着用户数的增多,用户之间的干扰也会随之增加。因此,接收端的复杂度也会增加。一个好的 PDMA 图样矩阵需要能够有效地平衡负载因子和接收机复杂度。此外,图样矩阵之间应该存在尽可能多的分集度来减轻 SIC 接收机错误传播,以及对置信度传播(Belief Propagation,BP)接收机收敛性的影响。

6.4.2.2 接收技术

高性能低复杂度的接收机能够保证用户信号的有效传输,是促进 PDMA 走向商用的关键因素之一。在上行 PDMA 系统中,主要采用多用户联合检测算法对接收到的叠加信息 y 进行检测,分离用户 k 的信息 x_k。目前的接收机方案主要有以下 3 种。

(1)ML-IC/MMSE-IC:通过借用传统的 ML 以及 MMSE 算法和干扰消除(Interference Cancellation,IC)技术相结合,通过自适应迭代实现对用户信号的译码。ML-IC 和 MMSE-IC 的实现框图如图 6-11 所示,接收机接收的叠加信号,先通过 ML 或 MMSE 检测器对多用户信号进行分离,然后各自通过信道译码器,再通过循环冗余校验(Cyclic Redundancy Check,CRC)模块对用户译码比特信息进行判断。如果用户的译码信息正确,借用 IC 技术,在接收机接收的叠加信号中减去该用户信息,消除对其他未正确解码的用户的干扰。通过几次 IC 迭代,能够有效地提升系统的 BLER 系能,此外,借助了 CRC 模块能够有效避免信号的错误传播。

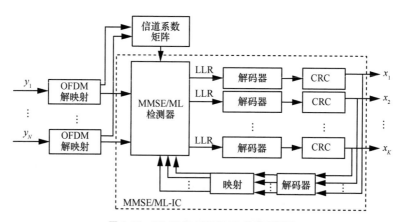

图 6-11　ML-IC 和 MMSE-IC 的实现框图

(2)BP-IDD:根据 PDMA 图样矩阵的稀疏性,BP 算法能够以较低的复杂度逼近 MAP 检测的性能。传统的 BP 检测器在第一次迭代时都假设先验等概(即没有先验信息),如果 BP 检测器一开始就能获取用户的先验信息,那么用户的信息能够更准确地分离,系统的 BLER 性能也能得到提升。基于这个思想,BP-IDD 被提出。它通过信道软译码给 BP 检测器提供用户信号的软信息,辅助 BP 检测器进行检测,其实现框图如图 6-12 所示。BP-IDD 能够支持高负载下的用户信号分离。

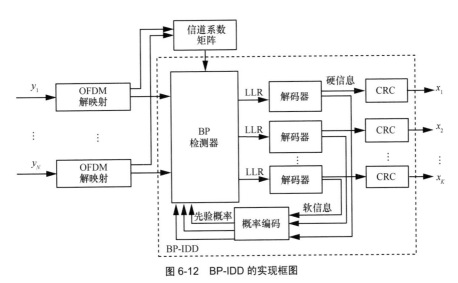

图 6-12　BP-IDD 的实现框图

（3）BP-IDD-IC：IC 技术能够有效地降低多用户之间的干扰，提高系统的 BLER 性能。BP-IDD-IC 通过在 BP-IDD 的基础上引入 IC 技术，在获得先验信息的同时减去已被正确解调用户的信息，不仅降低了用户之间的干扰，提升系统的 BLER 性能，而且能提高 BP 算法的收敛速度。BP-IDD-IC 还通过自适应的 IC 迭代降低了接收机复杂度，其具体实现框图如图 6-13 所示。

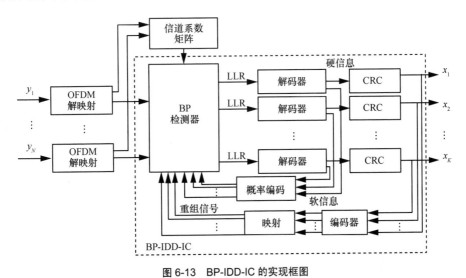

图 6-13　BP-IDD-IC 的实现框图

表 6-2 对现有接收机方案进行了比较。考虑检测算法的计算复杂性和性能，BP

和 SIC 算法适用于具有稀疏 PDMA 图样和低过载因子的 PDMA。BP-IDD 和 MMSE-IC 具有良好的性能，并且在接收机处具有足够的复杂性。BP-IDD-IC 在高 SNR 区域具有很大的优势。此外，ML-IC 算法可以在接收机处以高计算复杂度为代价获得最佳检测。因此，ML-IC 算法适用于高可靠性通信。通常，可以选择不同的接收机算法满足不同通信场景的各种约束。

表 6-2　PDMA 接收机检测算法比较

检测算法	干扰消除	迭代	计算复杂度
BP(MPA)	无	内	低
BP-IDD	无	内和外	一般
BP-IDD-IC	有	内和外	低（高 SNR 域）
SIC	有	无	最低
MMSE-IC	有	无	低
ML-IC	有	无	最高

6.4.2.3　随机交织

有研究提出了随机交织增强的 PDMA（Random Interleaver enhance PDMA，RIePDMA）系统，它在 PDMA 的基础上引入随机交织来进一步提升系统的可接入用户数[28]。其系统模型如图 6-14 所示。在发射端，每个用户的信号经过信道编码后会经过一个唯一的交织器，其不仅能够降低信道块衰落对用户信号的影响，而且能利用交织器的不同进一步帮助接收机区分用户信息。在接收端，将相应的解交织器运用于信道译码来恢复用户的编码序列。

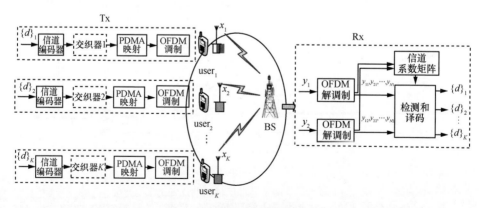

图 6-14　RIePDMA 的系统模型

链路级仿真结果表明（如图 6-15 所示），RIePDMA 能够提高 PDMA 系统的 BLER 性能，且系统的负载因子越高，性能提升越明显。在系统负载为 300%的情况下，BLER 为 10^{-2} 时，RIePDMA 相对于 PDMA 能够获 1 dB 左右的 SNR 增益。

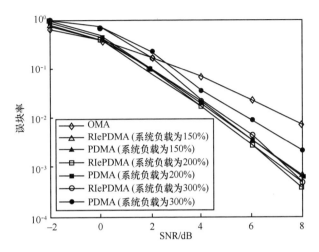

图 6-15　RIePDMA 与 PDMA 在不同负载下的 BLER 性能对比

| 6.5　SCMA |

6.5.1　SCMA 的原理

SCMA 是一种采用稀疏编码的 NOMA 技术。其核心思想是通过在码域的稀疏扩展和信号的非正交叠加，实现在相同正交资源数下容纳更多用户，使得在用户体验不受影响的前提下，增加系统的接入用户数，提升系统的总体吞吐量[29]。SCMA 发射端的处理流程如图 6-16 所示。SCMA 包含的多个数据层用于多用户复用。单个用户的数据可以对应其中的一层或多层。每一个数据层有唯一一个预先定义的码本，其中包含若干由多维调制符号组成的码字。同一码本中的码字具有相同的稀疏图样。对于每个数据层，信道编码后的比特直接映射为码字。基于 SCMA 技术，不同用户的数据在码域和功率域内实现复用，并共享时频资源。当复用的数据层数大于码字的长度时，称为过载[25]。

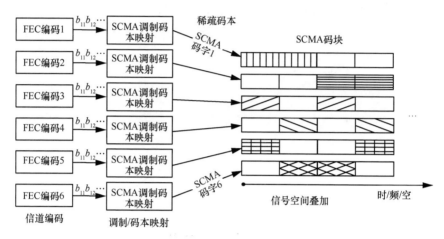

图 6-16　SCMA 发射端的处理流程

在 SCMA 系统中，用户的比特流直接根据稀疏码本映射为码字，其映射过程如图 6-17 所示。假设 SCMA 有 6 个用户（即有 6 个数据层），对应 6 个码本。每个码本包含 4 个码字，码字长度为 4。在映射时，根据比特对应的编号从码本中选择码字，不同数据层的码字直接叠加。

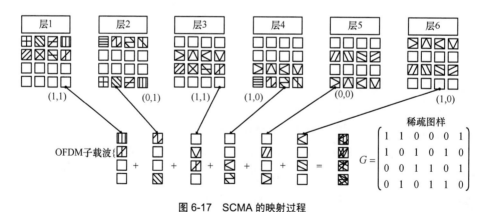

图 6-17　SCMA 的映射过程

SCMA 除了具有 NOMA 技术的所有优点外，SCMA 还能通过降低多维调制映射星座点实现对接收机的复杂度的有效降低。此外，稀疏扩频能够有效减少层间干扰，在接收机复杂度能够被接受的情况下，支持更多符号的碰撞[21]。

6.5.2　SCMA 关键技术

6.5.2.1　码本设计

码本设计是确保整个 SCMA 系统能够获得好的性能和灵活性的关键。SCMA 码本是关于多维调制和低密度签名（Low Density Signature，LDS）的联合优化。通过 SCMA 码本，编码比特能够直接映射为多维码字，这使 SCMA 能够比简单重复编码的 LDS 获得更高编码增益。参考文献[30]对 SCMA 的码本设计进行了具体描述，首先设计一个具有好的欧氏距离的多维星座作为基本星座；再旋转这个基本的星座使其获得一个合理的距离；最后，不同的操作方案（如进行相位旋转）构建许多不同层的稀疏码本。

相对于 OMA 而言，NOMA 会在很大程度上增加接收机的复杂度。为了降低接收机检测的复杂度，SCMA 通过 SCMA 码字的稀疏性和星座点缩减技术保证接收机能在可控的复杂度内实现近似最大似然译码的检测性能。

有研究展示了采用缩减星座点的降阶投影码本进行调制映射的原理[25]。编码比特首先被映射成了从 SCMA 码本中选出的稀疏码字，该码本采用了降阶投影后的星座设计（此处为 4 点星座 3 点的投影）。采用降价投影的 SCMA 码字举例如图 6-18 所示。

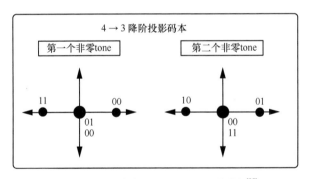

图 6-18　采用降阶投影的 SCMA 码字举例[25]

6.5.2.2　接收技术

（1）MPA 接收机

在接收端，SCMA 主要采用在可接受的复杂度上近似 ML 性能的 MPA 进行多用户信号检测，如图 6-19 所示。

图 6-19　MPA 接收机结构[31]

MPA 算法主要通过在函数节点（FN）和变量节点（VN）之间进行迭代的信息更替进行用户信号解调，其因子图如图 6-20 所示。

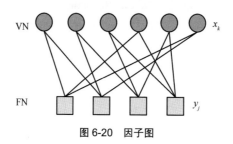

图 6-20　因子图

在 MPA 算法中，为了避免在概率域的计算中出现乘法，采用对数似然比（Log Likelihood Ratio，LLR）作为交互的信息。在第 l 次迭代时，由变量节点 x_k 向函数节点 y_j 传递的外信息可以表示为与变量节点 x_k 相邻的所有函数节点（除函数节点 y_j 外）传递给变量节点 x_k 的外信息之和，即[32]：

$$L_{x_k \to y_j}^l \left(x_k = s \right) = \sum_{j' \in N_v(k) \backslash j} L_{x_k \leftarrow y_{j'}}^{l-1} \left(x_k = s \right) \qquad (6\text{-}15)$$

由 FN 可表示为：

$$L_{x_k \leftarrow y_j}^l \left(x_k = s \right) = \ln \frac{E\left\{ p\left(y_j | \boldsymbol{x}\right) \middle| x_k = s, \left\{ L_{x_{k'} \to y_j}^l \left(x_{k'} \right), k' \in N_c\left(j\right) \backslash k \right\} \right\}}{E\left\{ p\left(y_j | \boldsymbol{x}\right) \middle| x_k = s, \left\{ L_{x_{k'} \to y_j}^l \left(x_{k'} \right), k' \in N_c\left(j\right) \backslash k \right\} \right\}} \qquad (6\text{-}16)$$

其中，s 表示任意比特串对应的符号，s_0 表示 0 比特串对应的符号，这里作为参考符号。$p\left(y_j | \boldsymbol{x}\right)$ 表示后验概率，$N_c\left(j\right)$ 表示与函数节点 y_j 相邻的所有变量节点的集合。

当达到最大的迭代次数 $L_{\max}$ 时，根据下式计算变量节点 x_k 的后验信息为：

$$L\left(x_k = s \right) = \sum_{j' \in N_v(k) \backslash j} L_{x_k \leftarrow y_j}^{L_{\max}} \left(x_k = s \right) \qquad (6\text{-}17)$$

经过 $L_{\max}$ 次迭代后，输出每个用户的软判信息，再通过信道译码器进行译码，从而解调出用户信号。

（2）Turbo MPA 接收机

为了进一步提升 MPA 算法的译码性能，有研究提出了 Turbo MPA 检测算法。它通过联合 MPA 检测器和 Turbo 解码器构成了一个外环的 Turbo MPA 接收机，其具体的结构如图 6-21 所示[31]。其基本原理是通过将 Turbo 译码器输出的软信息经比特到符号的映射之后作为 MPA 检测器的输入先验信息，充分利用译码后的信息进一步提高 MPA 检测器的性能，从而提升系统的整体译码性能。

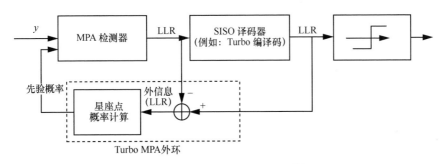

图 6-21　Turbo MPA 接收机结构[26]

假设 MPA 的内迭代次数记为 l , Turbo MPA 的外迭代（即 Turbo 译码器与 MPA 检测器之间的信息迭代）次数记为 w 。Turbo MPA 中 $L_{x_k \to y_j}^{l,w}\left(x_k = \alpha\right)$ 、$L_{x_k \leftarrow y_j}^{l,w}\left(x_k = \alpha\right)$ 、$L_{x_k \to CC}^{l,w}\left(x_k = \alpha\right)$ 的计算式更新如下：

$$L_{x_k \to y_j}^{l,w}\left(x_k = \alpha\right) = \sum_{j' \in N_v(k) \setminus j} L_{x_k \leftarrow y_{j'}}^{l-1,w}\left(x_k = \alpha\right) + L_{x_k \leftarrow CC}^{w-1}\left(x_k = \alpha\right) \quad （6-18）$$

$$L_{x_k \leftarrow y_j}^{l,w}\left(x_k = \alpha\right) = \ln \frac{E\left\{p\left(y_i \middle| \boldsymbol{x}\right) \middle| x_k = \alpha, \left\{L_{x_{k'} \to y_j}^{l,w}\left(x_{k'}\right), k' \in N_c(j) \setminus k\right\}\right\}}{E\left\{p\left(y_i \middle| \boldsymbol{x}\right) \middle| x_k = \alpha, \left\{L_{x_{k'} \to y_j}^{l,w}\left(x_{k'}\right), k' \in N_c(j) \setminus k\right\}\right\}} \quad （6-19）$$

其中，$L_{x_k \leftarrow CC}^{w-1}\left(x_k = \alpha\right)$ 表示在 $w-1$ 次外迭代过程中 Turbo 信道译码器（并且经过符号与比特映射器之后）反馈至 MPA 检测器的对应用户节点的外信息。第 w 次外迭代、第 l 次内迭代过程中，用户节点传递给 Turbo 信道译码器的外信息可表示为：

$$L_{x_k \to CC}^{l,w}\left(x_k = \alpha\right) = \sum_{j' \in N_v(j)} L_{x_k \leftarrow y_{j'}}^{l-1,w}\left(x_k = \alpha\right) \quad （6-20）$$

仿真结果（如图 6-22 所示）表明，当负载比较高时，这种外环译码器能够提升系统的译码性能。此外，在 300% 的负载下，通过 3 次外环迭代系统能提升 2 dB 左右的 BLER 性能增益。

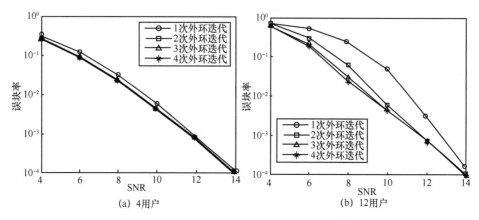

图 6-22　在不同外环迭代次数下的 BLER 性能[33]

　　此外，有很多优秀的基于 MPA 的 SCMA 接收机方案，可以显著地降低 MPA 的复杂度。例如，在 MPA 检测中引入球形解码，以降低上行链路无授权 SCMA 的计算复杂度[34-35]。有研究提出了基于图的低复杂度 MPA 接收机，该接收机方案可用于频率选择性信道上的 MIMO-SCMA 系统，其性能接近基于 MMSE 的接收机[36]。此外，针对 SCMA，有研究提出了低复杂度 MPA 检测算法，以降低计算复杂度，同时将 BER 保持在可持续水平[37]。

| 6.6　MUSA |

6.6.1　MUSA 的原理

　　MUSA 是一种基于复数域多元码的 NOMA 技术，适合免调度的多用户共享接入方案，非常适合低成本、低功耗实现 5G 海量连接，其原理框图如图 6-23 所示[38]。

　　MUSA 技术充分利用终端用户因距基站远近而引起的发射功率的差异。首先，在发射端，每个接入用户使用易于 SIC 接收机的、具有低互相关的复数域多元码序列将其调制符号进行扩展；然后，每个用户扩展后的符号可以在相同时域、频域和空域资源里发送实现非正交传输；在接收端，采用码字级 SIC 接收机消除其他用户的干扰，分离每个用户的信号。

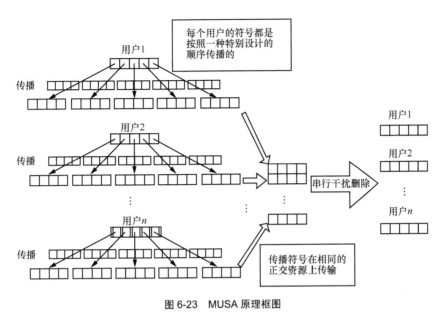

图 6-23　MUSA 原理框图

在 MUSA 技术中，多用户可以共享复用相同的时域、频域和空域，在每个时域频域资源单元上，MUSA 通过对用户信息扩频编码，可以显著提升系统的资源复用能力。仿真结果表明，MUSA 技术可以将无线接入网络的过载能力提升 300% 以上，可以更好地服务 5G 时代的万物互联。

6.6.2　MUSA 关键技术

扩频序列设计是 MUSA 的关键部分，它能直接影响系统的性能和接收机复杂度。当系统采用很长的伪噪声（Pseudo-Noise，PN）序列时，可以保证序列之间具有低相关性，也能为系统提供一定的软容量，允许同时接入的用户数量（即序列数量）大于序列长度，即系统处于过载状态。但是，长 PN 序列提供的软容量并不能满足 5G 海量连接的要求，在大过载率的情况下，长 PN 会增加接收机复杂度并降低其译码性能。

MUSA 的扩频序列采用特别的复数域多元序列，该序列在长度很短时（如长度为 8，甚至为 4 时）也能够保持相对较低的互相关性。一种非常简单的 MUSA 扩频序列，其元素的实部/虚部取值于一个简单三元集合{-1,0,1}。该元素相应的星座图如图 6-24 所示[25]。

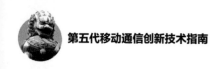
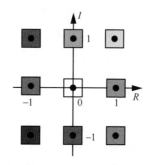

图 6-24   三元复序列元素星座图

这种低互相关性的复数域星座式短序列多元码可以让系统在相同时/频资源上支持数倍用户数量的高可靠接入；并且可以简化接入流程中的资源调度过程，因而大为简化海量接入的系统实现，缩短海量接入的接入时间，降低终端的能耗。

MUSA 具有复数域多元码的优异特性，再通过先进的 SIC 接收机，MUSA 可以支持相当多的用户在相同的正交资源块上实现共享接入。共享接入的用户都可以通过随机选取扩频序列，然后将其调制符号扩频到相同时频资源的方式实现。从而MUSA 可以让大量共享接入的用户随时可以接入网络中，当没有需求时，则进入深度睡眠状态；而并不需要每个接入用户先通过资源申请、调度、确认等复杂的控制过程才能接入。这个免调度过程在海量连接场景尤为重要，能极大地减轻系统的信令开销和实现难度。同时 MUSA 可以放宽甚至免除严格的上行同步过程，只需要实施简单的下行同步。最后，存在远近效应时，MUSA 还能利用不同用户到达 SNR的差异提高 SIC 分离用户数据的性能。即也能如 PD-NOMA 那样，将"远近问题"转化为"远近增益"。从另一个角度看，这样可以减轻甚至免除严格的闭环功控过程。所有这些为低成本、低功耗地实现海量连接提供了基础。

6.7   其他新型多址技术

6.7.1   BDM

BDM[18]技术可以看成是对传统分层调制技术的扩展，本质上是一种非线性的叠加编码技术。不同于传统线性叠加编码，BDM 将多个离散符号的功率资源看成一个整体，直接传输高阶星座符号，同时对高阶星座符号携带的比特资源进行分割，对离散符号功率资源的非线性分割，每个用户无须独立的星座映射。以 4 个用户为例，采用 BDM 时，信道资源分割示意图如图 6-25 所示。不同阴影部分的比特分配给不同用户。

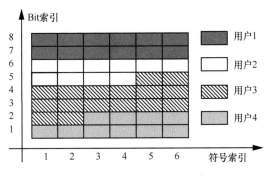

图 6-25　BDM 比特资源分割示意图

在相同的复杂度下，BDM 相对于简单线性叠加编码更加逼近 DBC 多用户联合传输率的上界。BDM 另外一个优势是，它可以面向 BICM 系统和 SSD（Single Stage Decoding）接收算法设计，接收复杂度较小，且与多级解码相比，性能损失较小。

BDM 技术适用于大规模用户的高负载率下行多址接入场景，可成倍提高单位资源的用户负载率，支持小分组业务更有效；适用于非对称用户的高谱效下行多址接入的场景，同时适用于典型对称用户场景下，可替代正交复用技术。

6.7.2　ISIM-OFDMA

SIM-OFDMA 相对于传统 OFDMA 而言，在系统性能和频谱效率之间进行了折中。SIM-OFDMA 的基本思想是将子载波的索引用于信息比特调制。与传统的 OFDMA 相比，SIM-OFDMA 的比特映射方式被改善，在能量效率和系统性能之间进行更好的折中。SIM-OFDMA 还能增加对高移动环境下的载波间干扰的抵抗性。然而，在相同的传输速率下，SIM-OFDMA 要比 OFDMA 传输性能差。

ISIM-OFDMA[18]通过在传统 SIM-OFDMA 系统的发射机结构上引入交织模块，增加了接收向量之间的欧氏距离，与传统的 SIM-OFDMA 系统相比，实现了相当大的性能提升。ISIM-OFDMA 的发射机结构如图 6-26 所示。

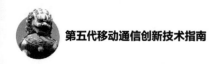
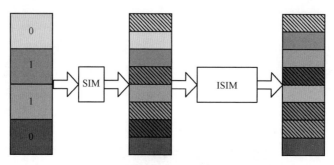

图 6-26　ISIM-OFDMA 系统发射机结构

6.7.3　MU-BICM-ID

　　BICM-ID 是一种逼近信道容量的编码调制技术，满足高低频谱效率的多种传输需求，在单用户传输中已经得到成功和广泛的应用。将单用户的 BICM-ID 技术推广到使用联合编码的多址接入系统中，得到迭代多用户检测的 BICM-ID 系统，即 MU-BICM-ID。MU-BICM-ID[18]的基本思想是：通过用户各自的信道编码、比特交织或星座映射区分不同用户；由于没有采用扩频，相同用户信号叠加层数下，用户负载率成倍提高。MU-BICM-ID 技术是联合编码多址接入技术的一种具体实现，具有逼近多址接入信道容量的传输性能。两用户的 MU-BICM-ID 系统框图如图 6-27 所示。

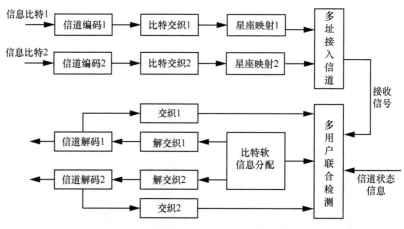

图 6-27　两用户的 MU-BICM-ID 系统框图

在发射端，每个用户的信息比特首先经过信道编码得到编码比特，经过比特交织得到交织比特，每 m 个交织比特（$[b_0, b_1, \cdots, b_{m-1}]$）根据星座映射函数 μ_i 映射成一个符号 $X_i = \mu_i(b)$，$X_i \in \chi_i$，χ_i 是 2^m 阶的星座点集合，$i = 1, 2$ 代表用户 1 和用户 2。两用户的信号在多址接入信道接收端叠加，接收端接收信号为 Y。在接收端，为逼近多址接入信道容量，多用户联合检测器和每个用户的解码器均采用 SISO（Soft-Input Soft-Output）算法，多用户联合检测和用户解码迭代进行。接收信号 Y 先被送到多用户联合检测器，结合信道状态信息和信道解码反馈的交织比特先验信息进行多用户检测（Multi-User Detection，MUD），MUD 得到的交织比特外信息经过解交织分别发送给两个用户的解码器作为编码比特的先验信息，辅助进行 SISO 的信道解码。信道解码接收编码比特的先验信息，其输出的编码比特外信息经过解交织器反馈到多用户联合检测器，作为交织比特的先验信息。MU-BICM-ID 系统接收端通过不断重复这样的比特软信息传递的过程，实现迭代 MUD 和解码。

6.7.4　RSMA

将采用 NOMA 技术的每个用户的传输功率分布在所有可用的时间和频率资源上，这种技术称之为 RSMA[18]。传统 DS-CDMA 系统是 RSMA 的一种特例。所有用户都使用相同频率和时间资源给基站发送信息，每个用户占用的频率和时间资源不取决于用户的数目，如图 6-28 所示。

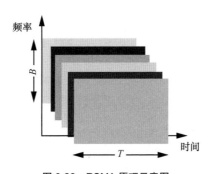

图 6-28　RSMA 原理示意图

RSMA 的灵活性在于可以根据具体的系统设计目标与各种波形和调制方案相结合。图 6-29 表示 RSMA 与各种波形结合的示意图。当终端链路预算受限且需要考虑电池节电时，RSMA 与单载波波形结合可以很好地运用于该情况，如图 6-29（a）

所示。通过使用 RSMA 并结合免授权传输方式可以有效降低信令开销，同时单载波波形进一步降低峰均功率比（PAPR）以获得更高的功率放大器效率。脉冲整形块可以进一步增强所述的 PAPR 性能（如恒定包络波形）并减少了带外发射。当以减少接入时延成为系统设计的首要目标时，可以采用免授权传输方式的 RSMA，与基于 OFDM 的多载波波形结合以减少整体接入时延，如图 6-29（b）所示。

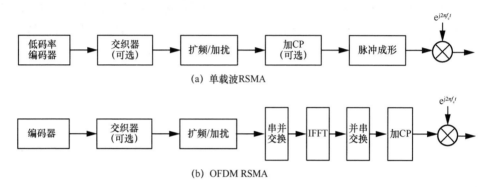

图 6-29　RSMA 与各种波形结合的示意图

| 参考文献 |

[1]　Huawei, HiSilicon. Overview of non-orthogonal multiple access for 5G: 3GPP TSG RAN WG1 Meeting #84bis, R1-162153[R]. 2016.

[2]　NTT DoCoMo. New SID proposal: study on new radio access technology: 3GPPRP-160671[R]. 2016.

[3]　DING Z, FAN P, POOR H V. Impact of user pairing on 5G nonorthogonal multiple access downlink transmissions[J]. IEEE Transactions on Vehicular Technology, 2016, 65(8): 6010-6023.

[4]　BENJEBBOUR A, SAITO Y, KISHIYAMA Y, et al. Concept and practical considerations of non-orthogonal multiple access (NOMA) for future radio access[C]//Proceedings of International Symposium on Intelligent Signal Processing & Communications Systems. Piscataway: IEEE Press, 2013.

[5]　SAITO Y , BENJEBBOUR A , KISHIYAMA Y , et al. System-level performance evaluation of downlink non-orthogonal multiple access (NOMA)[C]//Proceedings of IEEE International Symposium on Personal Indoor & Mobile Radio Communications. Piscataway: IEEE Press, 2013: 611-615.

[6]　PARKS, CHO D. Random linear network coding based on non-orthogonal multiple access in wireless networks[J]. IEEE Communication Letters, 2015, 19(7): 1273-1276.

[7]　TIMOTHEOU S, KRIKIDIS I. Fairness for non-orthogonal multiple access in 5G systems[J]. IEEE Signal Processing Letters, 2015, 22(10): 1647-1651.

[8]　ALI M S, TABASSUM H, HOSSAIN E. Dynamic user clustering and power allocation for uplink and downlink non-orthogonal multiple access (NOMA) systems[J]. IEEE Access, 2017, 4(99): 6325-6343.

[9]　DATTA S N, KALYANASUNDARAM S. Optimal power allocation and user selection in non-orthogonal multiple access systems[C]//Proceedings of Wireless Communications & Networking Conference. Piscataway: IEEE Press, 2016.

[10]　XU P, CUMANAN K. Optimal power allocation scheme for non-orthogonal multiple access with α-Fairness[J]. IEEE Journal on Selected Areas in Communications, 2017, 35(10): 2357-2369.

[11]　FANG F, ZHANG H, CHENG J, et al. Joint user scheduling and power allocation optimization for energy-efficient NOMA systems with imperfect CSI[J]. IEEE Journal on Selected Areas in Communications, 2017, 35(12): 2874-288.

[12]　OVIEDO J A, SADJADPOUR H R. On the power allocation limits for downlink multi-user noma with QoS[C]//Proceedings of 2018 IEEE International Conference on Communications (ICC 2018).Piscataway: IEEE Press, 2018: 1-5.

[13]　YAN C, HARADA A, BENJEBBOUR A, et al. Receiver design for downlink non-orthogonal multiple access (NOMA)[C]//Proceedings of IEEE VTC Spring. Piscataway: IEEE Press, 2015.

[14]　LI A, LAN Y, CHEN X, et al. Non-orthogonal multiple access (NOMA) for future downlink radio access of 5G[J]. China Communications, 2016, 12(S1): 28-37.

[15]　LI A, BENJEBBOURA, HARADA A. Performance evaluation of non-orthogonal multiple access combined with opportunistic beamforming[C]//Proceedings of IEEE VTC 2014-Spring. Piscataway: IEEE Press, 2014.

[16]　DING Z, ADACHI F, POOR H V. The application of MIMO to non-orthogonal multiple access[J]. IEEE Transactions on Communications, 2016, 15(1): 537-552.

[17]　BENJEBBOUR A, LI A, SAITO K, et al. Downlink non-orthogonal multiple access (NOMA) combined with single user MIMO (SU-MIMO)[J]. IEICE Transactions on Communications, 2014, 98(8): 1415-1425.

[18]　HIGUCHI K, KISHIYAMA Y. Non-orthogonal access with random beamforming and intra-beam SIC for cellular MIMO downlink[C]//Proceedings of 2013 IEEE 78th Vehicular Technology Conference (VTC Fall). Piscataway: IEEE Press, 2013.

[19]　NONAKA N, KISHIYAMA Y, HIGUCHI K. Non-orthogonal multiple access using intra-beam superposition coding and SIC in base station cooperative MIMO cellular downlink[C]//Proceedings of Vehicular Technology Conference. Piscataway: IEEE Press, 2015.

[20] DING Z, SCHOBER R, POORH V. A general MIMO framework for NOMA downlink and uplink transmission based on signal alignment[J]. IEEE Transactions on Wireless Communications, 2016, 15: 4438-4454.

[21] SHIN W, VAEZI M, LEE J, et al. On the number of users served in MIMO-NOMA cellular networks[C]//Proceedings of International Symposium on Wireless Communication Systems. Piscataway: IEEE Press, 2016: 638-642.

[22] SHIN W, VAEZI M, LEE B, et al. Coordinated beamforming for multi-cell MIMO-NOMA[J]. IEEE Communications Letters, 2017, 21(1): 84-87.

[23] HUANG Y, ZHANG C, WANG J, et al. Signal processing for MIMO-NOMA: present and future challenges[J]. IEEE Wireless Communications, 2018, 25(2): 32-38.

[24] 康绍莉, 戴晓明, 任斌. 面向 5G 的 PDMA 图样分割多址接入技术[J]. 电信网技术, 2015, 5(5): 43-47.

[25] FuTURE Forum. Alternative Multiple access v1: white paper[R].2015.

[26] CHEN S, REN B, GAO Q, et al. Pattern division multiple access (PDMA) - a novel non-orthogonal multiple access for 5G radio networks[J]. IEEE Transactions on Vehicular Technology, IEEE Early Access Articles, 2016.

[27] CATT. Candidate solution for new multiple access: CATTR1-162306[S]. 2016.

[28] ZENG J, KONG D, LIU B, et al. RIePDMA and BP-IDD-IC detection[J]. Eurasip Journal on Wireless Communications & Networking, 2017(1): 12.

[29] Huawei, HiSilicon. Sparse code multiple access (SCMA) for 5G radio transmission: R1-162155[R].2016.

[30] TAHERZADEH M, NIKOPOUR H, BAYESTEH A, et al. SCMA codebook design[C]// Proceedings of IEEE Vehicular Technology Conference. Piscataway: IEEE Press, 2014.

[31] LU L, CHEN Y, GUO W, et al. Prototype for 5G new air interface technology SCMA and performance evaluation[J]. China Communications, 2016, 12(Supplement): 38-48.

[32] XIAO K, XIAO B, ZHANG S, et al. Simplified multiuser detection for SCMA with sum-product algorithm[C]//Proceedings of 2015 International Conference on Wireless Communications & Signal Processing (WCSP).Piscataway: IEEE Press, 2015.

[33] WU Y, ZHANG S, CHEN Y. Iterative multiuser receiver in sparse code multiple access systems[C]//Proceedings of IEEE International Conference on Communications. Piscataway: IEEE Press, 2015: 2918-2923.

[34] WEI F, CHEN W. Message passing receiver design for uplink grant-free SCMA[C]//Proceedings of 2017IEEE Globecom Workshops (GC Wkshps).Piscataway: IEEE Press, 2017.

[35] WEI F, CHEN W. Low complexity iterative receiver design for sparse code multiple access[J]. IEEE Transactions on Communications, 2017, 65(2): 621-634.

[36] YUAN W, WU N, GUO Q, et al. Iterative receivers for downlink MIMO-SCMA: message passing and distributed cooperative detection[J]. IEEE Transactions on Wireless Communica-

tions, 2017, 17(5): 3444-3458.

[37] ZHANG C, LUO Y, CHEN Y. A low complexity SCMA detector based on discretization[J]. IEEE Transactions on Wireless Communications, 2018, 17(4): 2333-2345.

[38] 袁志峰, 郁光辉, 李卫敏. 面向 5G 的 MUSA 多用户共享接入[J]. 电信网技术, 2015(5): 28-31.

第 7 章
新型密集组网

强调超密集组网（UDN）技术对满足 5G 需求的必要性，归纳 UDN 能够显著提高网络容量和频谱资源利用率的特点，以及用户关联、回传限制、能量效率、小小区发现和干扰管理等难点，研究 UDN 为针对小区密集部署和小小区引入而提出的干扰管理技术，包括小区开启和关闭、分布式干扰测量、基于动态分簇的干扰管理、基于虚拟小区的干扰对齐和多小区干扰管控的资源分配；通过对比传统回传方法，提出针对小区密集部署和小小区引入的新型回传技术，包括混合回传技术和自回传技术；探讨智能 UDN 的可能性，以及 UDN 与 AI 的结合点。

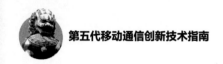

| 7.1 面向 5G 的 UDN |

7.1.1 UDN 的必要性

5G 将连接大量的用户（UE），支持大规模机器与机器通信（M2M），产生的数据流量是 4G 的 1 000 倍[1]。通过采用更宽的频段，无线网络容量可提高 25 倍，通过调制和编码技术的进步，可提高 10 倍，通过缩小小区尺寸和减小通信距离，网络容量可以提高 2 700 倍[2]。然而，目前宏小区部署已经接近理论上限，其进一步密集部署无法再提高性能[3]。

超密集组网（Ultra Dense Network，UDN）被视为能满足 5G 高吞吐量需求的一项重要技术[4]。5G 的目标是在特定的场景（例如超密集城市或体育馆）满足高吞吐量、高数据速率的需求。UDN 通过部署大量的小区可以大幅提高频谱效率。UDN 示意图如图 7-1 所示，一个简单的 UDN 包括：密集部署的小小区、宏基站（BS）、网络服务器/控制器、移动节点和 UE。

UDN 是小小区数量多于活跃用户的网络[5]。当网络中小小区的密度超过 1 000 个/km^2 时，就可以被认为是 UDN[6]。

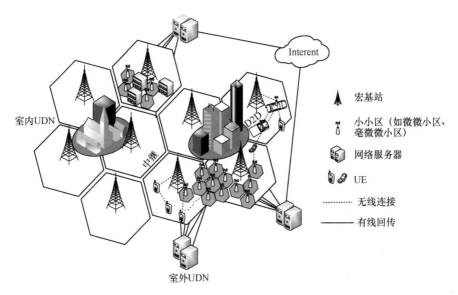

图 7-1　UDN 示意图

通常，UDN 中的小小区包含全功能基站（微微小区和毫微微小区）和宏扩展节点（中继和射频拉远头（RRH））[7-8]。全功能基站能在更小的覆盖范围内，以更小的发射功率执行宏小区的所有功能。宏扩展接入节点以全部或部分 PHY 层功能来有效扩展信号覆盖范围。不同的小小区在传输功率、覆盖范围和部署方式上有所不同[9-11]。表 7-1 对比了不同小小区的参数。

表 7-1　不同类型的小小区参数对比

小小区的类型	部署场景	覆盖范围/m	功率	接入场景	回传
微微小区 （全功能的）	indoor/outdoor (planned)	< 100	室内（≤100 mW） 室外（0.25～2 W）	开放接入	理想
毫微微小区 （全功能的）	indoor (un- planned)	10～30	≤100 mW	Open/封闭式/混合式 Access	非理想
中继 （宏小区的扩展）	indoor/outdoor (planned)	< 100	室内（≤100 mW） 室外（0.25～2 W）	Open Access	无线 （带内/带外）
射频拉远头 （宏小区的扩展）	outdoor (planned)	< 100	室外 （0.25～2 W）	Open Access	理想

通常，微微小区的覆盖范围在基站 100 m 以内。在热点区域（室内或室外）为数十个活跃用户提供服务，以卸载宏小区的流量。为提高容量，微微小区的发射功率通常能达到 33 dBm，主要是为提高容量。微微小区的回传链路和宏小区的回传链路类似，能提供理想的高带宽低时延链路。

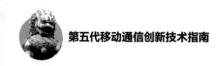

　　毫微微小区部署在室内，为一小部分室内（家庭、办公室和会议室）用户提供服务。毫微微小区传输功率一般小于 20 dBm，覆盖范围在几十米左右，可以通过数字用户线（DSL）、电缆或光纤等用户宽带设备连接到网络。

　　中继是运营商部署的接入点，在覆盖盲区的同时改善宏小区的边缘性能。中继和微微小区虽然具有相同的覆盖范围和传输功率，但也有不同：首先，微微小区拥有全功能的 BS，中继是宏小区的扩展。其次，部署微微小区是为了提高容量，部署中继只保证覆盖。最后，微微小区的回传是理想的，中继回传是无线带内或带外的。

　　RRH 是 RF 单元，以便将中央 BS 的覆盖范围扩展到远程地理位置。RRH 通过高速光纤或微波链路连接到中央 BS[12]。部署 RRH 用于宏小区的范围扩展，比微微小区和毫微微小区的分布式更致密化，它可以用于集中式的致密化选择[13]。

7.1.2　UDN 的特点与难点

7.1.2.1　UDN 的特点[14]

　　UDN 的主要特点如下。

　　（1）给定用户附近部署多个小小区。UDN 中的网络接入节点占用空间小且功率小，其覆盖范围也小，其站点间的距离在几米或几十米的范围内。

　　（2）空闲模式有助于降低信号干扰。由于小小区的密度很高，故可酌情关闭一部分小小区。闲置模式关闭不活跃的小小区，以减少部分或全部干扰[15]。

　　（3）频率复用技术获得进一步应用。在传统蜂窝网络中，频率复用局限于小小区簇内，系统中频率在每个小小区实现复用。而在 UDN 中，频率复用可以进一步扩展到更小的小区中。

　　（4）高概率的视距（LOS）传输。在 UDN 中，基站和用户间的距离很小，因此 LOS 传输的概率很高[6]，需要不同的传播模型。由于接收信号中的 LOS 分量引起的多径衰落，UDN 的传播模型有必要引入 Rician 信道模型。

　　（5）快速接入和灵活的切换。在密集部署环境中，为了更好地服务用户、实现最佳的连接等，移动中的 UE 将频繁地切换，与接入点间的高质量的切换（HO）需要无缝平滑。

7.1.2.2　UDN 的难点[16]

UDN 的主要难点如下。

（1）用户关联。由于存在 LOS 分量，相邻小区间有剧烈干扰，需要提出新的关联准则，得到小小区的空闲模式容量。在将用户关联小小区时，需要考虑回传的影响。此外，当用户与具有很小覆盖区域的小小区相关联时，移动速度较快的用户将产生多次切换。因此，需要有效的基于协调的方案应对这些独特的挑战。

（2）回传限制。回传被认为是密集网络广泛部署的瓶颈。为密集网络中的所有小小区提供理想的回传是具有挑战性的[5]。因此，无线回传是一个可行的选择，包括毫米波链路、中继链路和大规模 MIMO 回传链路。需要考虑无线回传对密集网络中用户体验的影响，还要考虑实际的业务分布和用户分布，以评估无线回传网络的性能。

（3）能量效率。功耗在密集网络的运营成本方面起着主要作用。虽然小小区的占地面积很小，但是大量小小区的总功耗是巨大的。由于提高能量效率与链路质量是相互冲突的，故需要在考虑用户体验的基础上，最大化 UDN 中能量效率，实现节能且保证用户 QoS 的无线回传。因此，在 UDN 中要考虑用户与小小区间回传感知的高能效关联。

（4）小小区发现。蜂窝网络中，给定用户附近的小区检测对于网络的最佳运行是至关重要的。在 UDN 中，用户附近部署有很多小小区，如何检测它们是一件复杂度很高的事情。这种情况下的主要挑战是如何管理在彼此干扰范围内的相邻小小区间同步信号，以此来简化小小区的发现过程，做到在时间和能量效率方面优化小区发现。

（5）干扰管理。干扰管理是密集网络运行中的一个主要影响因素。当无线网络中的大量小区以相同的频率运行时，相邻小区间的剧烈干扰是限制网络增益的重要因素。在 UDN 网络中，小小区之间的距离很近，产生了很强的干扰，对于众多的相邻小区，协同干扰管理将具有很大的挑战性。

UDN 中部署了大量小小区，因此，引入了很强的同层干扰。如果假设所有小区都以相同的最大传输功率部署，那么干扰会相当分散，其中很多用户会受到较大干扰，仅有一小部分用户有明确的主要干扰源。因此，对于 UDN，入侵者–受害者关系更加模糊，相对于共信道宏微小区场景（其中微微小区为受害者，宏小区为入侵者），需要不同的小区间干扰协调方案。

UDN 中，每个小区同时给单个或少数几个用户提供服务，而有些小区在某个特定的时刻可能不需要给用户提供服务。有调查显示在室外密集小区场景中，即使在高流量负载的情况下，在每个传输时间间隔，仅有一半的小区有用户。因此，适当地关闭轻载的小小区同样可以降低干扰。

多域干扰管理将提供另一个维度的干扰管理方案，干扰管理同时在频域、时域和空域进行。虽然考虑实际的用户和流量分布是有益的，但是多域干扰管理在 UDN 中仍然是一个需要考虑的问题。

| 7.2　UDN 干扰管理技术 |

7.2.1　小区开启和关闭

UDN 中，移动用户的用户分布和移动模式不均衡，流量分布在时间和空间上呈现显著的随机性和多样性。随着越来越多小小区被部署，网络总功耗很大，需要通过提高能效降低成本。由于每个小小区仅覆盖一个很小的区域，故在某个特定的时间段中，小小区内很有可能没有用户，仍然需要传输参考信号和广播系统信息。当小小区中没有用户时关闭该小小区是降低功耗的有效方法。如果需要额外容量，那么立即打开小小区。

小小区开关的主要方案如下。

（1）没有开关的方案，即小小区始终打开的方案。

（2）长时间开关方案，即小小区在大时间尺度上开关，一天至多几次。

（3）半静态开关机制：小小区可以半静态地开关，在传统程序的基础上，其可行时间范围一般为二至数百毫秒级；通过增强，开关转换可能会减少至几十毫秒；用于半静态开/关的标准可以是流量负载增加/减少、UE 到达/离开（即 UE 小区关联）和分组呼叫到达/完成。

半静态开/关方案具体包括以下几个方面。

• 基于流量负载的半静态开/关机制

如果小区附近（包括小区本身）的流量负载增加到一定水平，那么可以打开关闭的小小区。如果小区附近的流量负载降低到一定的水平,那么开启的小小区可能被关闭。

- 基于 UE-小区关联的半静态开/关机制

如果小区中没有 UE 相关联,那么打开的小小区可能被关闭。如果网络决定 UE 与其关联,那么可以打开关闭的小小区。考虑 UE 测量(例如发现测量)和负载均衡/移位考虑,UE-小区关联可以由网络决定。

- 基于分组呼叫到达/完成的半静态开/关机制

如果有分组呼叫到达需要发送,那么关闭的小小区可以打开,可以在分组呼叫完成后关闭小区。

(4)理想动态开关机制:小小区可以在子帧级上开关,遵循分组到达/完成的标准,在子帧时间尺度上进行干扰协调/避免。在分组到达的时刻,小小区可以立即开启并将分组发送到 UE,并在分组完成的时刻将其关闭。同样,根据干扰协调/避免的需要,可以立即打开/关闭小小区。在子帧级别上理想的动态小小区开/关的实现依赖于宏小区的辅助,小小区被视为数据节点。此外,宏小区和小小区之间的回传应该是理想的。如果宏小区和小小区之间的回传不理想,或者小小区作为主小区运行,那么应该考虑半静态小小区开/关机制。

低负载时关闭小小区示意图如图 7-2 所示,宏小区提供全覆盖,当小小区中没有用户或者连接的用户数目很少时关闭小小区。

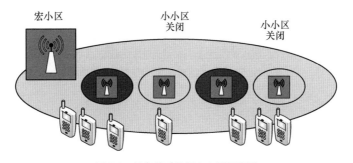

图 7-2 低负载时关闭小小区示意图

为了启动小区开关,提出了开/关触发方案。例如,休眠小区在一定时间发送发现信号,UE 接收到发现信号后,将发现和测量信息发送给宏小区或者其他激活小区,以决定是否激活休眠小区。考虑发现信号的干扰和功耗,发现信号应该具有很大的周期(可能是几百毫秒)和极小的持续时间。

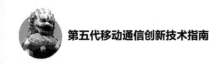

7.2.1.1 小区开关的影响因素

在小小区密集部署的场景中，干扰不仅存在于宏小区和小小区之间，还存在于小小区之间。因此，可以通过自适应打开或者关闭小小区的方式消除这些干扰。小小区打开时，会传输数据通道和公共通道。若小小区关闭，则物理下行共享信道将被"静音"，同时暂停部分或所有的公共信道。只保存很少的公共信号或发现信号，使 UE 可以检测休眠小区。

UDN 的发现信号如图 7-3 所示，激活的小小区可以周期性发送发现信号，网络中的 UE 可以检测并向网络报告发现信号信息，其中的网络是宏小区或者一个簇内的小小区。网络将考虑 UE 的反馈和其他因素（例如整个网络的流量负载）做出开关的决定。

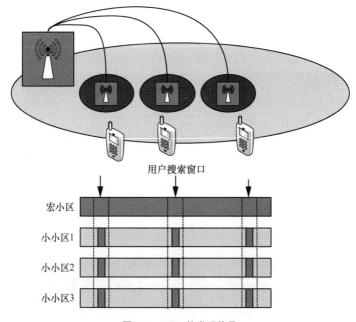

图 7-3　UDN 的发现信号

如果 UE 检测到很强的发现信号，并且需要休眠小区节点增加业务负载，那么网络将激活休眠的小小区。可以用集中或者分散的方式决定小区的开关。

休眠小区若被网络激活，则将开始发送公共信号。同时配置附近的 UE 测量被激活的小区，并将测量结果报告给为它们服务的小区。服务小区基于测量结果和其他因素做出切换决定。如果结果为需要切换，那么 UE 将被切换到新激活的小小区。

显然，这个切换需要相当长的时间。在切换期间，由于 UE 处于新激活小区的覆盖范围，则其公共信号将对 UE 造成强干扰。最坏的情况是 UE 处于新激活小小区的中心。在这种情况下，物理下行控制信道将受到影响，并且可能无法被正确解码。

小小区开关机制中，瞬态时间被定义为从做出打开（或者关闭）决定的时刻到小小区开始（或停止）发送物理下行共享信道的时刻之间的持续时间。这个时间被视为"开销"，这个瞬态时间可以足够短。然而，若瞬态时间过短，则不能实现切换，会降低系统的性能。

图 7-4 显示了一个小小区增强场景中的小区开/关示例。小小区部署在宏小区的覆盖区域内，宏小区和小小区之间使用不同的频率。起初，小小区 1 的覆盖区域中没有 UE 连接，为了降低干扰或提高网络的能量效率，将其关闭，将小小区 1 切换到休眠状态，以一个特定的周期发送发现信号。此时，UE1 和 UE2 同时由小小区 2 提供服务。当 UE1 和 UE2 向小小区 1 移动，且顺序进入小小区 1 的覆盖区域时，UE1 检测到小小区 1 的发现信号并上报发现信息，UE2 尚未检测到发现信号。如果立即开启小小区 1，那么会对仍由小小区 2 提供服务的 UE2 产生强干扰。换句话说，如果休眠小小区在没有考虑附近 UE 的情况下被激活，将会对在其覆盖区域仍由其他小小区提供服务的 UE 造成严重干扰。

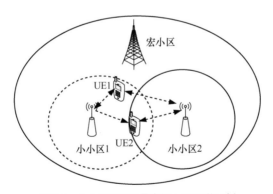

图 7-4　小小区增强场景中的小区开/关示例

考虑相反的情况。首先，UE1 由小小区 1 提供服务，一段时间后，UE1 离开小小区 1 的覆盖区域，由小小区 2 提供服务，而不是小小区 1。如果此时小小区 1 中没有用户，同时系统对容量没有很高的要求时，那么将关闭小小区 1。然而，如果 UE1 来回移动，那么可能产生"乒乓"效应。频繁的节点开关会形成很大的干扰波动。

如果小区之间没有适当的协调，那么这样的小区开关切换将对相邻小区造成很

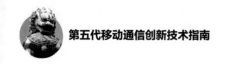

强的干扰，必须进行小区的干扰测量和调度，仔细设计开关流程和必要的信息协调，使得网络和/或节点有足够的信息做出适当开关的决定。

7.2.1.2 小小区的开/关时长

有关小小区和 UE 能力、状态、协议等的各种假设会影响开/关自适应的可行时间尺度。通过以下过程将传统 UE 与小区进行连接/断开。

- 利用切换过程：当小小区处于打开状态时，网络可以将用户切换进/出小区，这个转换通常需要几百毫秒且需要重配置 RRC。
- 使用小小区过程：网络可以激活/禁用配置的小小区。转换通常需要几十毫秒，并且通常不需要重新配置 RRC。另外，配置/释放小小区可能需要几百毫秒，并且通常需要重配置 RRC；然而配置/释放小小区只需要一次。

小小区开关使用传统程序的可行时间量级主要取决于 UE 能力（能否 CA(Carrier Aggregation)）、UE 状态（空闲、离散 RX 或连续 RX）以及小区的频率（频率间或频率内）。如果使用传统机制，至少在秒级上，小小区开/关是可行的。

基于现有机制的网络适配可能需要多个过程（例如基于 PSS / SSS 的小区检测、RSRP 测量、配置信令、切换等）来完成转换，通常需要花费数百毫秒。在某些情况下，可能需要更快的转换。可能需要简化，修改甚至消除部分或全部涉及的程序，以缩短过渡。

- 利用发现信号。发现信号可以从关闭的小小区发送，UE 可以执行必要的测量。通过利用这些测量结果，可以显著地减少小区开启后附加的测量持续时间（例如几十毫秒甚至更短）。
- 使用双连接/ MSA。在双连接/ MSA 的假设下，传统的切换程序可以被简化。双连接/ MSA 可以通过减少/消除进出小小区的切换需求实现更快的切换。一旦 UE 和小小区之间配置了双连接/MSA，则可以使用与载波聚合类似的过程进行小区激活/去激活。

7.2.2 分布式干扰测量

7.2.2.1 分布式干扰测量的意义

网络的密集部署将导致大量的重叠区域，大量用户处于这些重叠区域，会引发相邻小区间强烈的干扰，用户间的干扰也非常严重。为了实现 UDN 带来的容量增益，需要设计合适的干扰管理和干扰抑制机制。如果由宏基站做干扰管理和干扰抑制，那么随着小区密度的增加和小区内业务的流动，宏基站获取干扰测量信息的难度也会增大。干扰测量是干扰管理的前提，合适的干扰测量对干扰管理的实现是至关重要的。

随着 UDN 的部署，需要考虑两种干扰问题，宏小区对小小区的干扰和小小区之间的干扰。对于第一种干扰，可以利用增强的小区间干扰协调（eICIC）机制有效解决。基于时域的干扰管理机制能有效缓解异构网络中控制信道间的干扰，提升系统及边缘用户的吞吐量。当宏基站检测 Pico UE 受到的干扰非常严重时，宏基站将发送几乎空白子帧（ABS），从而减少对 Pico UE 的下行信道的干扰。但是随着小小区数量的增加，还会在第一种干扰的基础上引入如下第二种干扰，因此需要设计新的干扰管理方案。

干扰测量问题示意图如图 7-5 所示，随着小小区密度的增加，相互间的干扰会愈加严重，彼此采用的 ABS 可能正交，先前的邻小区间测量子集可能无法反映此时的测量子集，从而导致接近密集小区的宏小区 UE 无法获取无线资源管理（RRM）的真实或正确信号强度。

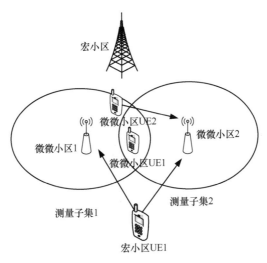

图 7-5   干扰测量问题示意图

此外，随着小小区的密集部署，如果宏小区仍然采取集中式的干扰协调机制，

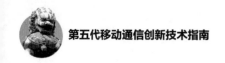
那么将导致很重的回传链路压力，因此要采用分布式的干扰协调方案，保证在密集小区分布调度的场景下接近小小区的宏小区 UE 可以获得正确的测量结果。

7.2.2.2　分布式干扰测量的流程

第一，宏小区要确定其 UE 将对哪个小小区进行 RRM 测量，确定后为该小小区分配随机接入资源；第二，宏小区要为即将进行随机接入的宏小区 UE 分配初始随机接入传输功率，同时宏小区将为小小区分配随机接入资源以及随机接入传输功率，并将这些信息发送给宏小区 UE；第三，宏小区 UE 接收宏小区发送的关于小小区的信息后，根据这些信息向小小区发送随机接入序列；第四，小小区根据随机接入序列确定宏小区 UE 随机的接入目的是否为了 RRM 测量，同时向宏小区 UE 发送随机接入响应消息；第五，宏小区 UE 向小小区发送 RRC 连接请求消息、控制消息或者业务数据分组 3 条消息，小小区对此做出反应，并向宏小区 UE 发送冲突解决信息；最后，宏小区 UE 根据随机接入响应消息中的测量子帧信息，在测量子帧上对小小区进行邻小区 RRM 测量。

7.2.3　基于动态分簇的干扰管理

在 UDN 上行系统中，系统性能主要受限于干扰，特别是当低功率基站和用户的密集度很大的时候，用户对低功率基站的干扰尤其严重，限制上行容量，降低系统性能。系统通过对低功率基站进行分簇处理，将低功率基站分成若干个簇来降低UDN 系统中用户对低功率基站的干扰。在低功率基站的数量很大的时候，分簇增益更为明显。分簇算法的目的是为了解决用户对低功率基站的严重干扰问题，达到提升系统容量的目的。分簇算法根据不同的分簇准则可以分为静态、半静态和动态 3 种分簇方法。在静态分簇算法中，簇的大小和簇内的低功率基站都是固定的。半静态算法簇的大小是固定的，但是簇内的低功率基站可以动态变化。动态分簇算法中，簇的大小和簇内低功率基站都是动态变化的。

为了提高 UDN 的上行容量，可考虑一种基于干扰矩阵的动态改进分簇算法[17]，以克服移动台之间的干扰。多小区协作技术也称为网络 MIMO，通过基站间的信息交互，实现联合发送/接收和协作处理，有效抑制小区间干扰，提高系统容量和边缘用户的质量。虽然理论上网络内的基站全部参加协作，能最大化协作增益，但同时带来大量的开销。分簇是将协作范围缩小至簇内，在获得大部分协作增益的同时，降低协作开销。也可以用户为中心构建初始小区，通过构建干扰图进行虚拟小区合并分簇，簇内基站通过迫零波束成形预编码、簇间基站通过最小均方误差预编码服务用户，以减小簇内和簇间干扰[18]。现有协作算法多关注于协作资源充足时对分簇协作增益的优化，如一种无线小型网络中动态分簇和用户关联方案[19]，将用户关联分解为动态分簇问题，提出了一个基于社会相似度的用户关联方法解决问题。

基于动态分簇的干扰管理方案[17]，其通过采用低功率基站分簇技术降低上行干扰，将低功率基站和对其干扰最强用户的服务低功率基站分到一个簇中，簇中所有的低功率基站同时为这些低功率基站服务的用户服务。系统通过对低功率基站进行分簇处理，将低功率基站分成若干个簇来降低 UDN 系统中用户对低功率基站的干扰。在低功率基站数量很大的时候，分簇增益更为明显。该分簇算法解决用户对低功率基站的严重干扰问题，提升了上行系统容量。

7.2.3.1　系统模型

系统中所有的低功率基站的集合用符号 A 表示，所有用户的集合用符号 U 表示。经过分簇算法，可以将集合 A 分成没有相同元素的一系列的子集，将这些子集作为元素，重新构成的集合用符号 R 表示。R 代表低功率基站簇的集合。低功率基站簇映射到它们所服务的用户上构成对应的用户簇，每个用户簇为集合 U 的子集。把这些用户簇作为元素，构成的集合用符号 L 表示。L 代表用户簇的集合。

设 $V(V \in R)$ 是一个低功率基站簇，V 映射到用户簇 $T(T \in L)$ 上，即 $V \to L$，V 中的低功率基站服务 T 中的用户。定义上行信道矩阵为 $H(V,T)$，用户簇 T 的发射信号向量为 $s(T)$，发射信号向量是方差为 1 的独立同分布高斯随机变量，即满足 $E[s(T)s(T)^{\mathrm{H}}] = I_{|T|}$。低功率基站簇 V 的接收信号向量为 $y(V)$。$n(V)$ 表示加性高斯白噪声，其满足 $E[n(V)n(V)^{\mathrm{H}}] = s^2 I_{|T|}$。假设用户的发射信号功率为 P，因此用户簇 T 的功率分配矩阵为 $A(T) = \sqrt{P} I_{|T|}$。低功率基站簇 V 的接收信号向量用式（7-1）表示：

$$y(V) = H(V,T)A(T)s(T) + \sum_{Q \in L, Q \notin T} H(V,Q)A(Q)s(Q) + n(V) \qquad (7\text{-}1)$$

通过分析，可以得到低功率基站簇 V 的上行容量为：

$$C(V) = 1b \left[\frac{\det \left(\dfrac{P}{\sigma^2} H(V,T) H(V,T)^{\mathrm{H}} + \displaystyle\sum_{Q \in L, Q \notin T} H(V,Q) H(V,Q)^{\mathrm{H}} + I_{|V|} \right)}{\det \left(\displaystyle\sum_{Q \in L, Q \notin T} H(V,Q) H(V,Q)^{\mathrm{H}} + I_{|V|} \right)} \right] \quad (7\text{-}2)$$

因此，整个系统的上行容量可以表示为：$C_{\text{total}} = \sum\limits_{V \in R} C(V)$。

7.2.3.2　动态分簇算法

具体分簇方案如下。

步骤 1　系统初始状态：每个低功率基站选择离它最近的用户进行服务，如果存在用户没有低功率基站对其进行服务，那么该没有被服务的用户则选择离自身最近的低功率基站作为该用户的服务低功率基站。初始状态的低功率基站簇是由每个单独的低功率基站构成，这些低功率基站初始簇的集合用符号 R_0 表示。低功率基站初始簇集合的大小已知，即 $|R_0| = N$。每个低功率基站簇映射到它服务的用户上构成其对应的用户簇。这些用户初始簇的集合用符号 L_0 表示。

步骤 2　定义维度为 $N \times M$ 的信号干扰矩阵如下：

$$S = \begin{bmatrix} I_{11} & I_{12} & \cdots & I_{1M} \\ I_{21} & I_{22} & \cdots & I_{2M} \\ \cdots & \cdots & \cdots & \cdots \\ I_{N1} & I_{N2} & \cdots & I_{NM} \end{bmatrix} \quad (7\text{-}3)$$

其中，$I_{im} = P \times |h_{im}|^2$，$h_{im}$ 为第 m 个用户到第 i 个低功率基站之间的信道系数。

步骤 3　根据 S_{ik}，$i \in \{1, \cdots, N\}$ 从大到小来依次更新低功率基站的簇。经过第 g 次更新，R_{g-1} 更新为 R_g，$g \in \{1, \cdots, N\}$。最终的分簇集合为 R_N，相应的最终的用户簇集合为 L_N。每次更新簇遵循以下准则：

（3.1）依次从大到小选择出第 i 个低功率基站的干扰项 I_{im}，$m \in \{1, \cdots, M\}$。

（3.2）定义参数门限值 δ，如果满足不等式 $I_{im} / S_{ik} < \delta$ 或 $I_{im} / \sigma^2 < \delta$，则认为该干扰项对当前低功率基站的干扰可以忽略，分簇情况保持不变。如果同时满足不等式 $I_{im} / S_{ik} \geq \delta$ 和 $I_{im} / \sigma^2 \geq \delta$，则将服务第 m 个用户的低功率基站加入第 i 个低功率基站所在的簇中。

（3.3）当第 i 个低功率基站的干扰项 I_{im}，$m \in \{1, \cdots, M\}$ 全部进行判断之后，则根据 S_{ik}，$i \in \{1, \cdots, N\}$ 从大到小的顺序，对下一个低功率基站进行步骤（3.1）。

步骤 4　当所有的低功率基站根据 $S_{ik}, i \in \{1, \cdots, N\}$ 从大到小的顺序依次进行一次步骤（3）之后，则停止分簇过程。

7.2.3.3　仿真结果分析

仿真采用图 7-6 所示的格点随机模型，低功率基站在每一个格点范围内随机均匀撒点，并且配置全向天线。用户的位置服从随机均匀分布。UDN 的仿真区域半径为 35 m。仿真中设置用户和低功率基站的最小距离 10 m。由于用户离低功率基站特别近时，其性能会非常好，而这种用户和低功率基站距离很近的情况在实际中很不常见，因此仿真中对用户和低功率基站之间的最小距离进行了限定。动态小区分簇仿真参数见表 7-2。

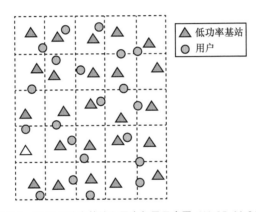

图 7-6　UDN 低功率基站和用户部署示意图（N=25, M=21）

表 7-2　动态小区分簇仿真参数

仿真参数	数值
载波中心频率	2 GHz
小区半径	35 m
用户数目	21
低功率基站数目	25

图 7-7 给出了静态分簇算法和半静态分簇算法中低功率基站平均上行容量和簇大小之间的关系。静态分簇算法中簇的大小和簇内低功率基站都是固定的。该算法按照低功率基站序列号，依次选择离它最近的几个低功率基站，并把它们分到一个簇中，已经被选择到一个簇中的低功率基站则不再进行主动的选择。虽然半静态分

簇算法中簇的大小固定，但是簇内低功率基站是可以变动的。该算法的初始状态和动态分簇算法相同，即每个低功率基站选择离它最近的用户进行服务，如果存在用户没有低功率基站对其进行服务，那么这个没有被服务的用户则选择离自身最近的低功率基站作为该用户的服务低功率基站。从图 7-7 可以看出，随着簇大小的增加，平均上行容量也随之增加。

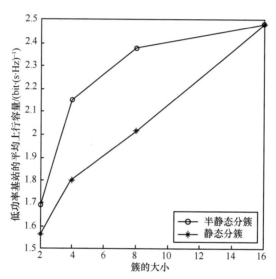

图 7-7　低功率基站平均上行容量与簇的大小（簇内低功率基站数目）之间的关系

图 7-8 给出动态分簇算法中低功率基站平均上行容量与参数门限值 δ 之间的关系。从图 7-8 可以看出，随着参数门限值 δ 的增加，低功率基站平均上行容量随之减小。参数门限值 δ 取值越小，簇的规模越大，因此系统运算复杂度也会大大增加。在 UDN 系统中，动态分簇算法可以根据实时的用户到低功率基站之间的信干噪比动态调节参数门限值 δ 的取值，可以保证较高的用户服务质量，并且保证系统复杂度处于可以接受的水平。

图 7-9 中给出不同分簇算法下，低功率基站平均上行容量的对比。为了客观地评价 3 种算法的仿真性能，对这 3 种算法选择了合适的仿真参数。当参数门限值 δ 取 0.02 时，低功率基站簇的平均大小为 3。因此在静态和半静态算法中，设定低功率基站簇的大小为 3，从图 7-9 可以看出，静态分簇算法中的低功率基站平均上行容量小于其他两种算法中低功率基站的平均上行容量。这是因为静态分簇算法中根据距离进行分簇，没有考虑实际的接收信号强度，不能对所有用户的干扰进行有效的管理。

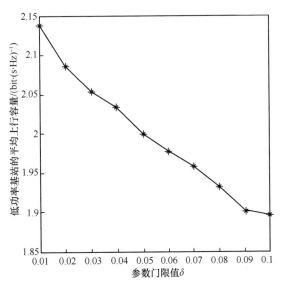

图 7-8　动态分簇算法中低功率基站平均上行容量与参数门限值 δ 之间的关系

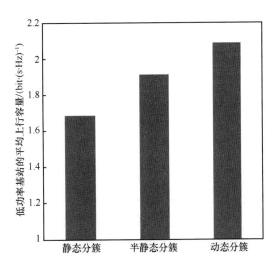

图 7-9　3 种分簇算法的上行容量对比

　　在半静态分簇算法中，低功率基站根据用户的干扰信号强度进行分簇，由于簇的大小固定，限制了簇的灵活性，因此依旧存在簇外对低功率基站干扰很强的用户，这限制了上行容量的提升。低功率基站之间的协作可以降低干扰，同时需要大量的信息交互，增加了额外的开销。在使用动态分簇算法时，系统可以根据信道状态信息的情况设置合理的参数门限值 δ 。在信道状态信息较差的情况下，$I_{im}, i \in \{1, \cdots, N\}$，

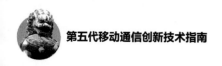

$m \in \{1, \cdots, M\}$ 整体偏小，这个时候需要相应地减小参数门限值 δ 使低功率基站能够协作降低干扰；在信道状态信息较好的情况下，$I_{im}, i \in \{1, \cdots, N\}, m \in \{1, \cdots, M\}$ 整体偏大，这个时候需要相应地增大参数门限值 δ 使簇内的低功率基站数目不至于太多，控制系统复杂度在可以接受的范围。动态分簇算法中灵活的簇大小以及分簇方式，可以在系统复杂度和干扰之间获得一个很好的平衡，从而在合理开销情况下获得更大的系统增益。

7.2.4 基于虚拟小区的干扰对齐

干扰对齐作为一种有效的新型干扰消除技术，是 UDN 干扰管理的重要手段。传统的干扰规避算法无法逼近最优的纳什均衡点，而干扰对齐在理论上提供了可能。干扰对齐是通过设计预编码矩阵和干扰抑制矩阵，使干扰信号在移动用户端对齐到同一个空间上。由于正交补空间中包含期望信号，故可以利用干扰抑制矩阵消除干扰，解码得到期望信号。

基于虚拟小区的干扰对齐技术，聚焦于 UDN 中以用户为中心的虚拟小区进行干扰对齐，从而消除干扰。考虑虚拟小区簇的实际场景，通过构建干扰列表，将虚拟小区划分为不同的簇，在不同的虚拟小区簇中使用干扰对齐算法，在决定了不同虚拟小区的发射波束成形矩阵后，可以为所有用户设计接收波束成形矩阵，利用最小均方误差（Minimum Mean Square Error, MMSE）方法消除干扰[18]。

7.2.4.1 系统模型

考虑一个圆形区域 $\mathcal{A}$，其中 M 个一致的分布天线（Distributed Antenna, DA）服务 K 个随机部署的 UE。记 UDN 中 DA 和 UE 集合分别为 $\mathcal{M}$ 和 $\mathcal{K}$，$|\mathcal{M}|=M$ 且 $|\mathcal{K}|=K$。假定 $M \gg K$，即 DA 数量远多于 UE 数。每个 UE 装配有 N 个天线，且所有 DA 连接到一个中央处理器，其中下一代前传接口（Next Generation Fronthual Interface, NGFI）用于支持必要的信道状态信息（Channel State Information, CSI）和控制信令交换。对 UDN 中任意用户 k（$k \in K$），其初步选择 N 个最近的 DA 来组成其虚拟小区，记为 V_k，如图 7-10 所示。这 N 个 DA 组成了用户 k 的初始服务 DA。

在虚拟小区合并之后，若存在 T 个已经合并的虚拟小区簇，则记第 t^{th} 个合并虚拟小区的用户和 DA 集合分别为 $\mathcal{K}_t$ 和 $\mathcal{C}_t$，$|\mathcal{K}_t|=K_t$，$|\mathcal{C}_t|=C_t$。每个用户从相应的接收机中，沿着线性独立波束成形向量，收到 d 个独立的数据流。假定 $H_{i,t}$ 为 DA 集合到第 i 个 UE 的信道矩阵，经过合适地发射波束成形，第 k 个用户的接收信号可以表示为：

$$y_k = \sqrt{p} H_{k,k} V_k s_k + \sqrt{p} \sum_{i=1, i \neq k}^{K} H_{k,i} V_i s_i + n_k \tag{7-4}$$

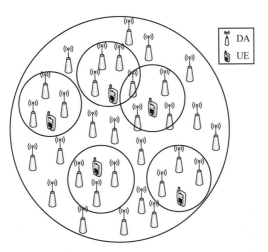

图 7-10　以用户为中心的虚拟小区

其中，p 为分配给 UE k 符号向量的下行发射功率，V_k 为发射到 UE k 的波束成形矩阵，$V_k = \{v_k^1, v_k^2, \cdots, v_k^d\}$，$s_k$ 为发送给 UE k 的发射符号向量，记为 $V_k = \{v_k^1, v_k^2, \cdots, v_k^d\}$，$n_k$ 为用户 k 处的噪声向量，服从 $CN(0, \sigma^2 I_N)$。

由每个 UE 处的接收信号表达式，可以设计接收波束成形矩阵 W_k，以消除来自于其他 DA 的干扰信号，第 k 个接收机的接收信号可以写为：

$$\tilde{y}_k = W_k^{\mathrm{H}} \sqrt{p} H_{k,k} V_k s_k + W_k^{\mathrm{H}} \sqrt{p} \sum_{i=1, i \neq k}^{K} H_{k,i} V_i s_i + W_k^{\mathrm{H}} n_k \tag{7-5}$$

用户 k 的可达速率为：

$$R_k = \sum_{i=1}^{d} \mathrm{lb} \left(1 + \frac{P \left\| (w_k^i)^{\mathrm{H}} H_{k,k} v_k^i \right\|^2}{P \left\| J_1 \right\|^2 + P \left\| J_2 \right\|^2 + (w_k^i)^{\mathrm{H}} \sigma^2} \right) \tag{7-6}$$

其中，J_1 为相同 UE 中不同数据流的干扰，J_2 是不同 UE 的干扰。

$$J_1 = (w_k^i)^{\mathrm{H}} \sum_{j=1, j \neq i}^{d} H_{k,k} v_k^j \tag{7-7}$$

$$J_2 = (w_k^i)^{\mathrm{H}} \sum_{m=1, m \neq k}^{K} \sum_{j=1}^{d} H_{k,m} v_m^j \tag{7-8}$$

7.2.4.2　干扰对齐算法

考虑 UDN 中的虚拟小区分簇，每个簇由 3 个虚拟小区组成。对任意用户 $k \in K$ ，在 $\gamma_{k,K \setminus k}$ 中找到与之相对应的最大干扰强度， $\gamma_{k,K \setminus k}$ 为用户 k 的干扰强度列表，找到相互之间具有最强干扰的用户 k 和用户 j ，记：

$$\{k,j\} = \{k',j' \mid \max(\gamma_{k,j})\} \tag{7-9}$$

找到第 3 个用户 q ，其对用户 k 和用户 j 有最强的干扰：

$$\{q\} = \{q', \max(\gamma_{k,q'} + \gamma_{j,q'})\} \tag{7-10}$$

这样，3 个最强干扰用户 $\{k,j,q\}$ 和 DA 集合 $C_t = M_{V_k} \bigcup M_{V_j} \bigcup M_{V_q}$ 可以组成一个虚拟小区。

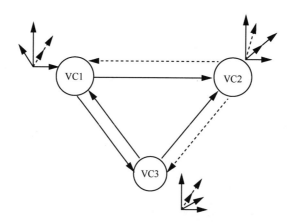

图 7-11　一个簇内的干扰对齐

　　图 7-11 给出了簇的发射波束成形矩阵的设计过程。其中，干扰可以在每个接收机的较小维度子空间上对齐，然后可以通过 IA 在无干扰维度上传输期望信号。假设收发端均已知信道状态信息（Channel State Information，CSI），有 3 个虚拟小区 VC 1、VC 2 和 VC 3，对应的用户为 UE 1、UE 2 和 UE 3。考虑 VC 1、VC 2 到 UE 3 的干扰，VC 1 和 VC 2 引起的干扰应该在 $N/2$ 维度上对齐，以便从 N 维接收信号向量中得到 $N/2$ 的无干扰维度。虚线箭头表示从 VC 3 到 VC 1 和 VC 2 的干扰。点虚线箭头表示从 VC 2 到 VC 1 和 VC 3 的干扰。实线箭头表示从 VC 1 到 VC 2 和 VC 3 的干扰。二维坐标系中，来自其他 VC 的干扰可以在每个接收机处被对齐成一

个较小维度的子空间。

因此，获得以下条件：

$$\mathrm{span}(H_{3,1}V_1) = \mathrm{span}(H_{3,2}V_2) \qquad (7\text{-}11)$$

其中，$\mathrm{span}(\cdot)$ 表示矩阵列向量的生成子空间，V_1 和 V_3 表示 VC 1 和 VC 3 的发射波束成形矩阵。然后考虑其他两个虚拟小区对 UE 1 和 UE 2 的干扰。

$$\mathrm{span}(H_{2,1}V_1) = \mathrm{span}(H_{2,3}V_3) \qquad (7\text{-}12)$$

$$\mathrm{span}(H_{1,3}V_3) = \mathrm{span}(H_{1,2}V_2) \qquad (7\text{-}13)$$

经过推导，可以得到 V_3 的发射波束成形矩阵：

$$v_3^i = \mathrm{eigvec}(H_{2,3}^{-1}H_{2,1}H_{3,1}^{-1}H_{3,2}H_{1,2}^{-1}H_{1,3}) \qquad (7\text{-}14)$$

其中，$i = 1, 2, \cdots, N/2$ 表示不同的数据流，归一化后，可以得到：

$$v_3^i = \frac{\mathrm{eigvec}(H_{2,3}^{-1}H_{2,1}H_{3,1}^{-1}H_{3,2}H_{1,2}^{-1}H_{1,3})}{\left\| H_{2,3}^{-1}H_{2,1}H_{3,1}^{-1}H_{3,2}H_{1,2}^{-1}H_{1,3} \right\|} \qquad (7\text{-}15)$$

$$v_1^i = \frac{\mathrm{eigvec}(H_{2,1}^{-1}H_{2,3}v_3^i)}{\left\| H_{2,1}^{-1}H_{2,3}v_3^i \right\|} \qquad (7\text{-}16)$$

$$v_1^i = \frac{\mathrm{eigvec}(H_{1,2}^{-1}H_{1,3}v_3^i)}{\left\| H_{1,2}^{-1}H_{1,3}v_3^i \right\|} \qquad (7\text{-}17)$$

在确定了 V_1、V_2 和 V_3 的发射波束成形矩阵之后，可以为所有 UE 设计接收波束成形矩阵 W_k，以消除来自其他虚拟小区的干扰信号。通过优化求解，得到：

$$W_k = \frac{\left[\sum_{l=1}^{K} (H_{k,l}V_l V_l^{\mathrm{H}} H_{k,l}^{\mathrm{H}}) + \sigma^2 I_N \right]^{-1} H_{k,k}V_k}{\left\| \left[\sum_{l=1}^{K} (H_{k,l}V_l V_l^{\mathrm{H}} H_{k,l}^{\mathrm{H}}) + \sigma^2 I_N \right]^{-1} H_{k,k}V_k \right\|} \qquad (7\text{-}18)$$

7.2.4.3 性能分析

图 7-12 展示了不同传输方案下平均用户速率与 SNR 的关系。其中，基站数 $M = 1\,000$，用户数 $K = 51$，用户天线数量 $N = 2, 4, 8$。使用小区分簇方案，每 3 个用户的虚拟小区构成虚拟小区簇，其数量共有 17 个。可以发现，在所有传输方案中，平均用户速率随着 SNR 的上升而上升，且提出的基于虚拟小区 IA 方案可以在不同 UE 天线数的情况下，比 ZF 和 MRT 取得更高的速率。且随着 UE 天线数增加，IA 和 MRT 的用户平均速率增加，但 ZF 却刚好相反，这是因为 ZF 无法减少其他 UE

数据流的干扰，来自其他 UE 数据流的干扰会随着天线数的增多而增多。

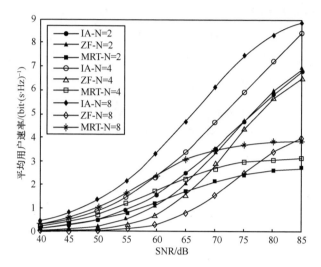

图 7-12　不同干扰管理算法的平均用户速率与 SNR 的关系

图 7-13 展示了不同传输方案下平均用户速率与 DA 数量的关系，可以明显观察到：在所有传输方案中，随着 DA 数的增加，用户平均速率均增加。原因可能是随着 DA 的密集部署，更多的 DA 有机会位于用户的范围内，这将使小尺度衰落减小，由此得到更大的信道增益。还可以发现，基于虚拟小区分簇的 IA 方案在不同 UE 天线数量下，均胜过 ZF 和 MRT 方案。

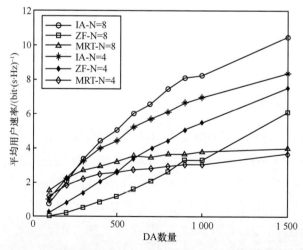

图 7-13　不同干扰管理算法的用户平均速率与 DA 数量关系

7.2.5　多小区干扰管控的资源分配

资源分配是多小区干扰管控的一种重要手段，主要包括基于标准凸优化的功率控制算法和基于博弈论的功率控制算法[20]。

在多小区场景中，对于基于效用函数的凸优化功控问题，目标函数往往是非凸的，求解最优解的复杂度很高，为降低复杂度，通常采用近似迭代的方法获得次优解或者给出启发式算法。考虑在异构网络中，UE 的上行功率控制问题，包括时延、分组丢失在内的各项约束。通过转换，将原来的一个非凸问题变为了一个易于分析的凸问题[21]。为了降低计算复杂度，有研究提出了基于簇的能效资源管理方案[22]。为了最大化能效，分两步进行优化：先分簇降低计算复杂度、减小干扰，再通过博弈进行资源块分配和功率分配。在 UDN 中的上行传输中，随着密度的增加、干扰的增加，对网络资源的高效利用以及 QoS 的提供提出了挑战。

在多小区场景中，基于博弈论的分布式功率控制策略也是主流之一。博弈论大体分为两类：基于协作的博弈和基于非协作的博弈，前者博弈的各方需要拥有彼此的少量信息，而后者没有任何信息交互。这两类博弈方式都需要在迭代的过程中收敛到局部最优点或全局最优点。协作博弈的功率控制算法一般基于标准函数的形式，满足标准函数性质的功率控制博弈算法必然收敛。而对于非协作博弈算法通常采用价格函数方式，可将价格定义为消耗的功率或者对同频小区的干扰，算法的收敛性原则主要通过超模博弈证明。

在分析了干扰感知资源竞争后，使用博弈论算法研究了具有双重目标的超密网络中的上行链路传输策略，优化每个用户的性能[23]。有研究将多用户接入和资源分配问题作为混合整数非线性规划问题。提出 UE、AP、RB 的三维匹配算法，利用 NOMA 技术进行功率分配，来提高系统吞吐量[24]。在无线回传链路和以用户为中心的簇的接入链路进行资源的联合优化。目标是在回传资源受限的情况下最大化所有用户的权重和速率（WSR）。使用近似方法将非凸回传约束转换，然后，基于连续参数凸近似方法将目标函数重写为一组二阶锥约束，并基于其性质提出迭代算法[25]。为了降低干扰并提高系统能效，已进行了一些资源管理方面的研究[26-27]。为了得到以用户为中心的小区内的多个基站功率分配的可行解，针对以用户为中心的接入架构，利用随机几何理论，提出了一种基于凸优化可微理论（Differ of Convex Programming Theory，DCP）

的低复杂度算法，将原始非凸问题改写为凸问题进行求解[28]。

通常在资源配置的过程中需要将资源块和功率分配联合考虑。也可以既考虑资源块分配，又考虑功率分配[22]。为了降低计算复杂度，提出了基于簇的能效资源管理方案。为了最大化能效，分两步进行优化：第一步先进行减法分簇和 *K*-means 分簇算法，以减小干扰并降低计算复杂度；第二步再通过非合作博弈算法进行资源块分配和功率分配。考虑了两种类型的低功率基站：微微小区基站（Pico BS，PBS）和毫微微小区基站（Femto BS，FBS），根据资源管理方案，同时对两种类型基站进行资源块和功率分配。

7.2.5.1　系统模型

考虑由微微小区（picocell）层和毫微微小区（femtocell）层组成的两层下行链路 UDN，如图 7-14 所示，三角形和五角星分别代表 PBS 和 FBS。每个 Voronoi 小区是 PBS 的覆盖范围，圆的面积代表 FBS 的覆盖范围。将 PBS 和 FBS 建模为独立同分布的 HPPP 模型，密度为 λ_p 和 λ_f。

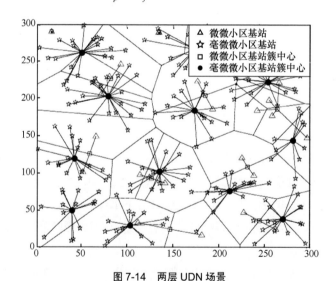

图 7-14　两层 UDN 场景

7.2.5.2　资源块和功率联合分配算法

总的吞吐量为：

$$R(P) = \sum_{i \in C} \sum_{m \in M_{c,i}} \sum_{l \in L} \chi_{p,i,m}^{l} R_{p,i,m}^{l} + \sum_{j \in F} \sum_{m \in M_{f,i}} \sum_{l \in L} \chi_{f,j,m}^{l} R_{f,j,m}^{l} \qquad (7\text{-}19)$$

其中，P 是 BS 的功率可行域，$\chi_{p,i,m}^l$ 是指示变量，$\chi_{p,i,m}^l=1$ 时表示 RB l 被 picocell i 分配给 UE m，$\chi_{p,i,m}^l=0$ 时则没有分配给 UE。$R_{p,i,m}^l$ 为 picocell i 到 UE m 在 RB$_l$上 的数据速率。

总的功率损耗为：

$$p_t(P)=\sum_{i\in C}\sum_{m\in M_{p,i}}\sum_{l\in L}\chi_{p,i,m}^l\xi_p P_{p,i}^l+C\cdot P_{C,p}+\sum_{j\in F}\sum_{m\in M_{f,j}}\sum_{l\in L}\chi_{f,j,m}^l\xi_f P_{f,j}^l+C\cdot P_{C,f} \tag{7-20}$$

其中，ξ_p、ξ_f 为功率放大器能量转换效率——漏极效率的倒数 $\xi_p\geqslant 1,\xi_f\geqslant 1$。

（1）BS 分簇

先减法分簇，以获得基于 SF 的 FBS 簇中心集合 FZ 和 K 个 FBS 簇。再用 K 平均算法获得簇的集合 $FC=\{FC_1,FC_2,\cdots,FC_K\}$。

（2）UE 分组

为了减小簇内干扰，使用修改的 UE 分组算法。先构建干扰图 $G(V;E)$，顶点集合 V 对应于 UE，边集合 E 表示每个 FBS 簇或 PBS 簇中的 UE 之间的下行链路干扰情况。使用相对信道损失 $\beta_{p,i,m}$ 和 $\beta_{f,j,m}$ 描述来自每个 PBS 簇或 FBS 簇中的非服务 BS 的总干扰对 UE 的影响：

$$\beta_{f,j,m}=\frac{\sum_{t\neq j,j\notin FC_k}\mathrm{PL}_{f,t,m}+\sigma^2}{\mathrm{PL}_{f,j,m}} \tag{7-21}$$

其中，$\mathrm{PL}_{f,j,m}$ 为 FBS j 到 UE m 的路径损耗。

（3）RB 分配

对于每个簇，根据 UE 数目对 UE 组进行降序排序，计算每个 UE 组的每个 RB 的信道增益：

$$G_\varphi^l=\sum_{m\in\varphi}G_m^l,\forall l\in L \tag{7-22}$$

选取当 UE 组的信道增益最大时的 RB：

$$l^*=\arg\max_l G_\varphi^l \tag{7-23}$$

用户 m 接收到第 i 个 PBS 在资源块（RB）l 上的 SINR 可表示为：

$$\mathrm{SINR}_{p,i,m}^l=\frac{P_{p,i}^l G_{p,i,m}^l}{\sum_{t\neq i,t\in C}P_{p,t}^l G_{p,t,m}^l+\sum_{j\in F}P_{f,j}^l G_{f,j,m}^l+\sigma^2} \tag{7-24}$$

其中，P_p 表示第 i 个 picocell 的最大传输功率，$P_{p,i}^l$ 表示第 i 个小小区在资源块 l 上的发送功率，$G^l_{p,i,m}$ 表示小小区 i 对用户 m 在资源块 l 上的信道增益，σ^2 是加性高斯白噪声的方差。

（4）功率分配

由于 UDN 中有大量的 BS，集中式的功率分配是不切实际的。在这种情况下，可以寻找分布式功率分配的非最优解决方案，作为玩家的每个 BS 都会自行分配功率以最大限度地提高自身的能效。FBS j 的最优功率分配方案表示为：

$$P^*_{f,j} = \arg \max_{p^l_{f,m} \in P_f} \eta_{f,j}(P_{f,j}, P_{f,-j}) \qquad (7\text{-}25)$$

其中，$P_{f,j}$ 表示 FBS j 的功率分配向量的集合，$P_{f,-j}$ 表示其他 FBS 的功率分配向量的集合，$\eta_{f,j}(\cdot)$ 表示 FBS j 的能效。基于非合作博弈的功率分配算法如下。

输入： FC_k，T，ε

输出： FC_k 的所有 FBS 的功率分配向量 P_{FC_K}

初始化： 设置最大迭代次数 T，最大容忍度 ε，初始迭代值 $t=0$，初始 EE $\eta_{FC_K}(t)=0$

令 $P^l_{f,j} = \dfrac{P_f}{L}$，$Q_{FC_K} = \dfrac{R_{FC_K}(P_{FC_K})}{P_t(P_{FC_K})}$

重复：

令 $t=t+1$，更新 FC_K 中的功率分配

如果 $\eta_{FC_K}(t) - \eta_{FC_K}(t-1) < \varepsilon$

返回 P_{FC_K}，Q_{FC_K}

否则

$$Q_{FC_K} = \frac{R_{FC_K}(P_{FC_K})}{P_t(P_{FC_K})}$$

直到算法收敛或 $t=T$

T 表示最大迭代次数，ε 表示最大容忍度（Tolerance Value），FC_k 表示 FBS-cluster，$Q_{FC_K} = \{\cdots, q_{f,j}, \cdots\}, j \in FC_K$ 每次迭代的输入集合，表示 FC_k 簇中 FBSs 当前的能效集合，P_{FC_K} 表示 FC_k 簇中 FBS 的输出功率向量。首先令基站在每个资源块上的发射功率都相等，即 $P^l_{f,j} = \dfrac{P_f}{L}$。$FC_k$ 簇中 FBS 当前的能效集合为 $Q_{FC_K} = \dfrac{R_{FC_K}(P_{FC_K})}{P_t(P_{FC_K})}$，其代表簇内用户的数据速率与功耗的比值。然后能效在容忍度

范围 ε 内进行迭代操作，直到达到最大迭代次数或算法收敛。

7.2.5.3　性能分析

对 4 种相关的资源管理方案进行比较，具体见表 7-3。

表 7-3　4 种相关的资源管理方案

名称	BS 分簇	UE 分组	RB 分配	功率分配
S1	算法 1	算法 2	算法 3	算法 4
S2	算法 1	算法 2	算法 3	平均功率分配
S3	算法 1	—	随机 RB 分配	算法 4
S4	—	—	随机 RB 分配	平均功率分配

注：算法 1、算法 2、算法 3、算法 4 分别是 BS 分簇算法、UE 分组算法、RB 分配算法和功率分配算法。

　　理论上，系统吞吐量随着 RB 数量的增加而增加。但是，随着 FBS 密度的增加，系统会引入严重的小区间干扰，使得每个 RB 上的速率大大降低。因此，如图 7-15 所示，所有方案的系统频谱效率随着 FBS 密度增加而降低。值得注意的是，当 $\lambda_f > 0.0012$ 时，方案 S1 具有最高的系统频谱效率。

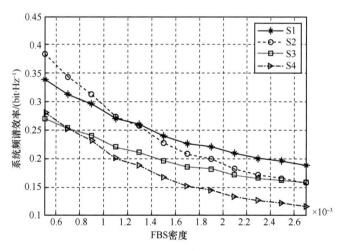

图 7-15　FBS 不同密度下的系统频谱效率

　　与系统吞吐量和系统频谱效率的变化曲线不同，图 7-16 中的能量效率随着 λ_f 的增加而增加，然后到达一定值后开始减小。这是因为当 λ_f 超过一定的门限时，继续

增加 λ_f 将使更多的干扰 FBS 接近 UE，导致系统吞吐量的增益无法抵消功耗增加的影响。随着 FBS 密度的增加，S1 和 S3 的系统能量效率比 S3 和 S4 降低得更慢。这表明所提功率分配算法有效地提高了能效。特别地，当 $\lambda_f > 0.0009$ 时，方案 S1 具有最高的能效，并且当 $\lambda_f > 0.0027$ 时，与 S4 相比，S1 提高了 71% 的能量效率。随着 λ_f 的进一步增加，这个优点将更加明显。

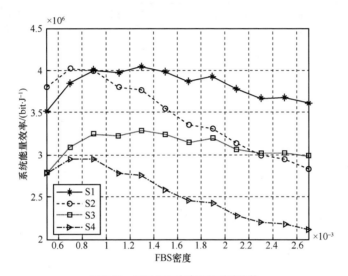

图 7-16　FBS 不同密度下的系统能效

|7.3　UDN 回传技术 |

7.3.1　传统回传技术

UDN 回传是来自基站的数据通过直连或者网连方式传向网络核心的过程，主要起到传输和聚合数据的作用。

传统回传技术一般分为有线回传和无线回传两种。有线回传一般指的是基于 x 数字用户线（xDSL）或者光纤的回传技术，它具有高速率、高吞吐量、超长距离传输、低时延的优点。考虑 UDN 的"即插即用"要求，传统回传技术无法满足 UDN 小基站灵活部署的需求。由表 7-4 可以看出，xDSL 只能提供 100 Mbit/s

的上限传输容量，与光纤相比时延相对大一些，加之基于铜线的有线传输的可扩展性较弱，随着越来越多的微小区的部署，基于铜线的有线回传逐渐会被基于光纤的有线回传代替。一些基于光纤的回传可以实现"理想"回传，满足传输容量的需求，大规模的部署有线光纤非常昂贵，单一的有线回传在 UDN 中将不再适用。

与有线回传不同，无线回传技术具有安装成本适中、部署时间相对较短、具有较高的可扩展性等优点，在 UDN 中有一定的应用前景。由于无线回传在传输速率和时延上并没有有线回传效果好，故只使用传统的无线回传技术，UDN 的传输速率将不能得到保障。

表 7-4　有线无线回传技术参数对比表

对比项	回传技术	时延（一跳）	容量
"理想"回传	光纤	<2.5 μs	>10 Gbit/s
"非理想"回传	光纤	10～30 ms	10 Mbit/s～10 Gbit/s
	光纤	5～10 ms	100～1 000 Mbit/s
	光纤	2～5 ms	50 Mbit/s～10 Gbit/s
	xDSL	15～60 ms	10～100 Mbit/s
	电缆	25～35 ms	10～100 Mbit/s
	无线回传	5～35 ms	10～100 Mbit/s

5G 对于吉比特传输的速率需求，在小小区的无线接口处，会受到传统有线或者无线回传速率的限制。表 7-5 给出了目前 UDN 几种典型的应用场景以及回传链路的相关需求。

表 7-5　UDN 典型场景及回传需求

应用场景	特点	回传条件
办公室	站址资源丰富，传输资源充足，用户静止或慢速移动	有线回传基础较好
密集住宅	用户静止或慢速移动	站址获取难、传输资源不能保证，存在无线回传需求，有线/无线回传并存
密集街区	需考虑用户移动性	室外布站，存在无线回传需求，有线/无线回传并存

（续表）

应用场景	特点	回传条件
校园	用户密集，站址资源丰富，传输资源充足	有线回传基础较好
大型集会	用户密集，用户静止或慢速移动	站址难获取，传输资源不能保证，存在无线回传需求，有线/无线回传并存
体育场	站址资源丰富，传输资源充足	有线回传基础较好
地铁	用户密集，用户移动性高	存在无线回传需求

如果回传采用传统的树状拓扑形式，那么系统容量会受限于树干支路的容量，还要考虑由分支带来的时延性问题，较高的时延也会影响到用户相应的切换性能。单纯从理论上考虑，光纤有微秒级的时延以及较高的吞吐量，虽然能较好地满足 UDN 的需求，但在实际应用中需要较多的资源开销，因此传统的回传技术在 UDN 中并不可行，需要重新设计 UDN 的回传链路架构以满足高传输量与低时延的需求。

7.3.2 新型回传技术

7.3.2.1 混合回传技术

（1）无线网状网络架构

为了满足 UDN 中小基站"即插即用"、回传链路间低时延、高传输容量的需求，在回传链路中，需要将有线回传技术和无线回传技术联合考虑，取长补短，产生一种新型的混合回传技术支持的无线网状网络。这种网状传输网络结合了有线回传链路和无线回传链路的优点，既可以保证较高的数据传输速率和数据流密度，又可以满足密集基站部署对灵活性的需求，是一种可以实现基站间高效、高速、自我优化和自我维护的传输网络。高度的灵活性和可扩展性，以及链路间的高传输率、低时延，使无线网状网络成为 5G UDN 回传链路中的关键技术，图 7-17 是无线网状网络架构。

在 UDN 中，密集基站除了需要满足"即插即用"的灵活特性外，它们的部署对地理位置、传输介质的要求也相对较高，为了解决在网络部署过程中需要大量光纤资源的问题，有线回传基站间的传输采用无线回传链路是非常有效的。

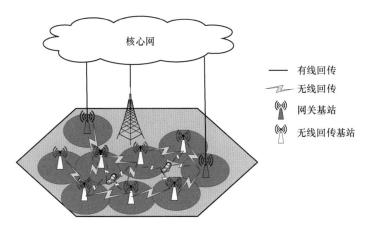

图 7-17　无线网状网络架构

在无线回传基站与核心网的连接中，为了降低传输时延并保证系统容量，选取某些无线回传基站作为网关基站，网关基站之间的连接或者网关基站与无线回传基站之间的连接依旧采用无线回传链路，而网关基站与核心网的连接则采用高传输量、低时延的光纤形成有线回传链路。

图 7-17 显示，在无线网状网络中，无线回传基站在回传自己数据的同时，也可以作为中继来回传其他基站的数据。在这种传输方式下，不仅回传基站通过无线方式可以快速交换用户的相关信息、传输资源等，而且可以通过不同回传基站之间的协同作用进一步提升系统性能并保证服务的可靠性。

（2）混合分层回传技术

为了更好地部署小小区，考虑在无线网状网络中利用混合分层回传技术，它的基本思想是根据基站的不同作用来标记不同的回传层，具体架构如图 7-18 所示。一级回传层包含宏小区基站和其他由有线回传链路连接的小小区基站，二级回传层中的小小区基站经过一跳的无线回传链路与一级回传层中的小小区基站相连接，以此类推，每一个下一级回传层中的小小区基站都与上一级回传层中的小小区基站通过一跳的无线回传链路相连接。这种架构通过固定或者自适应的连接方式将有线回传链路和无线回传链路结合在一起，在实际的网络部署过程中，小基站只需要与上一级回传层基站建立起无线回传链路连接就可以提供上述的"即插即用"的网络连接方式。混合分层回传技术主要应用于有线传输资源受限的密集街区、密集住宅、大型集会等典型应用场景。

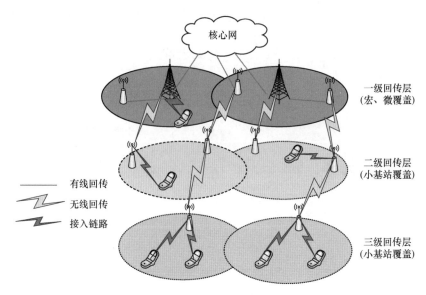

图 7-18　混合分层回传架构

　　混合分层回传技术的可扩展性主要体现在其"即插即用"的特点，它可以分阶段地部署密集小基站。比如在一级回传层中，直接用光纤做有线回传链路的资源，当系统容量需求增加的时候，则需要更进一步地部署二级回传层小基站，这时只需要采用无线回传的方式将其与一级宏基站或者小基站相连接即可，不需要改变其他的连接属性。相应地，当需要进一步增加传输容量的时候，可以在二级基站下进一步通过无线回传链路接入新的小基站，增强了系统的灵活性和可扩展性。

　　从混合分层回传架构的实现角度来看，一级回传层中基站的部署不需要考虑同频和异频的问题，与现存的宏基站的部署相似，然而当接入二级回传层时，也就是说当部署第二层中的小基站时，就需要考虑同频部署和异频部署的问题。各层链路示意图如图 7-19 所示，如果只存在前两级回传层，接入链路（链路 3 与链路 4）采用同频部署的方法，那么系统中的回传链路（链路 1 和链路 3）将有同频部署和异频部署两种可能性。下面分情况进行讨论。

　　（1）如果回传链路采用异频部署，那么对于一级回传层的基站来说，它需要同时满足一级的终端用户和二级回传层中小基站的接入，与此同时，回传链路中相应的宏基站与小基站需要配备两套具有不同频点的收发装置来解决回传链路中异频部署的问题。

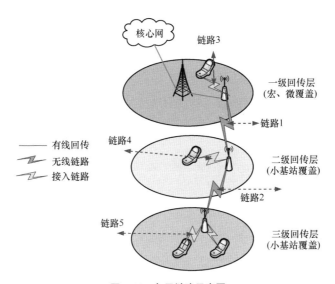

图 7-19　各层链路示意图

（2）如果回传链路采用同频部署，那么二级回传层中的小基站在进行传输时，需要将接入链路与回传链路通过时分的方式来划分。

如果终端用户需要通过载波聚合技术来提升频谱效率的话，那么接入链路 3 和链路 4 可以采用异频部署，但是这种部署方法无疑会使系统对频谱的利用更加复杂。以此类推，对于具有三级回传层的微基站的接入来说，将会涉及更多的接入链路和回传链路，使网络部署的复杂度增加，同时也增加了运营商在部署小基站时的难度。

在实际部署过程中，主要考虑当前所具有的可操作频段以及对已有网络架构的向前兼容性，在保证性能的同时尽可能多地降低建设成本。在具体实践过程中，一般遵循如下规律[29]：

（1）在多跳的回传链路之间采用相同的频段；

（2）不同小基站之间的接入链路采用相同的频段；

（3）多层基站的接入链路可以参照系统中第一、第二回传层的接入链路，可以采用不同的频段来部署。

从负载均衡的角度看，可以将一些需要高负载的终端用户接入一级回传层的基站，减少多跳之间容量受限对它带来的影响，对于一些需要低负载的终端用户则可以把它们接入二级回传层或者更低一级的回传层，实现负载与容量之间的均衡。

从业务分流的角度看，可以考虑把终端用户重复接入一级回传层或者二级回传层等，当有业务传输需求时，那些低时延需求高的业务将直接在第一级回传中发送，

对时延要求不是那么高的业务可以放在其他回传层中进行传输。

从资源分配的角度看，可以考虑预定义方式和自适应的资源调度方式，预定义的处理方式可以使后期对于基站的维护简单一些，而自适应的资源调度方式则更符合 UDN 中"即插即用"的特点，二者各有好处，在实际网络部署过程中一般会根据系统需求进行选择。

7.3.2.2　自回传技术

在大量传输点（TP）密集部署的场景下（如密集街区），考虑电缆或光纤的部署或租赁成本、站址的选择及维护成本等，有线回传的成本可能高得难以接受。对于微波回传，也存在增加硬件成本，增加额外的频谱成本（使用非授权频谱，传输质量得不到保证），传输节点的天线高度相对较低，微波更容易被遮挡而导致回传链路质量剧烈波动等问题。

无线自回传技术的回传链路利用与接入链路相同的频谱和无线接入技术，共用同一频带，通过时分或频分方式复用资源，减少频谱及硬件成本。自回传不需要任何的电缆连接，具有成本效益，支持无规划或半规划的部署，以及接入链路的频谱和无线接入技术（RAT）共享[29]。此外，自回传也可以通过使用授权频谱和接入链路的联合优化确保链路质量。通过使用内容预测和缓存技术，自回传节点还可以在密集部署的网络中提供流量卸载等服务[30]。

在 UDN 中使用自回传技术也存在链路容量的提升、灵活的资源分配和路径选择等问题。回传链路和接入链路之间的联合资源分配和优化是提高无线电资源效率和自回传容量的有效方式。根据上/下行流量波动的特点，充分利用无线资源，也需要考虑上/下行链路的灵活资源分配。

除了提高容量外，UDN 的设计还应该考虑其他的 5G 要求，如内容分集、低延时高可靠通信、大量机器通信等。如何与 mmWave 和 eSON 共存以及如何利用 IT 领域的输出都值得被深入研究[30]。

7.3.3　回传技术应用

7.3.3.1　基于毫米波和大规模 MIMO 的无线回传

图 7-20 为基于毫米波和大规模 MIMO 的无线回传模型[31]。

图 7-20　基于毫米波和大规模 MIMO 的无线回传模型

　　UDN 的实现需要用一个可靠的、千兆赫兹带宽的回传来连接宏小区基站和相关的小小区基站。经证明，1～10 GHz 的回传带宽可以有效地支持 UDN 技术[32]。虽然传统的光纤收发器有带宽较大、可靠性高等特点，但应用在 UDN 的回传中，并不是一个经济的选择，因为其部署和安装都在地理上有限制。因此，无线回传——尤其是毫米波回传，在克服地理限制上更有优势。

　　以下为毫米波回传的几个优点。

　　（1）毫米波中大量的未充分使用的带宽能够被用于提供千兆赫兹的传输，这与传统蜂窝网络下微波频段有限的情况不同。

　　（2）毫米波的波长小，在其通信中能够部署大量的天线，可以提高回传信号的方向性，减少信道间干扰，提高链路的可靠性，减少较大的路径损耗。

　　在 UDN 中，因为小小区被密集部署在热点区域，且大量的数据需求均来自于这些热点，需要较高的数据速率来提供宏小区的数据分流。因此，宏小区基站与相关的小小区基站之间的回传应该使用能提供有可靠链路传输的大带宽。此外，功率效率和部署花费也是需要考虑的因素。

7.3.3.2　利用毫米波和大规模 MIMO 回传的可行性

　　毫米波可适用于 5G UDN 的无线回传。传统意义上，毫米波的高路径损耗和昂贵的电子元件，使其不适用于现有的蜂窝无线接入网络（RAN）。然而，毫米波却特别适合 UDN 中的回传，主要原因有以下几点。

　　（1）容量大成本不高

　　毫米波中存在大量未充分使用的频段，包括未授权的 V 频带（57～67 GHz）和得到轻微授权的 E 频带（71～76 GHz 和 81～86 GHz）（单行条例会随国家不同而不同），都能提供千兆赫兹的传输带宽。

（2）抗干扰性好

考虑雨致衰减的存在，E 频带适合传输的距离高达几千米。考虑雨致衰减和氧气衰减的同时存在，V 频带的传输距离也有 500～700 m。考虑暴雨 25 mm/hr 的情况下，假设回传链路的距离是 200 m，雨致衰减在 E 频带中也只有 2 dB。

（3）有小型化优势

毫米波的小波长意味着大规模的天线能够轻易地装备在宏小区和小小区的基站上，这反过来能够提高毫米波信号的方向性并补偿严重的路径损耗，最后达到较大范围的覆盖。因此，紧凑的毫米波回传设备能轻易部署在低成本的站点上（如灯杆、建筑物墙壁、公交车站）且安装时间短。

7.3.3.3 毫米波双工

在 FDD 系统中，上行、下行需要使用不同的频段。这种方法能充分利用频谱提供上/下行对称的业务。然而，随着近几年移动宽带业务的推进，越来越多的服务是上/下行不对称的业务。由于这种业务的增加，上/下行业务的比率会随时间的变化而变化，静态的频谱对不能有效地支持动态的非对称业务，尤其是在 UDN 中。

灵活双工能更好地适应动态非对称的业务。在灵活双工中，由 FDD 系统定义的上行链路频谱能被灵活地重新分配给下行链路进行传输。考虑潜在的交联干扰，在上行链路频谱中进行的下行链路传输的传输功率需要被限制在一个相对较低的水平。此外，灵活双工能被利用到传输功率低的小小区和中继基站中，如图 7-21 所示[33]。

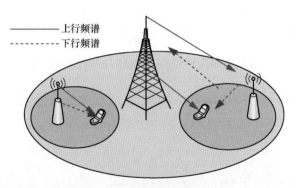

图 7-21　灵活双工

在利用毫米波的 UDN 回传中，由于毫米波在不同国家的使用规定是不一样的，这意味着如果使用基于 FDD 的回传，那么单一的设备可能不适用于不同国家。由于 TDD 在上行和下行使用同一频段，故单一的设备能够用于不同的国家。因此，对于毫米波回传网络来说，TDD 比 FDD 更便于使用。

此外，因为不同的运营商会在同一个区域使用 UDN，回传网络的相互干扰也需要被考虑。与上/下行使用不同信道的 FDD 相比，TDD 将更易寻找清晰的频谱，避免干扰。另外，由于非对称的业务在回传网络中占主导地位，TDD 能够根据业务需求更灵活地调整上/下行时间槽的比值，比较适合应用于基于毫米波的回传网络。

对于一个基于实际的大规模 MIMO 的 TDD 毫米波回传，需要自适应干扰管理来避免不同运营商的 UDN 之间的相互干扰。同时，"即插即用"回传网络也需要解决自动配置的问题，尤其是未授权的 V 频段。对于授权的 E 频段，频谱规则也需要进一步完善。

7.3.3.4　UDN 自回传的灵活资源分配

在以回传为基础的网络中，把直接通过非自回传连接到核心网络中的 TP 叫作 dTP（donor TP），通过自回传从 dTP 中获得数据的 TP 被称为 rTP（relay TP）。因为接入链路和回传链路的 rTP 经常会在时域产生多路复用，所以两条链路使用的时间需要被小心地划分来使吞吐量达到最大化。此外，dTP 需要向多个 rTP 分配回传资源，这个过程中也需要公平有效地考虑用户的信息[34]。

在 rTP 中引入缓存会使问题更加复杂化，缓存在 rTP 中的文件（rTP 文件）和不缓存在 rTP 中的文件（dTP 文件）需要达到一个平衡。

TSF 算法的 3 个阶段具体如下。

第一阶段：rTP 决定传输其本身的缓存数据还是 dTP 中的数据，根据平均比特时延来确保缓存文件和 dTP 文件之间的传输的公平性。

第二阶段：rTP 用公平比例（Proportional Fairness，PF）算法对用户接入链路的资源进行分配。这个分配由 rTP 控制，为了减少开销，rTP 用户的信道信息不向 dTP 汇报。

第三阶段：dTP 分配资源给相互竞争的 rTP 。通过考虑 dTP 的吞吐量，决定每个 rTP 的回传链路所需要利用的时间，同时平衡接入链路和回传链路的容量。

自回传网络结构如图 7-22 所示，为 UDN 回传中比较典型的三层网络结构。第一层包括负责提供覆盖范围的宏小区。第二层和第三层是用于提高容量的 TP（小小区）。第二层的 TP 是以非自回传（如光纤和电缆）直接连接到核心网络或宏小区的 dTP。第三层是以自回传通过 dTP 接入核心网络的 rTP。

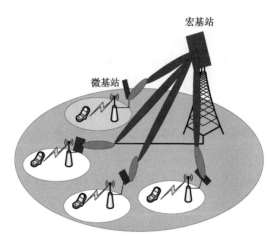

宏基站

微基站

图 7-22　自回传网络结构

为了避免干扰的发生，假设宏小区和小小区层利用不同的频率，这种情况下，可以只关注小小区层。

通过观察图 7-22 可知，rTP 有两种链路：与 dTP 通信的自回传链路（sBL）和与各自用户通信的接入链路（AL）。为了减少硬件花费，sBL 和 AL 经常共享同一射频和基带单元，这意味着 sBL 和 AL 需要在时域进行多路复用。另外，为了给 rTP 提供回传，dTP 经常被看成是一个正常小区，这意味着 dTP 也需要为其连接的用户提供服务。因此，rTP 用户和 dTP 用户均需要从 dTP 争夺资源。

7.3.3.5　UDN 混合回传应用

虽然小小区的密集部署会对网络化运营、干扰和移动管理产生重要的挑战，但用户周围 TP 数量的增加与协作也能给用户提供更好的服务。为了获得这些潜在的优势，网络的结构也从传统的以小区为中心转换到以用户为中心。虚拟小区就是一种建立以用户为中心的网络，以便于实现更好地为用户服务的技术。

混合回传技术考虑的是一种有一个宏小区和多个小小区的双层异构网络，其结构如图 7-23 所示。宏小区为 TP 提供数据，保证基本的网络覆盖[35]。小小区被当作是 TP 且随机分布。TP 从宏小区获得数据，并扩大网络的覆盖范围。

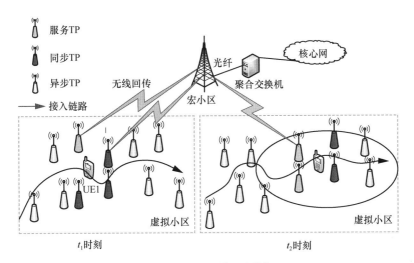

图 7-23　双层异构网络结构

图 7-23 中，宏小区与聚合交换机间、聚合交换机与核心网络间使用光纤进行回传、宏小区与小小区间使用无线回传，双层异构网络使用混合回传技术。

图 7-23 显示，在用户 1 周围的 TP 构成用户 1 的虚拟小区。虚拟小区是一种从用户的角度来定义的逻辑小区。用户 1 不关心哪个 TP 给自己提供服务。根据逻辑函数，存在 3 种 TP——服务 TP、同步 TP 和异步 TP。服务 TP 给用户提供服务。同步 TP 是备选的服务 TP，同步 TP 需要保持与服务 TP 的数据同步。因此，需要将服务 TP 中所需要的数据传到同步 TP 中。异步 TP 是备选的同步 TP。

对于虚拟小区来说，虽然数据同步能够保证高体验质量（QoE），但也会引起无线回传的能量损耗。如果选择了太多的同步 TP，那么不可避免地产生由数据同步引起的大量的能量损耗。因此，选择同步 TP 的接入速率和能量损耗也值得深入研究。

| 7.4　UDN 的智能化 |

7.4.1　智能 UDN 考虑

UDN 在增加网络容量、降低时延的同时也会给运营商带来一些网络协调，配置和管理方面的新问题。例如，几个小小区的密集部署将导致需要移动运营商管理的移动节点数量的增加。此外，这些类型的小区还将收集大量的数据，以监测网络性能，保持网络稳定性并提供更好的服务。如果应用现有的网络部署、运行和管理技术，那么将导致配置和维护网络处于可操作状态的任务日益复杂。

人工智能（Artificial Intelligence，AI）包括机器学习、生物启发算法、模糊神经网络算法等多种技术，可在不同的场景和复杂的环境中与 UDN 结合，支持智能化的 UDN 应用[36]。

机器学习包括监督学习、无监督学习以及强化学习。监督学习需要标签数据来训练系统。对于每个输入，标签首先为系统的预期输出，然后系统针对这个指导进行学习。相反地，非监督学习应用在不存在数据标签的情况下。强化学习从环境中得到信息，并根据所得到的信息进行决策，环境再根据决策信息反馈给强化学习奖励信息，最后强化学习将根据奖励信息学习[37-39]。

除了机器学习以外，一些算法包括马尔科夫模型、生物启发算法等也被应用于无线网络的智能化中。AI 可以支持 UDN 取得优异的性能。它们通过基于递归的反馈学习和局部相互作用，具有相对较低的复杂性[40-41]。基于 AI 的 UDN 可以大大减少人员对运营任务的参与，降低运营成本并大大提升系统灵活性。

7.4.2　UDN 与 AI 结合

智能化是 5G 网络发展的必然趋势，UDN 在自配置、自优化、自治愈基础上，引入 AI 技术，不仅可有效提升 5G 网络建设和维护效率，而且可降低网络建设和维护成本，为用户提供更加优质的服务。

（1）可扩展性

机器学习算法的一个重要性质是可伸缩性。可伸缩性可以被定义为能够处理其规模增加的算法，例如向系统馈送更多数据，向输入数据添加更多特征或者在 NN 中添加更多层，而不会无限增加其复杂性。

UDN 为应对更加密集的网络环境，并处理更多的数据，具备与可伸缩性类似的可扩展性是一个非常理想的性质，可以据此在网络中方便快捷地部署算法。此外，可扩展性还可以帮助确定某些类型的算法是否可以在分散式解决方案中大规模部署，或者是否优先采用集中式解决方案。例如，采用具备预测网络中用户的移动模式能力的算法，尽管预测单个用户的移动模式与预测网络的所有用户的模式是非常不同的。

（2）训练时间

每个算法的训练时间是又一个重要的度量参数，这个度量参数表示每个算法需要完成训练的时间量以及能够做出预测需要的时间量。

机器学习算法的训练可以离线或在线完成。取决于所执行的训练，某些类型的算法可能更适合于 UDN 功能。例如，严重依赖于时间的功能，包括移动性管理、切换优化等。虽然 UDN 功能的协调或自我修复，为处理不了需要大训练时间并且执行在线训练的算法实现预测，因为它不能及时为这些应用程序生成一个模型，但是如果相同的算法可以应用于离线训练方法，那么之前不适合在线训练的算法就可以引入 UDN，以用于那些需要更多训练时间的应用场景。

（3）响应时间

与系统的灵活性有关的还有算法的响应时间。这个度量参数表示一个算法在训练之后做出响应所需要的时间，以便对期望的 UDN 功能实现进行预测。

如果执行离线训练，具有高训练次数的算法仍然可以应用于时间敏感的 UDN 功能，那么具有高响应时间的算法对于这些 UDN 功能是不期望的，因为预测不会及时生成。

自配置之类的功能不需要快速的响应时间，因为网络的大部分配置参数可以离线方式确定，所以具有低响应时间的算法对于这些应用可能是足够的。但是，其他类型的功能（如移动性管理、切换优化、CAC、UDN 功能的协调和自我修复）可能需要更快的响应时间，从而导致应用更快的算法。

（4）训练数据

与机器学习算法的参数相关的还有算法需要的训练数据数量和类型。虽然需要大量训练数据的算法通常具有更好的准确性，但是也需要更多的时间来训练。此外，某些类型的算法仅适用于有标签或无标签的数据，这一情况可能最适合支持一些类型的 UDN 功能的实现。

依赖大量数据执行的算法也需要更多的内存，以适应数据并使用它来训练模型。由于存储能力有限，这可能与某些 UDN 功能（诸如缓存）或需要在用户终端处部署的功能（例如移动性预测或切换优化）不兼容。同时，运营商收集的大量数据也可以使基础设施部署更加复杂和苛刻的解决方案，从而使 UDN 和大数据的融合更加容易。

例如，在自我修复功能的情况下，操作员倾向于在监视网络时收集大量未标记的数据。在这种情况下，无监督或强化学习技术的应用可能更适合于支持这些功能，而监督技术将不适用。

（5）复杂性

系统的复杂性可以被定义为它为了达到所期望的解决方案目标所执行的数学运算的量。复杂性还涉及系统的功耗，因为需要执行更多操作，所以将需要更多的功率来操作。例如，可以确定某些算法是否更适合部署在用户或操作员一方。此外，更复杂的系统也需要更长的时间来产生结果，但是，当它们这样做时，这些结果往往比其他更简单的方法更好。

以非常复杂的遗传算法为例。虽然通过探索所有可能的解决方案，遗传算法能够找到接近最优的问题解决方案，但通常需要花费很多时间（几代）才能达到这些解决方案的目的。更简单的算法，如贝叶斯分类器或 k–NN 就有其优点，因为非常简单，便于这些算法的大规模部署。

UDN 通常选择较简单的解决方案。然而，有时简单的解决方案不能提供足够满意的结果。例如，在自我配置方面，由于 5G 网络会更加密集，基站预计会有数千个参数，故简单的解决方案是不够的，需要探索更复杂的解决方案。同时，更智能的解决方案可能适合自愈功能，使 UDN 能够更加主动、更快速地检测和减轻故障。

（6）准确性

机器学习算法的一个重要参数是其准确性。UDN 将更加智能化和更快速，从而实现高度不同类型的应用程序和用户需求。部署高精度的算法对于保证某些 UDN 功能的良好可操作性至关重要。例如，在缓存优化中，在正确的时间缓存正确的内容对于减少最终用户的时延至关重要。另一个例子就是故障检测，正确检测网络故障可以使其他 UDN 功能更快地响应，减轻网络故障的影响。

此外，其他类型的功能可能不需要非常高的准确度，并且可能会比较宽松。例如，估计一个小区的覆盖区域，其确切的覆盖区域可能不需要被确定，只进行估计就足够了。再例如，UDN 可能不需要完整的网络负载均衡。在某种程度上管理网络的负载可能是足够的，更宽松的算法可能更适合这些类型的应用。

（7）收敛时间

可以评估算法的重要参数还有它的收敛时间。响应时间与算法进行预测所用的时间有关，收敛时间与算法的速度多快有关。

某些算法（如控制器或强化学习）需要额外的时间来保证其解决方案已经收敛，并且在下一个时隙中不会突然改变。由于收敛时间除了系统的响应时间之外还会增加额外的时间，故具有此附加参数的解决方案在时间敏感功能（例如移动性或切换优化）中可能表现不佳。然而，通过保证它们的解决方案已经融合，并且是当时可能的最佳解决方案，这种算法可以为系统提供接近最优的解决方案。

可以受益于这种算法的 UDN 功能可以是自配置，其不是时间敏感的，并且需要仔细调整基站的初始参数、缓存优化和资源优化。

（8）收敛可靠性

学习算法的另一个重要参数是它们设置的初始条件和它们的收敛可靠性。从这个意义上说，这个度量参数表示算法在局部最小值处被卡住的可能性以及初始条件如何影响其性能。虽然与精度有关，但由于算法能够最小化卡在局部最小值的影响，可以实现更优化的解决方案，故这个度量参数表示算法在卡住或不在局部最小值时的敏感度。

虽然大多数学习算法容易受到局部最小问题的影响，但是通过采取一些行动，这个问题可以被最小化。一种可能的行动是用随机的小值初始化算法，以便打破对称性并减少算法卡在局部最小值的可能性。结合这种方法可以采取的其他类型的行动是平均算法的性能不同的起始条件或提供不同的学习率。

然而，通过探索整个搜索空间，某些类型的算法能够产生更接近最优的解决方案，如在 CF 或遗传算法中，这可能更适合于需要可靠性的功能，例如自配置、缓存和协调的 UDN 功能。其他算法，如 K-means 或强化学习，可以针对相同的问题找到不同的解决方案，适用于不需要最佳或静态解决问题的功能，应用于回传优化、负载均衡和资源优化方面。

| 参考文献 |

[1] Cisco. Global mobile data traffic forecast update, 2013–2018[R]. 2014.

[2] LÓPEZ-PÉREZ D, DING M, CLAUSSEN H, et al. Towards 1 Gbit/s/UE in cellular systems: understanding ultra-dense small cell deployments[J]. IEEE Communications Surveys & Tutorials, 2015, 17(4): 2078-2101.

[3] SHAKIR M Z, TABASSUM H, ALOUINI M S. Analytical bounds on the area spectral efficiency of uplink heterogeneous networks over generalized fading channels[J]. IEEE Transac-

tions on Vehicular Technology, 2014,63(5): 2306-2318.

[4] ITU. Future technology trends of terrestrial IMT systems:ITU-R Report M.2320[R]. 2014.

[5] LÓPEZ-PÉREZ D, DING M, CLAUSSEN H C, et al.Towards 1 Gbit/s/UE in cellular systems: Understanding ultra-dense small cell deployments[J].IEEE Communications Surveys and Tutorials, 2015, 17(4): 2078-2101.

[6] DING M, LÓPEZ-PÉREZ D, MAO G, et al. Will the area spectral efficiency monotonically grow as small cells go dense?[C]//Proceedings of IEEE Global Communications Conference (GLOBECOM). Piscataway: IEEE Press, 2015: 1-7.

[7] DEISSNER J, FETTWEIS G P. A study on hierarchical cellular structures with inter-layer reuse in an enhanced GSM radio network[C]//Proceedings of IEEE International Workshop Mobile Multimedia Communications (MoMuC). Piscataway: IEEE Press, 1999: 243-251.

[8] BOCCUZZI J, RUGGIERO M. Femtocells: design and applications[M]. New York: McGraw-Hill, 2011.

[9] ANDREWSJ G, CLAUSSEN H, DOHLER m, et al. Femtocells: Past, present, and future," IEEE Journal on Selected Areas in Communications, 2012, 30(3): 497-508.

[10] AMNJANOVIC A, MONTOJO J, WEI Y B, et al. A survey on 3GPP heterogeneous networks[J]. IEEE Wireless Communications, 2011, 18(3): 10-21,.

[11] LOPEZPEREZ D, ROCHE G D L, KOUNTOURIS M, et al. Enhanced inter-cell interference coordination challenges in heterogeneous networks[J]. IEEE Wireless Communications, 2011, 18(3):22-30.

[12] PENG M, LI Y, ZHAO Z, et al. System architecture and key technologies for 5G heterogeneous cloud radio access networks[J]. IEEE Network, 2014, 29(2): 6-14.

[13] ANDREWS J G . Seven ways that HetNets are a cellular paradigm shift[J]. Communications Magazine IEEE, 2013, 51(3): 136-144.

[14] KAMEL M , HAMOUDA W , YOUSSEF A . Ultra-dense networks: a survey[J]. IEEE Communications Surveys & Tutorials, 2017, 18(4): 2522-2545

[15] CLAUSSEN H, ASHRAF I, HO L T W. Dynamic idle mode procedures for femtocells[J]. Bell Labs Technical Journal, 2010, 15(2): 95-116.

[16] GE X, TU S, MAO G, et al. 5G ultra-dense cellular networks[J]. IEEE Wireless Communications, 2016, 23(1):72-79.

[17] ZENG J, ZHANG Q, SU X, et al. An improved dynamic clustering algorithm based on uplink capacity analysis in ultra-dense network system[C]//Proceedings of International Wireless Internet Conference. Heidelberg: Springer, 2016: 218-227.

[18] XIAO C, ZENG J, SU X, et al. Downlink transmission scheme based on virtual cell merging in ultra dense networks[C]//Proceedings of 2016 IEEE 84th Vehicular Technology Conference. Piscataway: IEEE Press, 2016: 1-5.

[19] ASHRAF M I, BENNIS M, SAAD W, et al. Dynamic clustering and user association in wireless small-cell networks with social considerations[J]. IEEE Transactions on Vehicular Tech-

nology, 2017, 66(7): 6553-6568.

[20] ZHENG J, WU Y, ZHANG N, et al. Optimal power control in ultra-dense small cell networks: a game-theoretic approach[J]. IEEE Transactions on Wireless Communications, 2017,16(7): 4139-4150.

[21] HO T M, TRAN H N, DO C T. Power control for interference management and QoS guarantee in heterogeneous networks[J]. IEEE Communications Letters, 2015, 19(8): 1402-1405.

[22] LIANG L, WANG W, JIA Y, et al. A cluster-based energy-efficient resource management scheme for ultra-dense networks[J]. IEEE Access, 2016(4): 6823-6832.

[23] TANG X, REN P, GAO F, et al. Interference-aware resource competition toward power-efficient ultra-dense networks[J]. IEEE Transactions on Communications, 2017, 65(12): 5415-5428.

[24] LIU Y, LI X, JI H, et al. A multi-user access scheme for throughput enhancement in UDN with NOMA[C]//Proceedings of 2017 IEEE International Conference on Communications Workshops (ICC Workshops). Piscataway: IEEE Press, 2017: 1364-1369.

[25] LUO Y , HUA C . Resource allocation and user-centric clustering in ultra-dense networks with wireless backhaul[C]//Proceedings of 2016 8th International Conference on Wireless Communications & Signal Processing (WCSP). Piscataway: IEEE Press, 2016: 1-5.

[26] AL-ZAHRANI A Y, YU F R. An energy-efficient resource allocation and interference management scheme in green heterogeneous networks using game theory[J]. IEEE Transactions on Vehicular Technology, 2016, 65(7): 5384-5396.

[27] MAO T, FENG G, LIANG L, et al. Distributed energy-efficient power control for macro-femto networks[J]. IEEE Transactions on Vehicular Technology. 2013, 65(2): 718-731.

[28] LIU Y, LI X, YU R F, et al. Grouping and cooperating among access points in user-centric ultra-dense networks with non-orthogonal multiple access[J]. IEEE Journal on Selected Areas in Communications, 2017, 35(10): 2295-2311.

[29] IMT-2020(5G)推进组. 超密集组网专题组技术报告[R]. 2015.

[30] HAO P. Ultra dense network in 5G[Z]. 2015.

[31] GAO Z, DAI L, MI D, et al. MmWave massive-MIMO-based wireless backhaul for the 5G ultra-dense network[J]. IEEE Wireless Communications, 2015, 22(5): 13-21.

[32] TAORI R, SRIDHARAN A. Point-to-multipoint in-band mmwave backhaul for 5G networks[J]. IEEE Communications Magazine, 2015, 53(1): 195-201.

[33] LUO F L, ZHANG C J. Signal processing for 5G: algorithms and implementations, first edition[M]. Hoboken: John Wiley & Sons, Ltd., 2016.

[34] HAO P, YAN X, LI J, et al. Flexible resource allocation in 5G ultra dense network with self-backhaul[C]//Proceedings of Globecom Workshops (GC Wkshps). Piscataway: IEEE Press,2015: 1-6.

[35] YANG Z, ZHANG H, HAO P, et al. Backhaul-aware adaptive TP selection for virtual cell in ultra-dense networks[C]//Proceedings of 2016 IEEE 27th Annual International Symposium on

Personal, Indoor, and Mobile Radio Communications (PIMRC). Piscataway: IEEE Press, 2016:1-6.

[36] PEARL J. Heuristics: intelligent search strategies for computer problem solving[M]. Upper Saddle Rriver: Addison-Wesley, 1984.

[37] VAPNIK V N. Statistical learning theory[M].New York: Wiley, 1998.

[38] HASTIE T, TIBSHIRANI R, FRIEDMAN J. The elements of statistical learning (springer series in statistics)[M]. New York: Springer-Verlag, 2001.

[39] SUTTON R S, BARTO A G. Reinforcement learning: an introduction[M]. Cambridge: MIT Press, 1998.

[40] HAYKIN S. Neural networks-a comprehensive foundation: vol1, vol2[M]. Upper Saddle River: Prentice-Hall, 2004.

[41] BINZER T, LANDSTORFER F M. Radio network planning with neural networks[C]// Proceedings of 52nd Veh. Technol. Conf. (IEEE-VTS Fall VTC), vol. 2. Piscataway: IEEE Press, 2000: 811-817.

第8章

新型网络架构

分 析传统蜂窝网络架构对 5G 的不适应性,归纳 5G 新型网络架构的多种
可能方案,探讨 5G 网络架构的设计思路和设计特点; 基于分布式无线
通信系统(DWCS)的概念平台,遵循未来无线通信网络架构去蜂窝的主流趋
势,研究提出突破传统蜂窝网络固定、封闭和刚性架构的 5G 超蜂窝网络架构
HCAN 及技术,包括接入网的处理重构、接入网的计算重构和网络空口的覆盖
重构以及高能效超蜂窝基站部署及动态控制; 基于软件定义网络和网络功能虚
拟化,研究提出非栈式协议框架 NOS 及以 NOS 为核心的 5G 无线接入网和核
心网的网络架构,包括用户面 U/控制面 C/管理面 M 的解耦与互动、U 面的平
坦化、C/M/D 面的跨层多域协同和 NOS 框架系统; 分析可能与 5G 共存的典
型异构网络,研究 5G 异构网络融合架构,包括 5G 与 WLAN 融合架构以及宏
微异构网络融合架构。

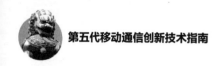
|8.1　新型网络架构概述 |

5G 网络需要从无线传输和网络架构两方面进行革新，才能达到比 4G 更高的性能要求。一方面，采用新型天线和载波、新型调制编码和新型多址方式等提高信号的频谱利用率和能量效率。另一方面，从去蜂窝角度改变传统蜂窝网络架构的诸多不足入手，引入软件化、虚拟化技术进一步提高网络的综合性能。例如，利用 NFV（Network Function Virtualization，网络功能虚拟化）技术实现软件和硬件分离、解耦网元功能与物理实体、模块化网络功能，从而支持控制面功能重构；借助 SDN（Software Defined Network，软件定义网络）技术实现控制功能和转发功能分离，将控制功能集中于控制面，同时实现网络连接可编程。特别是在网络架构上，增强接入网和核心网功能，支持多 RAT（Radio Access Technology，无线接入技术），简化核心网转发功能并下沉到接入网等。

8.1.1　网络架构新需求

4G 网络开始采用扁平化架构,这种架构能满足网络的低成本和高速率的基本需求，有利于简化网络和减小时延。其网络架构的主要设计目的是在降低建设、维护成本前提下，尽可能地提高数据传输速率，网络架构的设计原则并没有考虑未来移动数据流量的"爆炸式"增长。4G 网络在经历了一系列标准化升级后，变得网元众多、接口复杂，在组网灵活性、多种无线接入技术的整合、短突发或小量数据通信、应用场景感知等方面存在较大局限性，无法满足 5G 网络的多场景业务需求[1]。

面对有较大性能和效率提升要求的"万物互联"愿景，5G 网络不仅需要引入新的无线传输技术，而且需要构建新型的网络架构，实现不同网络业务的融合并有针对性地为这些业务提供按需服务。5G 应引入 NFV 和 SDN 等虚拟化技术来推动网络软硬件解耦、控制与转发分离等，使得基于软连接和软架构的新型网络成为可能。网络结构将更加扁平化，业务内容将向用户进一步下沉，便于网络的灵活度和可扩展性大幅提升。同时，5G 引入更多的无线接入网拓扑结构，可以提供更灵活的无线控制、业务感知和协议栈使用能力，重构网络控制和转发机制，各种接入技术之间做到更紧密的融合，并能够以用户为中心提供灵活可定制的差异化服务[2]。

8.1.2 5G 网络架构考虑

5G 网络架构设计可分为针对功能的系统设计和针对部署的组网设计两个方面[3]。在系统设计方面，5G 网络的逻辑视图和功能视图重点考虑逻辑功能的实现和不同功能之间的信息交互过程，构建功能平面划分更合理的、统一的端到端网络逻辑架构。其中，逻辑视图由接入平面、控制平面和转发平面构成，以期构建较为灵活的接入网拓扑，支持精细化资源管控和全面能力开放，提供更动态的锚点设置、更丰富的业务链处理能力。功能视图由管理编排层、网络控制层和网络资源层组成，其采用模块化的功能设计模式，通过"功能组件"的组合，可以构建满足不同应用场景需求的专用逻辑网络。在组网设计方面，5G 网络的平台视图和组网视图重点考虑通过引入 SDN/NFV 技术，支持虚拟化资源的动态调度和高效配置，实现跨数据中心的功能部署和资源调度。利用平台虚拟化技术，可以在同一基站平台上同时承载多个不同类型的无线接入网方案，并可对接入网逻辑实体进行实时动态的功能迁移和资源伸缩。利用网络虚拟化技术，可以实现 RAN 内部各功能实体动态无缝连接，便于配置客户所需的接入网边缘业务模式。

参考文献[4]提出了全面云化的 5G 网络架构，通过在底层物理基础设施上引入 SDN/NFV 技术，实现接入网络、传输网络以及核心网络的全面云化，云化的网络架构使得 5G 网络能够更好地承载多种不同的业务，也是构建端到端网络切片、按需部署业务锚点以及网络功能模块化的基础。网络架构中的接入网络侧由站点与移动云引擎构成，根据业务需求和组网情况对 RAN 资源进行按需部署；传输侧由 SDN 控制器及底层的转发节点组成，SDN 控制器根据网络拓扑以及具体业务需求生成特定的数据转发路径；核心网络侧使用统一数据库来存储动态的策略数据、半静态的用户数据和静态的网络数据，网络可以根据这些数据进行相应的策略控制。在网络架构的顶层是端到端的切片管理和网络资源管理功能，运营商或客户可以基于这些功能进行切片的自动化管理以及网络资源的自治。

参考文献[5]提出了云化的网络架构，其提出了网络云化的 3 个阶段：首先是基础设施即服务（Infrastructure as a Service，IaaS），其基于网络虚拟化功能，通过引入 NFV 管理编排器和虚拟化基础架构管理器来实现资源的池化；其次是平台即服务（Platform as a Service，PaaS），支持业务逻辑组件的灵活组合；最后是一切皆服务（X as a Service），网络平台提供全方位开放的网络能力，支持端到端的 5G 切片网络和业务创新。通过网络资源的虚拟化和网络架构的云化，将传统的静态网络转化成灵活高效的动态网络，结合 SDN/NFV 技术，为多样化的垂直行业提供按需定制的网络切片以及最优的性能保障，可以更便捷地改变网络状态。

参考文献[6]提出的 5G 网络架构借助 SDN/NFV 技术实现硬件和软件的结构性分离，并使网络具有可编程特性。其提出的网络架构由 4 部分组成：基础设施资源层、业务支撑层、业务应用层和端到端管理编排实体。其中，基础设施资源层由固定—移动融合网络的物理资源、网络节点和相应链路组成，底层资源通过相应接口暴露给高层和端到端管理编排实体；业务支撑层是网络功能库，该库中包含有组建一个融合网络所需的全部功能，这些功能包括基于软件实现的网络功能模块以及网络特定部分的配置参数集；网络应用层包含有运营商、企业的特定应用和服务，它向端到端管理编排实体提供接口，使其能够通过该接口为某一应用构建专有网络切片，或者将某一应用映射到现存网络切片上；端到端编排管理实体负责将用例和业务模型转化到实际网络功能和网络切片中，它负责网络切片的构建、网络功能的位置部署以及网络功能的能力伸缩等。

参考文献[7]提出 5G 网络应该是一个具有极高灵活性和可编程性的端到端连接和计算基础设施，并且具有应用感知、服务感知、时间感知、位置感知以及上下文感知能力。其提出的软件化和可编程化网络总体框架包括 6 层：应用和业务服务层负责定义和实施业务流程；多服务管理层用于设置和管理网络实例和网络节点；综合网络管理与运营层负责创建、控制运行在 5G E2E 基础设施上的专有管理功能；基础设施软件化层负责提供软件及服务网络；基础设施控制层是一些控制功能的集合，每一控制功能负责控制一个或多个网络设备；转发/数据层是负责数据转发的网络设备的资源集合。

8.1.3　5G 网络架构设计

8.1.3.1　5G 网络架构设计思路

3GPP 在 2016 年 9 月发布的关于下一代网络系统架构技术报告中，列举了对下一代网络架构的需求并描述了一个较为抽象化的网络架构模型[8]。5G 网络应该是一个具有开放性、灵活性和可扩展性的云化平台网络。支持多种接入技术，实现多 RAT 融合；利用虚拟化技术，实现软硬件分离；模块化网络功能，实现网络功能的灵活编排；分离控制面和用户面，集中控制面功能，实现资源的统一管理和部署；通过灵活构建网络切片来满足不同业务的网络需求等。新型网络架构能够使 5G 网络具备更好的网络性能、更灵活的网络功能、更智能的网络运营以及更友好的网络生态。

5G 之前的电信网络构建主要依赖于专用硬件组成的基础设施平台，这使得电信网络存在着构建/管理网络成本较高、伸缩性较差等缺点。NFV/SDN 技术的引入可以为 5G 网络的组建提供一个新型基础设施平台。其中，NFV 技术通过软硬件的解耦为 5G 网络提供了更具弹性的平台，同时，对网络功能不同粒度的虚拟化可以实现网络功能的模块化，有助于网络功能的重构，运营商可以根据不同的场景和业务需求灵活组建网络功能，也可以根据不同的需求定制网络资源和业务逻辑，极大地加强了网络弹性和自适应性。网元功能与专用硬件解耦，可以方便快捷地把虚拟化网络功能部署到网络中的任意位置，硬件资源的虚拟化使得电信运营商能够对网络资源进行按需分配和动态伸缩，以达到最优的资源利用率。而 SDN 技术将控制面从网元中进行抽离并聚合，使网络逻辑功能更加集中，有利于通过网络控制平面从全局视图来感知和调度网络资源，实现网络连接的可编程。SDN/NFV 技术的使用将组网模式从传统的实体网络转变成了虚拟功能网络。

为了满足业务与运营需求，5G 网络的接入网和核心网需要进行针对性设计。5G

接入网应该是一个满足多场景的以用户为中心的多层异构网络，可以使用宏基站和微基站相结合的方式进行组网，统一融合多种 RAT，提升小区边缘协同处理效率，同时提高无线和回传资源利用率。这样，5G 无线接入网不再是过去孤立的接入"盲"管道，而是转变成为能够支持多接入和多连接、分布式和集中式、自回传和自组织的复杂网络拓扑，并且具备有无线资源智能化管控和共享能力。同时，为了支持不同 RAT 间的通信，5G 接入网中会尽可能少地引入新的空口。

对于 5G 核心网，其需要支持低时延、大容量和高速率的多种业务，也需要能够高效地实现对差异化业务需求的按需编排功能。在 5G 网络中，核心网的转发平面将进一步简化和下沉，同时为了支持高流量和低时延的业务要求以及实现灵活均衡的流量负载调度功能，需要将部分业务存储和计算功能从网络中心下移到网络边缘。这种情况下，网关节点数量将会有几十倍的增加，若采用当前网络中控制面和用户面紧耦合的网关设计模式，则网关业务配置的复杂性将大大增加，因此，网关的控制面和用户面需要进行分离设计，如图 8-1 所示。将网关中复杂的控制逻辑功能集成到融合的控制面，可以有效降低网络分布式部署带来的成本压力，同时简化了设备间的接口，也就解决了信令路由和接口负担的问题。控制面和用户面的分离有效支持了转发平面和控制平面的独立伸缩，避免了控制面的演进导致转发面的频繁升级，进一步提升网络架构的弹性和灵活性[3-4]。

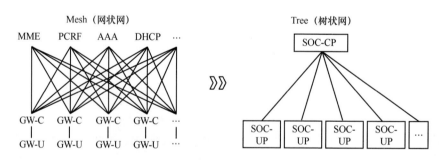

图 8-1　控制面/用户面分离示意图

5G 网络架构整体可分为接入、控制和转发 3 个功能平面，控制平面负责生成全局控制策略，接入平面和转发平面负责策略执行，网络逻辑架构如图 8-2 所示[3]。

图 8-2 中的接入平面包括了各种类型的宏微基站和无线接入设备，相交于传统接入网，5G 接入网中的基站间有更强的交互能力，并且其组网拓扑形式更加丰富，能够根据控制平面的策略进行快速灵活的无线接入协同控制，并获得更高的无线资

源利用率。转发平面包含了用户面下沉的网关、边缘缓存/计算等功能，这些功能在
控制平面的统一控制下，数据转发效率和灵活性可以得到极大提升。在控制平面中，
可以通过网络功能重构来实现集中的控制功能和简化的控制流程以及对接入和转发
资源的全局调度。同时，利用控制平面中集中的网元控制逻辑，可以通过按需编排
的控制功能来提供定制化的网络资源，这样就可以较为容易地进行网络切片的定制
化，以满足多样化的服务需求，并且可以通过向上层提供相关接口来向第三方开放
网络能力。

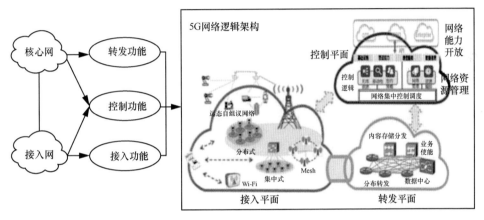

图 8-2 5G 网络逻辑架构

　　同时，5G 网络需要支持网络切片技术来满足不同业务的多样化需求。网络切片
是 5G 网络架构演进的关键技术，也是将 NFV 技术应用于 5G 阶段的关键特征。根
据不同业务的需求，在统一的底层物理基础设施上通过虚拟化技术将单一物理网络
划分为多个虚拟网络，为不同的业务提供最佳支持，每一个虚拟网络就是一个端到
端的网络切片。这样，每一个网络切片在物理上是源自统一的网络基础设施，但在
逻辑上又是相互隔离的，这样不但降低了不同类型网络的建网成本，也满足了每一
类业务功能定制、独立运维的需求。构建网络切片可以采用独立架构或者共享架构，
在采用独立架构时，不同切片拥有各自独立的逻辑资源和逻辑功能，相互之间进行
了完全隔离，只在物理资源上共享，每个切片包含有完整的控制面和用户面功能。
而在共享架构下，多个切片间可以共享部分的网络功能，在考虑到终端实现复杂度
的情况下，可以对移动性管理等终端粒度的控制面功能进行共享，而业务粒度的控
制和转发功能则由各切片独有，以实现特定服务[2,4]。

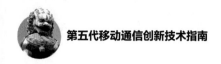

8.1.3.2　5G 网络架构设计特点

（1）满足多 RAT 融合

5G 接入平面包含有多种无线接入技术，如 4G、4.5G、5G、Wi-Fi 等。如何协同使用这些不同制式的无线接入技术以及调度宏基站、小基站、微基站等多种站点来提升网络整体运营效率和用户体验是多 RAT 融合技术所需要解决的问题。多 RAT 融合技术需要满足以下几点需求。

- 在用户和核心网间提供统一透明的多网接入。而这一目标的实现需要设计多网统一接入接口或者接口适配层，让用户在无感知的情况下，根据网络状态、无线环境、终端能力以及业务需求等因素将用户灵活接入 4G、5G、Wi-Fi 等任意网络。

- 实现无缝的移动性管理。终端在支持多种连接技术的情况下可以同时接入不同制式的网络节点，实现多流并行传输，提高吞吐量，提升用户体验。无缝移动性管理保障用户在多网间移动时业务不中断，吞吐量不下降，而且，针对部分对时延性要求较高的应用，还需要实现网间移动的"零"时延。

- 提高资源利用率。在进行多 RAT 无线资源管理时，可以依据业务类型、网络负载、干扰水平等因素，对多网络的无线资源进行优化，并且能够结合智能感知技术划分不同的业务和用户，将不同的业务映射到最合适的接入技术上，保证使用最合适的资源来承载相关业务，以实现网络资源利用的最大化[3,9]。一种多 RAT 融合参考架构如图 8-3 所示。

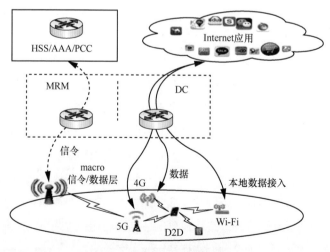

图 8-3　一种多 RAT 融合架构

　　该架构将能够进行数据和信令解耦，实现相对独立的数据连接和控制。在靠近用户的接入侧，控制面引入了多网管理（Multi-RAT Management，MRM）模块，数据面引入了数据中心（Data Center，DC）模块。其中，MRM 模块将多网间的交互功能从核心网下移到 MRM 中，其承载了核心网侧下移的多网融合、移动性管理和接入侧的无线资源管理等功能，以实现透明高效的多 RAT 统一接入和管理。DC 模块则主要负责数据面的处理，其承载了本地数据的分流/聚合/缓存、本地分组检测和本地路由转发等功能。

　　（2）按需定制移动网络

　　5G 网络需要面对不同类型的终端和业务，其报文结构、会话类型、移动规律以及安全性需求等都有一定差异，针对不同的服务场景，需要按需引入不同的功能设计以满足其特定需求。按需定制的移动网络包括按需会话管理、按需移动性管理以及按需进行控制面重构等。

　　5G 网络会话管理功能可以根据不同的终端属性、用户类别和业务特征来灵活配置连接类型、锚点位置和业务连续性能力等参数，以提供按需会话管理。按需会话管理大致可分为两步：首先，5G 网络会话管理功能根据用户业务选择连接类型，然后根据传输需求选择会话锚点的位置并设置转发路径。比如，对于有较高移动性和业务连续性要求的业务，可以为其选择网络中心位置的锚点和隧道机制，而对于具有较高实时性要求的交互类业务来说，可以将锚点下沉，进行就近转发。

　　在网络侧，移动性管理功能包括激活态下维护会话的连续性以及空闲态下保证用户的可达性。按需移动性管理对这两种状态下的移动性功能进行分级和组合，可以根据终端的移动模型以及其业务特征，有针对性地提供相应的移动管理机制。例如，对于海量的无移动性物联网传感器来说，其具有成本敏感和高节能要求的特性，因此，在空闲态下网络可以不进行数据传输，只有在终端主动进行网络联系时才进行上/下行的数据传输，以便有效节约电量，同时，在激活态下网络也可以通过简化状态维护和会话管理机制来降低终端成本。

　　控制面按需重构对控制面网络功能进行重新定义并模块化，网络功能间可以通过中立的模块间接口进行通信来降低交互复杂性，实现自动化的发现和连接。这里的按需重构指的是对网络功能的按需配置和定制化，以满足业务的多样化需求。

|8.2　超蜂窝网络架构及技术 |

8.2.1　超蜂窝网络架构

5G 超蜂窝网络架构（Hyper Cellular Access Network，HCAN）是一种新型去蜂窝网络架构，其来源于分布式无线通信系统（Distributed Wireless Communications System，DWCS）的基本构想[10-12]。该架构适度地分离了现有蜂窝网络中紧密耦合的控制信道覆盖（简称控制覆盖）和业务信道覆盖（简称业务覆盖），并在此基础上建立网络的柔性覆盖,资源的弹性匹配以及业务的适度服务机制,进而实现对资源与能效的联合优化[13]。图 8-4 为 5G 超蜂窝网络架构全貌。

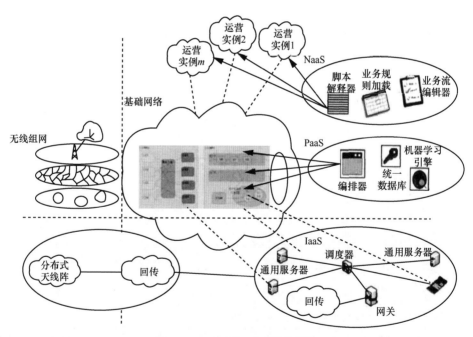

图 8-4　5G 超蜂窝网络架构全貌[14]

5G 超蜂窝网络架构是一种开放式的新型网络架构,其控制覆盖是保证网络控制信息能被传递到所有用户的最小能量覆盖；其业务覆盖是保证用户业务需求能被满足的最小能量覆盖。

5G 超蜂窝网络架构的核心思想是通过适度分离控制覆盖和业务覆盖,使得移动网络可根据网络业务进行动态重构,从而在保障高效的服务能力的同时实现较低的能量损耗。5G 超蜂窝网络架构的主要特征包括以下几个方面。

(1)控制覆盖与业务覆盖适度分离的柔性覆盖。通过对控制信号和业务数据提供覆盖服务,网络首先通过维持控制信号的覆盖以保障用户的可连通性,并在此基础上,对于业务覆盖则可以根据当前的需求进行柔性覆盖,其覆盖模式(2G/3G/4G)、覆盖范围(微小区/微微小区/毫微微小区)和服务方式(单播/多播/广播)都能够随时根据网络状态和业务需求进行调整。

(2)基站与网络协作的弹性资源匹配。在超蜂窝网络的架构下,由于同一业务覆盖的相邻小区之间以及不同业务覆盖的异构小区之间往往是密集和重叠覆盖的,因此完全可以通过邻小区基站之间或异构小区之间的协同传输来应对网络中业务量分布的时空起伏,不必为每个小区都过度地匹配资源,如图 8-5 所示。也就是说,多个相邻小区或异构小区之间可以形成一个簇,通过协同的方式为用户提供服务。反过来,用户则可以根据实际业务需求以及不同小区的负载状况等动态地从某个簇中选择一个合适的小区进行接入,进而避免了网络资源和能量的浪费。当然,小区簇的形成也应该是动态的。

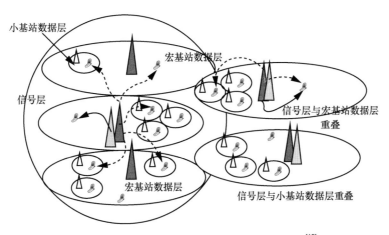

图 8-5 基于基站和网络协作的弹性资源匹配示意图[15]

(3)差异化服务的按需适度服务。数据和视频业务在业务特征上与语音业务差别较大,例如不同类别的用户对数据和视频业务的需求存在较大差异,用户启用数据和视频业务的随机性和突发性也非常大。为了提高网络资源和能量的利用率，可以通过利用业务内容的差异性和趋同性，建立差异化服务机制来为不同的业务提供按需适度服务，如图 8-6 所示。实际上，运用排队论的理论可知：如果将非实时业务按照实时业务的方式进行服务，在相同阻塞率的情况下需要大幅度地增加网络资源和能量。反之，针对趋同性的业务需求则可以通过多播或广播通道，或是将广播网络融合到通信网络中，将大量用户在一段时间内共同感兴趣的信息以广播或多播的方式传输，大幅减少相同信息在网络中重复传输的次数，不仅可以减少对网络资源的浪费，而且还能提高能量效率。

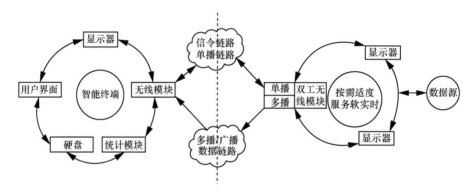

图 8-6　基于差异化服务的按需适度服务示意图[15]

8.2.2　超蜂窝网络关键技术

8.2.2.1　接入网的处理重构

接入网的处理逻辑与具体计算资源是可以分离的，例如在 C-RAN 中的虚拟化技术使接入网处理可以在通用处理器和硬件加速器卡上平滑分布，某一虚拟小区的处理不再绑定某一特定硬件，而可以平滑地在计算资源间迁移。

超蜂窝网络的接入网的处理重构：改变原有的接入网处理以覆盖为重点的组织方式，将重构后的接入网处理的组织方式变为以用户为中心。同时，接入网用户相关处理也通过 SDN 化处理框架，与核心网 Forwarding/Mobility 处理统一起来。超蜂窝网络架构——接入网处理重构如图 8-7 所示，可将接入网分为两部分：一部分是泛化 RRU，负责资源及其覆盖的形成和用户向资源的投射；另一部分是泛化 BBU，负责用户相关处理。这部分按照 C/U/M 进行组织，U 可集中计算，但以每用户为单位单独处理，M 是真正集中处理的，C/M 与 SDN 结合，即可解决 IP Forwarding/Mobility 的问题，而不用新的网元。全局 M 负责全局数据和全局编程，C 不编程，而只是配置参数，编程定义为处理逻辑的改变。

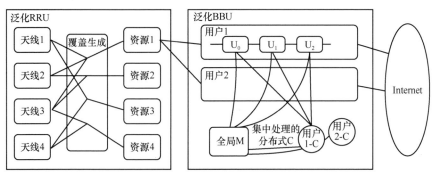

注：BBU为基带处理单元，RRU为射频前端，C为控制面，M为管理面，U为用户面。

图 8-7　超蜂窝网络架构——接入网处理重构[14]

8.2.2.2　接入网的计算重构

超蜂窝网络架构的接入网计算重构如图 8-8 所示。可以划分为 3 个层面，第一是虚拟化，隔离上层 C/U/M 处理与底层的计算、存储和传输资源；第二是平台化，提供中央统一数据库、数据挖掘引擎等服务，支持可重构、可编程等特性；第三是服务化，一般是编排器按需串接/编程资源，动态构建服务。其中在平台层使用 SDN 技术，如分布式控制面，能更好地发挥网络基础设施资源的优势，通过开放的统一资源管理平台，实现以用户为中心对资源进行动态调配，能更好地适应用户的需求和行为。

8.2.2.3　网络空口的覆盖重构

超蜂窝网络通过不同信道条件下分布式天线协作覆盖，建立分布式覆盖容量与虚拟小区形态、回传链路能耗、处理能耗、传输能耗之间的折中关系，形成柔性覆盖动态小区[15]。网络空口的覆盖重构主要包括以下几方面。

（1）控制覆盖与业务数据覆盖分离解耦。控制覆盖与业务数据覆盖分离解耦如图 8-9 所示，它是一种面向未来服务的架构，从根本上是对现有蜂窝架构的突破，

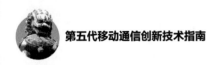
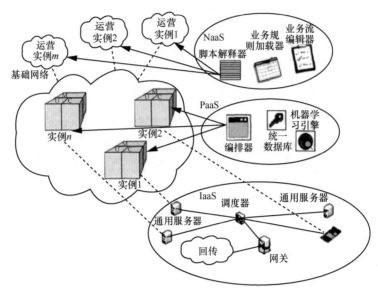

图 8-8　超蜂窝网络架构——接入网计算重构[14]

但并不排除相应的逐步演进的可能性。进一步地，在不改变现有通信体制的情况下，可以开展一定程度上的物理分离，如控制信道和业务信道可以在具体实现时使用不同的功放，这样可以让两个功放都工作在最佳效率。更进一步地，可以考虑控制和业务在空间上的分离和优化。

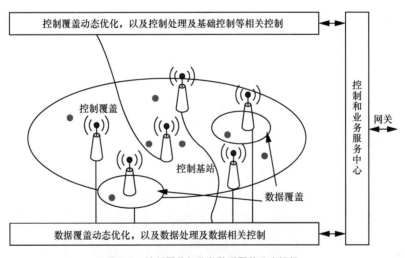

图 8-9　控制覆盖与业务数据覆盖分离解耦

（2）上行覆盖与下行覆盖分离解耦。传输蜂窝覆盖中基站不仅是数据与控制共址，同时上/下行覆盖也是共址的。未来无线数据和视频业务的一个突出特征就是上/下行流量及所需服务模式的不对称性，因此上/下行业务的最优覆盖形态也应该是不对称的。在超蜂窝柔性覆盖中，将上/下行覆盖分离，即允许同一个用户从不同的基站/天线实现上行和下行的接入。这样上行业务覆盖和下行业务覆盖就可以分别进行独立的优化，从而能在确保覆盖服务的前提下实现最大限度的能量节省，如图 8-10 所示。

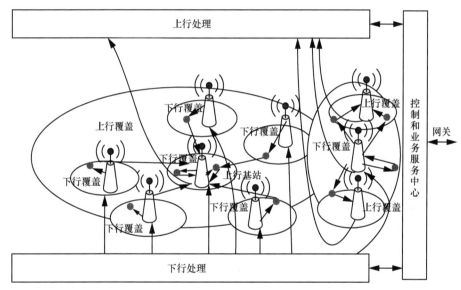

图 8-10 上行覆盖与下行覆盖的分离解耦

当然，这种上/下行分离也是面向未来服务的架构，需要分步骤逐步演进。在当前的蜂窝体制中，可以通过在业务层面的代理，将一些明显的上/下行可分离的业务分解成单向业务，然后在不改变现有基础设施的前提下予以逐步实现。

8.2.3 超蜂窝基站部署及动态控制

在控制覆盖和业务覆盖分离的超蜂窝网络架构下，负责数据传输的业务基站可根据业务量的动态变化灵活休眠或唤醒，或将业务转移到相邻业务基站或上层控制基站，以有效降低网络能耗。而如何优化超蜂窝网络部署，并根据用户服务质量要求和网络业务量变化动态调整业务基站部署密度、休眠方式及无线资源分配，是超

蜂窝网络中十分重要且具有挑战性的问题[16]。

8.2.3.1　高能效业务基站部署

实际网络中业务基站可能由不同类型的基站组成，形成异构的网络拓扑。为此，以宏基站和微基站所组成的两层异构网络为例，分析业务基站异构情况下的网络部署问题。其能效最优的部署问题可建模为：

$$\min_{\{\rho_M,\rho_m\}} \rho_M + \zeta\rho_m$$
$$\text{s.t.} \, Q_M < \eta$$
$$Q_m < \eta \quad\quad\quad (8\text{-}1)$$
$$\rho_0 \leqslant \rho_M \leqslant \rho_2$$
$$\rho_1 \leqslant \rho_m \leqslant \rho_3$$

其中，Q_i、ρ_i 分别为服务中断概率、基站密度，而下标 M 和 m 分别代表宏基站和微基站，(ρ_0,ρ_2) 和 (ρ_1,ρ_3) 分别为宏基站和微基站的密度约束，ζ 是微基站与宏基站能耗之比，c 是宏基站和微基站的发送功率之比。通过求解可得如下结论：当业务量增长需要进行网络扩容时，若 $\zeta > 1/c$，应部署更多宏基站；若 $\zeta < 1/c$，应部署更多微基站。反之，当需要降低网络能耗时，若 $\zeta > 1/c$ 应优先关闭微基站，若 $\zeta < 1/c$ 则应优先关闭宏基站。

考虑到全频谱重用在实际系统中会引起基站间干扰，为此在最优网络部署基础上进一步提出了部分频谱重用机制。定义 β_M 和 β_m 分别表示宏基站和微基站可使用带宽占系统带宽的比例，其优化问题可建模为：

$$\min\max\{Q_M(\beta_M,\beta_m),Q_m(\beta_M,\beta_m)\}\text{s.t.}\beta_M \in (0,1], \beta_m \in (0,1] \quad (8\text{-}2)$$

其中，$Q_M(\beta_M,\beta_m)$ 和 $Q_m(\beta_M,\beta_m)$ 分别表示在部分频谱重用机制 (β_M,β_m) 下宏微基站用户的中断概率。计算可得最优部分频谱重用因子满足：

$$\beta_M^* = 1, \lim_{U/W \to 0} \beta_M^* = \frac{c\rho_m + \rho_m + \lambda}{c\rho_M + \rho_m + c\lambda} \quad (8\text{-}3)$$

其中，W 为系统带宽，U 表示用户的最低速率要求，ρ_m 是微基站的密度，ρ_M 是宏基站的密度，λ 是用户密度。由此可以看出，最优频谱重用因子不仅取决于宏微基站密度、发射功率等网络参数，也依赖于用户密度。例如，当用户密度 λ 趋于 0 时，最优重用因子为 $(\beta_M,\beta_m) = (1, 1)$；而当用户密度 λ 趋于无穷时，最优重用因子趋于 $(\beta_M, \beta_m) = (1, 1/c)$。当用户需求速率 U 与系统带宽 W 比值相对较小时（如用户密度较高的城区），此结论可应用于超蜂窝网络部署中频谱资源的规划和动态管理。由于频谱重用机制的优化可降低服务中断概率，因此在给定服务中断概率约束情况下，最优频谱重用机制可降低基站密度，从而提升网络能效。

8.2.3.2　高能效控制基站部署

基于规则网络拓扑模型，提出了可用于高精度阻塞率近似分析的空间分簇 Erlang-L 方法，并由此得到了最优控制基站密度；Erlang-L 的基本思想是基于空间位置将每类业务进一步分为 L 簇，并在每一簇内采用 Erlang 方法近似。对于控制基站，基于空间分簇，用户接入条件可近似为：

$$\sum_{k=1}^{K}\sum_{l=1}^{L} n_{kl}\overline{\phi}_{kl} + \overline{\phi}_{u} \leqslant l \tag{8-4}$$

其中，k 表示业务种类，l 表示簇的编号，n_{kl} 表示基站正在服务的簇 l 内第 k 类业务的用户数，$\overline{\phi}_{kl}$ 表示簇 l 内第 k 类业务的平均归一化带宽需求，$\overline{\phi}_{u}$ 表示新到达业务的平均归一化带宽。相对于传统的 Erlang 近似，所提的空间分簇 Erlang-L 法可有效提高阻塞率近似精度，且分簇越精细误差越小，并且可适用于多类混合业务场景。

8.2.3.3　高能效动态基站休眠

引入负载转移技术实现动态基站控制，利用随机几何理论分析并比较了纯随机和空间互斥两种休眠的节能性能，进而设计优化了基于小区业务量的概率休眠机制。网络提供低速率及高速率的混合类型业务，且两类业务的最低速率要求分别为 U_C 和 U_T，低速率业务用户接入 SINR 最强的控制基站，而高速率用户则接入 SINR 最强的业务基站。在随机休眠机制下，所有业务基站以相等概率 p_{off} 将其负载转移到上层控制基站并进入休眠状态。业务基站休眠概率满足：

$$\lim_{U/W \to 0} p_{(\text{rand})} = \frac{\rho_C}{\lambda_T}\left(\frac{\text{lb}(1+\tau_0)}{U_T}\left(\kappa_C W - \frac{U_C(1+\lambda_C/\rho_C)}{\text{lb}(1+\tau_C)} \right) - 1 \right) \tag{8-5}$$

其中，τ_C 和 τ_0 分别表示中断概率约束下控制基站用户和被转移用户的边缘 SINR，rand 表示纯随机休眠。由式（8-5）可以看出，在纯随机休眠策略下，最大业务基站的休眠比例与业务基站用户密度呈线性反比，即随着控制基站用户密度下降而线性增加。

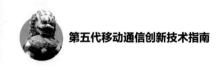

空间互斥休眠机制设定互斥半径 D_{off}，与最近控制基站距离小于 D_{off} 的业务基站将其负载转移到上层控制基站并进入休眠状态，其他业务基站不进行负载转移并保持开启状态。业务基站休眠概率存在上界：

$$\hat{p}_{\text{off}} = \pi \rho_{\text{C}} \left(\frac{(\alpha+2)\eta_{\text{T}} P_{\text{C}}}{2 \ln 2 \sigma^2 (1+I_{\text{C}}) U_{\text{T}} \pi \lambda_{\text{T}}} \left(W_{\text{C}} - \frac{U_{\text{C}}(1+\lambda_{\text{C}}/\rho_{\text{C}})}{\text{lb}(1+\tau_{\text{C}})} \right) \right)^{\frac{2}{2+\alpha}} \tag{8-6}$$

其中，ρ_{C} 为控制基站密度，α 为路径损耗因子，η_{T} 为高速率用户的服务中断概率门限，P_{C} 为控制基站发射功率，σ^2 表示噪声强度，I_{C} 表示控制基站邻小区干扰和噪声的比例。

从式（8-6）可以看出在空间互斥休眠策略下，最大业务基站休眠比例与业务量的分数次幂呈线性关系，即业务量变化对业务基站的休眠比例影响较小。

进一步考虑动态频谱分配策略，基于业务量及网络状态调整控制基站和业务基站可使用带宽，进一步提升网络能效。在动态频谱分配下，最优休眠机制需要考虑休眠比例，当业务基站休眠比例低于阈值时，应关闭轻负载业务基站；否则关闭重负载业务基站。最优负载转移和基站休眠机制从两个角度实现了网络资源和业务需求的匹配。基于这两种休眠机制，在保证服务质量约束的前提下，控制基站和业务基站的休眠比例阈值可重写为：

$$\tilde{p}_{\text{off}} = W \left(W - \frac{U_{\text{T}} E[N_{\text{T}}]}{E[\text{lb}(1+\gamma_{\text{T}})]} \right) \tag{8-7}$$

其中，W 为系统带宽，N_{T} 为每个业务基站的平均用户数，γ_{T} 表示业务基站用户的信干噪比。

式（8-7）的物理意义表示活跃业务基站服务所有用户的剩余带宽占系统带宽的比例。由此，可得到轻负载业务基站休眠的条件：

$$(1-\tilde{p}_{\text{off}}) \rho_{\text{T}} W E[\text{lb}(1+\gamma_{\text{T}})] > U_{\text{T}} E[N_{\text{T}}] \rho_{\text{T}} \tag{8-8}$$

不等式左边表示的是部分业务基站进入休眠状态后，活跃业务基站的服务能力。由于 $E[N_{\text{T}}]\rho_{\text{T}}$ 表示网络的平均用户数，不等式右边表示的是网络的业务需求。由以上条件可进一步证明，当被转移用户速率要求保持不变时，重负载业务基站休眠机制不适用，最优机制为关闭轻负载或所有业务基站。

|8.3　非栈式协议框架及网络 |

8.3.1　非栈式协议框架

非栈式协议（Not Only Stack，NOS）框架作为一种虚拟化网络系统的架构核心，将传统协议栈的固定层级打破为若干可串接的"平等"用户面模块，解耦网络中的用户面（U）、控制面（C）、管理面（M）和资源数据（D），重新定义网元功能，并为每个面以及相互之间的接口进行清晰的定义。NOS 可以提高基站间的交互能力、边缘用户体验速率、网络架构对业务的感知灵敏度，满足多种场景的终端接入需求，同时还能支持多 RAT，减少异构网络融合的信令开销和处理时延。NOS 框架也为构建 5G 开放网络提供了一种有发展前景的机制[17-18]。

NOS 强调 U/C/M 面的解耦，保证用户面处理的可重构、可编程特性；将分布式网元之间交互信令更改为对系统控制的部分集中，形成逻辑集中的控制面，有效地缩短控制面处理的交互时延并降低其复杂度；将网元内对基础设施、网络逻辑资源的管理进行集中、协同，形成全局协同的管理面；另外，采用全局索引但可分布式部署的网络资源数据，并使用统一的数据操作接口，从而降低网络协议状态机的实现复杂度和系统管理开销，提高系统性能[19-20]。基于 GNV（Globe Network View），编排器对网络资源、处理和基础设施进行灵活编排，实现异构网络的智能化，提升其传输能力。NOS 框架示意图如图 8-11 所示，网元 eNode B、MME（Mobility Management Entity，移动性管理实体）和 xGW（x-Gateway）等内部的各层实现了 U/C/M 面分离，整个网络就如同分成了用户面、控制面和管理面 3 个面。其中 xGW 是去掉了隧道的流表控制网关。

8.3.1.1　U/C/M 面的解耦与互动

传统的栈式协议架构虽然对协议层、层间接口以及网元间接口有准确清晰的定义，但是缺乏对同一层内的 U/C/M 功能部分的明确定义，对 U/C/M 之间的接口相关实现也不做规定。NOS 框架要求对 U/C/M 的划分和互动有明确的定义。U/C/M 面间接口机制由 NOS 框架确定，U/C/M 面间接口细节以及协议层间接口细节由网络架构确定。

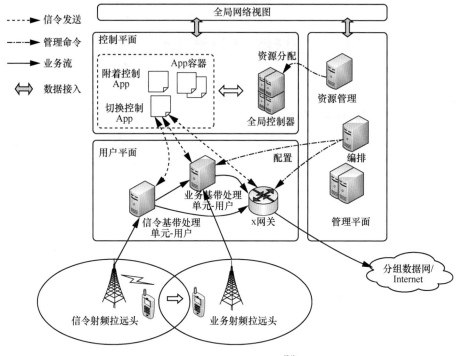

图 8-11　NOS 框架示意图[21]

8.3.1.2　U 面的平坦化

从用户面看来，传统的协议层映射为独立的模块；从 NOS 框架的角度看来，属于不同协议层的协议模块是平等的。模块之间的依赖关系由管理面中的编排器或控制面中的控制器进行定义。换句话说，编排器或控制器可将不同的用户面协议模块串联起来形成特定的用户功能。用户面的平坦化，一是依靠对协议层间接口的抽象，形成一个用户面模块间通用接口，任何协议模块（包括同种 RAT、同种网元、异构 RAT）均使用该通用接口进行封装；二是依靠智能编排器对用户面内的各协议模块进行半静态或动态的构造、销毁、迁移或串接等操作以达成所需的用户面功能。

8.3.1.3　C/M/D 面的跨层多域协同

控制面、管理面和资源数据都需要集中部署，集中不仅包括同一个 RAT 内同一个网元的不同协议层的 C/M/D 进行纵向集中，而且包括不同网元甚至不同 RAT

的所有 C/M/D 进行横向集中。C 以集中为主，集中管理有助于不同会话或者状态机进行同步，而不必通过外围编解码器和状态机处理逻辑与其他会话进行握手来达到同步；M 以协同为主，协同可达成一定的网络性能增益（传输能力）和效率增益（网络自动化）；全局网络视图对控制面的无状态（Stateless）以及用户面的几乎无状态（Almost Stateless）有支撑作用。

控制面的无状态，主要依靠 GNV 的会话部分（称为全局会话视图）通过具体的控制面的分离实现，从而实现数据（全局会话视图）驱动的控制逻辑小步演进，这样有利于控制逻辑的通用化；对于较大的控制逻辑演进（比如新控制机制的加入），可以依靠编排器对控制面的 App 进行注入实现。简言之，编排器对全局会话视图进行管理实现控制处理逻辑小步演进，对控制面 App 进行注入实现控制处理逻辑较大更新。全局会话视图从控制面分离，带来了控制面对全局会话视图的密集访问，因此，一方面需要定义高效可靠的访问机制，另一方面需要对全局会话视图分布式部署时的一致性进行保证。

8.3.1.4　NOS 框架系统

NOS 框架系统由覆盖子系统和处理子系统组成，如图 8-12 所示。其中覆盖子系统包括不同无线接入形式，处理子系统由用户面、控制面及管理面构成。

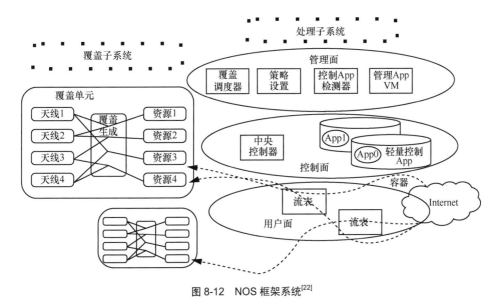

图 8-12　NOS 框架系统[22]

（1）覆盖子系统

覆盖子系统支持 5G、LTE、Wi-Fi 等接入方式，包括宏小区、小小区、微小区等覆盖形式，同时还可以通过相互组合形成不同的信号覆盖范围。覆盖子系统主要由支持各种 RAT 传输的分布式天线射频单元组成，通过密集覆盖为用户终端提供接入服务。在处理子系统的控制下，覆盖子系统利用基带池中的存储与处理资源，实现多制式接入小区间干扰协调及异构网络间负载均衡等联合优化。

（2）处理子系统

- 用户面。用户面位于处理子系统的底层，用户面的功能主要由用户面协议模块实现。NOS 将传统堆栈式协议栈推倒并将所有协议栈封装成模块，这些模块之间没有分层关系。模块根据流表的内容封装并通过统一的接口进行通信，每个模块与对应的流表联系并通过流表相互通信。用户面协议模块属于松耦合关系，各个模块可以独自进行更新，从而方便添加新的模块和系统升级。同时可以根据上层指令对协议模块进行动态编排和重配置，实现多 RAT 融合。

- 控制面。控制面主要执行 3 个功能。首先，控制面为管理面构建可用的用户面抽象视图，使管理面实现对用户面中所有资源的编排；其次，基于控制面和用户面之间的接口对用户面中的流表进行编排；最后，对抽象成虚拟资源的物理资源进行集中控制，实现对资源更高效的利用。中央控制器位于控制面，由软件实现，可以为设备制造商和网络运营商提供可编程的接口。随着云计算的普及，可编程管理也可自动化，为 App 和网络结构提供开放的应用接口，即可持续更新，从而满足不同 App 差异化的用户体验。控制面的大多数功能可以用 App 的形式来实现，例如，当用户接入网络时，中央控制器调用接入 App；当发现负载不均衡时，中央控制器则调用负载均衡 App 重新对负载和资源进行分配。App 按照功能划分为不同层次，高层 App 有权调用低层 App。物理资源可以采用分布式方式实现控制。从控制器的角度看，控制是逻辑集中的，因此形成了集中的控制面。

- 管理面。管理面包括覆盖调度器、策略设置、控制 App 检测器和一些管理 App VM（Virtual Machine，虚拟机），控制面的决策由管理面实现。管理面将传统分布式网元内对基础设施、网络逻辑资源（如信道、协议栈实例等）的管理功能（如产生、销毁、迁移和串接）进行了集中。在蜂窝系统中跨层多域协同方案（如 CoMP、eICIC 等技术）中，集中进一步演进为协同。管理面是系统可重构的关键模块，也是提高系统运行效率、提升性能的关键模块。

NOS 框架系统旨在为网络提供集中的智能管理、可定制和灵活的智能管理统一架构[23]。集中的智能管理体现为：现有网络控制单元只能获取当前节点或部分区域的有用信息，而在 NOS 下，网络控制器通过标准接口调用底层单元处理和转发数据，控制器可以根据 GNV 掌握全网有用信息，并通过深度学习算法实现智能决策。可定制体现为：NOS 中开放式的 API 使用户可以自行调用网络服务来满足自身需求，并使其成为一个更加流畅和大众化的市场。应用和网络可以通过 API 交互，从而可以获得持续更新。中央控制器由软件控制，可为设备制造商和网络运营商提供可编程接口。另外，随着云技术的普及，自动化编程管理也成为可能。灵活性体现为：NOS 能够支持多 RAT 融合，从而充分发挥不同无线系统（如 5G、LTE、Wi-Fi 等）的优势。考虑利用 GNV 进行基于供需分析的灵活定价，即当空口资源空闲时，减少每比特收入，从而刺激接入需求，而当空口资源不足时，增加每比特收入，可优化网络负载，提高运营商收益和盈利能力。

8.3.2　基于非栈式协议框架的接入网

基于 C-RAN（Cloud RAN），可将 NOS 应用到 C-RAN 架构上，构成 5G 基于 NOS 的新型无线接入网（NOS based Radio Access Network，NOS-RAN），在此基础上，将原来集中的 BBU 进行细分，分为集中式的 BBU（Centralized BBU，CBBU）和分布式的 BBU（Distributed BBU，DBBU），根据所提供的业务设定不同的服务质量（Quality of Service，QoS）需求（如低时延、高吞吐量）基于 NOS 的新型无线接入网，如图 8-13 所示。

8.3.2.1　用户面设计

在用户面中，集中式 BBU（Centralized BBU，CBBU）与分布式 DBBU（Distributed BBU，DBBU）之间可以采用多种协议分割方式，如分割点选在 PDCP 与 RLC 之间、RLC 与 MAC 之间。现在 LTE 中的 C-RAN 便是一种特殊的划分方式，即将所有协议模块集中在 CBBU，这种情况下能获得最大的协作化增益，但要求前传网络具有足够高的带宽和极低时延时（如光纤直连）。若前传网络为非理想传输（即传输网络带宽和时延有限），且此场景对时延和带宽要求较高（VR 游戏等），则 DBBU 可以选择第一种切分方式，以达到减少时延和增加前传容量的目的。

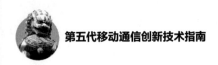

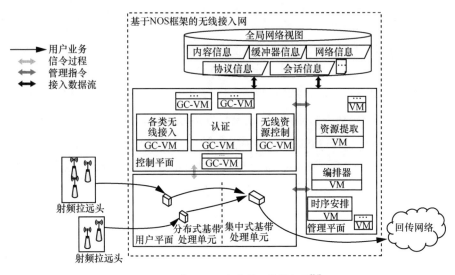

图 8-13　基于 NOS 框架的无线接入网[24]

NOS 框架将传统堆栈式协议栈 "推倒"，把协议信息集中放入协议池（Protocol Info）中。数据流通过虚拟网络接口后进入 DBBU 或 CBBU 中，在管理面中编排器的支持下进行协议栈的重构串接。协议栈的重构分 3 个步骤实现：分析、编排、串接，在 CBBU 或 DBBU 中的虚拟机中进行完成，具体流程如图 8-14 所示。

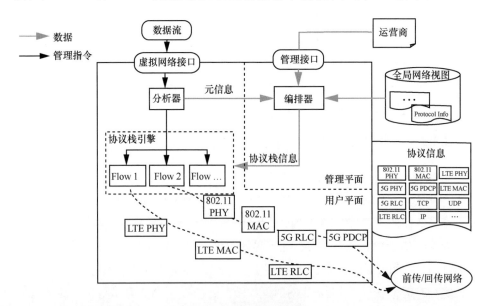

图 8-14　用户面协议栈重构

（1）分析：分析器（Parser）对进入的数据进行分析，提取数据分组的元数据，例如协议信息、流 ID（若流需要重新创建，则输出一个标志，由编排器进行新流的创建）等。

（2）编排：编排器（Orchestrator）位于管理面，根据有效信息做出编排决策。信息来源于三方面：位于用户面的分析、全局网络视图和外部管理接口。其中，对于编排器决策起着最主要作用的信息来源于分析器，编排器根据元数据决策出数据所需配置的不同协议；GNV 中存储有协议信息池，编排器根据所需的不同协议，从中选取相应的协议信息；外部管理接口是为运营商提供一个手动修改配置编排器的通道。最后，编排器输出流的 ID 和编排的协议信息。

（3）串接：协议栈引擎（Stack Engine）根据编排器输出的不同的编排信息，为数据流串接相应的协议，若该串接方式已存在，协议栈引擎只需要通过流标号选择对应的函数存储空间分配串接方式；若该串接方式不存在，则需要创建新的空间保存新的串接方式。若该协议栈的重构过程在 DBBU 中完成（如图 8-14 所示的 Flow 1），则数据经过前传网络后进入 CBBU，而若协议栈重构发生在 CBBU 中，则经过后传网络后达到核心网。

因此，原来的 PHY、MAC、RLC、PDCP 等具有栈式的层级关系，但将其推倒以后，从编排器和数据流的视角来看，它们是平坦的、占用资源的、具有可串接关系的模块，协议层变成了平等的关系，靠编排器串接来达成其上下层关系。例如在 LTE 接入方式中选择了第一种划分 CBBU/DBBU 的方式，即 DBBU 中含有 MAC、PHY 和 RLC 3 种协议的功能，则在 DBBU 中进行这 3 种协议的串接，然后将该输出交给 CBBU，在 CBBU 中选择 PDCP，实现 PDCP 的相关功能。

8.3.2.2　控制面设计

控制面在管理面的管理下，首先将原无线接入网中含控制功能的协议进行逻辑集中，然后按一定的功能类型进行划分，并按一定粒度相互组合，组成不同的功能模块并形成 GC。这些模块将在 GC 中的虚拟机进行实现（GC-VM），以完成不同的控制功能。可定制化的 GC 模块如图 8-15 所示，将控制面中的 GC 按照不同的功能划分，划分为了能完成不同功能的模块，例如包含承载建立、授权认证、移动管理、安全性等模块。模块采用细粒度划分可以提高灵活性，但是会增加管理维护的负担；采用粗粒度划分模块，则在成本方面有优势，但是牺牲了部分灵活性。在实际中，需要权衡成本和灵活性，划分不同的 GC 模块。

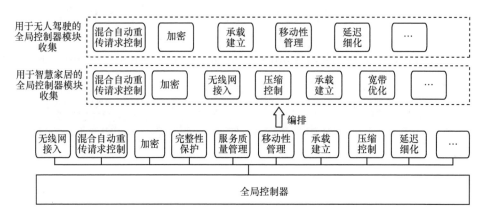

图 8-15　可定制化的 GC 模块

在基于 NOS 框架的网络架构下，控制功能逻辑集中在 GC 中，可以根据业务对控制功能的不同需求，组合 GC 中的不同模块。这些可定制化的控制操作需要 GC 具有独立性和相互依赖性：GC 模块作为网络中的功能组件，不同的 GC 模块不具有依赖性，因此可以根据不同的场景业务中的控制功能的需求，针对不同的控制组件进行维护和升级，而不需要更换整个网元；GC 模块之间由统一的接口进行通信，在管理面的支持下，GC 模块经过编排后，将不同的控制功能进行串接组合，用来满足不同场景下的控制功能的需求。

图 8-15 中展示了 GC 中的各模块的编排组合方式。以车联网为例，由于无人驾驶中车辆处于高速移动状态需要 GC 中移动管理模块负责小区的快速选择和可靠切换。而在智慧家庭中则不存在移动的情况，而是存在 5G、Wi-Fi 等接入方式，此时则需要 RAT 接入模块进行管理，选择合适的接入方式。另外，在所需带宽比较大的情况下，则需要压缩控制以及宽带优化等模块，以保证用户面中数据的高速稳定传输。

8.3.2.3　管理面设计

管理面将原本无线接入网中基础设施、网络逻辑资源（信道、协议栈实例等）的管理（产生、销毁、迁移和串接）进行了集中，负责网元的安排调度、策略编排。

如前所述，一方面，管理面对用户面中设备进行配置，编排器在用户面中的协议栈的重构中起着关键作用。编排器根据不同场景下的业务需求为用户面协议栈提供编排策略，为 DBBU 和 CBBU 配置其不同的功能、适应不同的业务场景，在

DBBU 中选取 PHY 和 MAC 协议功能,而在 CBBU 中选取 RLC 和 PDCP 中的功能,如图 8-16 所示。另一方面,管理面将控制功能进行了逻辑集中,并针对不同的特定服务将相应的 GC 模块进行编排串接。如图 8-16 所示,管理面中的资源抽象模块首先为控制面创建不同功能的 GC 模块。例如在小区切换中生成了接入控制、安全控制、承载建立管理、移动性管理和信息释放管理模块,然后编排器将这些模块进行串接,为之后的小区切换做好准备。

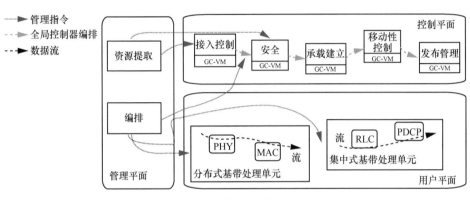

图 8-16 管理面编排框图

此外,管理面还可以针对某种特殊的用例为其构建一个专用的网络切片。在网络切片生命周期中,管理面监控网络切片的带宽、时延和计算资源等各项指标,并根据需要动态地改变网络切片的资源配置。由于蜂窝系统中跨层多域协同方案(如 CoMP、eICIC 等技术)越来越多,这种集中进一步演进为协同,管理面就作为一个全局管理的决策点,辅助协同方案的运作,因此,管理面也是提高系统运行效率、提升性能的关键点。

8.3.3 基于非栈式协议框架的核心网

8.3.3.1 核心网的用户面

用户面负责用户数据的转发和相关数据的处理。在实际的核心网中,用户面包括两种不同类型的网元。一种是具备一定逻辑处理能力的传统交换机。这些交换机除了具有基本的数据分组接收、转发、复制、丢弃功能外,还可在控制面网元的控制下进行一些基本的逻辑操作,例如 xGW 能对 GPRS 隧道协议(GPRS Tunnelling

Protocol，GTP）数据分组的隧道端点标识（Tunnel Endpoint Identifier，TEID）进行修改、插入等。另一种可看成专门的服务器，用于用户数据的高速数据处理等。这些数据处理功能通常与用户的实际应用类型相关。这些应用类型一般涉及严格的QoS 约束（如时延等）或复杂的数据运算等。在图 8-17 中，深度数据分组检测（Deep Packet Inspection，DPI）就是这种类型的网元，在管理面的控制下，它负责对数据分组进行进一步的处理解析，将所在链路的数据分组统计结果通过管理面上传至全局网络视图中。用户面中的这种专用服务器网元通常基于定制的硬件平台搭建，而非普通的通用型处理平台。为进一步增强处理能力，这些服务器还可能采用一些硬件加速的手段。一般而言，这种类型的网元零散地分布在用户面上，每个网元负责处理一大片区域的数据任务。

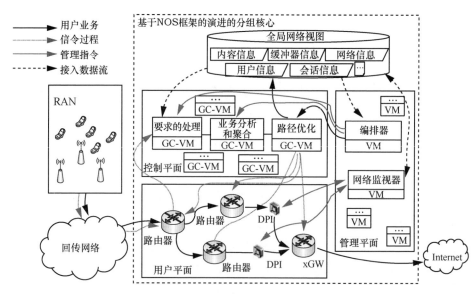

图 8-17　基于 NOS 的核心网网络架构

8.3.3.2　核心网的控制面

控制面中包含与 LTE 协议相关的控制功能。这些控制功能从原先的 LTE 分布式的多个网元（MME、HHS、PGW、SGW）中剥离出来，按照一定的粒度相互聚合，形成 GC 模块。这些 GC 模块在管理面的控制下被装在进 GC 虚拟机（GC-Virtual Machine，GC-VM）中运行。一方面，管理面通过控制这些 GC-VM 的生成、复制、迁移或销毁来管理控制面资源。另一方面，管理面将控制面中的 GC 模块按照一定的次序进行编排，为用户提供服务功能（类似于 PaaS）。NOS-Based EPC 中 GC 模块的实现与 NOS-Based RAN 相比，其注重的是 MME、PGW 等核心网网元的功能重构且由于采用有线介质，不用考虑无线协议栈。其实现方式相比 NOS-RAN 中的 GC 更为简洁，也很相似。

8.3.3.3　核心网的管理面

管理面对于整个核心网起到管理的重要作用。一方面，如前文所述，它将控制面的 GC 模块编排在一起，为用户提供某特定服务。另一方面，它还包含监控和管理网络资源功能。例如，图 8-17 中，管理面中的网络管理器可以实时配置用户面的 DPI 模块，命令其上传链路的相关消息，经过筛选后，网络管理器将数据同步至 GNV 中。

除了上述的基本功能之外，由于管理面的存在，新的应用服务或控制协议也可以方便地添加进通信网络中。根据其所属功能的不同，新的控制或处理功能模块可以放在控制面或用户面中，在管理面的集中编排和控制下，可以快速地将应用或协议部署进网络。若采用较好的配置策略，则新的功能或应用不会对现有网络的运行造成影响。

｜8.4　异构网络融合架构｜

8.4.1　异构网络融合概述

异构网络融合可以分为两类：一类是多种不同制式的网络融合形成异构融合网络，如蜂窝网（2G/3G/4G/5G）和 WLAN 的异构网络融合；另一类是第三代合作伙伴计划（3rd Generation Partnership Project，3GPP）LTE 提出的宏基站与微基站共存的异构融合网络。

4G 以前的蜂窝网络的特点是覆盖范围广，数据传输的可靠性较高以及数据速率较低等。WLAN 的特点在于覆盖范围较小，数据速率较高，但不支持用户终端移动且数据传输容易受到无线信道环境影响等。在实际网络布局中这两种网络经常交叉覆盖，因此如何处理网络的异构性，从而为用户提供更好的服务是第一类异构网络融合所要解决的问题。

研究表明，在迅猛增长的移动业务需求中，超过 60% 的语音业务和 80% 的数据业务发生在室内场所。在蜂窝小区已经密集部署的情况下，低功率基站的部署可以提高热点地区的单位面积的频谱利用率。因此，后一类异构网络融合关注在宏蜂窝覆盖范围内，通过增加低功率基站来提高单位面积的频谱利用率。

8.4.2　5G 与 WLAN 融合架构

3GPP 对网络融合描述为：异构网络融合是采用通用的、开放的技术实现不同网络或网络元素的合并或融合。网络融合主要包括技术层面的接入网融合、核心网融合和终端融合以及业务融合和商业模式融合[25]。

5G 与 WLAN 的融合组网目标是获得较高的资源利用率、尽可能低的时延、较高的服务质量以及用户体验。5G 与 WLAN 融合面临着诸多问题，需要建立支持统一的业务提供、快速鉴权与计费的融合网络架构，支持在多业务环境下基于终端位置、移动速度的无缝切换，以及通过高效智能的无线资源管理和 QoS 控制技术保障平滑的业务等。

8.4.2.1　5G 与 WLAN 融合组网的典型架构

（1）基于 3GPP EPC 的网络融合架构

EPC（Evolved Packet Core）不仅支持传统的 GSM、UMTS 和 LTE 接入，而且也支持 Non-3GPP 技术接入。针对 Non-3GPP 技术接入，EPC 定义了授信和非授信两类 Non-3GPP 技术接入网络架构。在基于 3GPP EPC 网络融合架构中，定义的授信和非授信 Non-3GPP 分别通过 S2a 和 S2b 接口接入 EPC，以及都通过 S2c 接口的非漫游网络架构，分别如图 8-18 和图 8-19 所示。

在基于 S5、S2a、S2b 接口的非漫游架构中，终端既可以由授信 Non-3GPP 接入技术经 S2a 接口接入 3GPP EPC，也可以通过非授信 Non-3GPP 接入技术经由改进分组数据网关（Evolved Packet Data Gateway，ePDG）经 S2b 接入 3GPP EPC。

在授信 Non-3GPP 接入网络通过 S2a 接口和核心网 PGW 建立 PDN（Packet Data Network）连接中，S5、S2a 和 S2b 可以基于 GPRS 隧道协议（GPRS Tunneling Protocol，GTP）和代理移动 IP（Proxy Mobile IP，PMIP）协议。一个 PDN 连接标

识表明了 UE 与 PGW 之间连接路径的信息，一般由 UE 的 IP 地址、标识 PDN 的接入点名称（Access Point Name，APN）组成，其中 APN 决定了终端通过哪种方式来访问网络以进行数据通信。

非授信的 Non-3GPP 网络需要先与 ePDG（Evolved Packet Data Gateway）建立连接，完成第一次认证过程以实现对 UE 的接入进行鉴权，然后通过 ePDG 接入核心网，完成第二次认证过程以实现对 UE 选择的 APN 进行鉴权。UE 通过 DNS（Domain Name System）查询获得 ePDG 的 IP 地址，并建立与 ePDG 之间的 IPSec 隧道以保证通信的安全。ePDG 网关主要负责路由 PGW 与 UE 之间的数据分组、建立 IPSec 隧道时的认证和授权以及为终端接入 Non-3GPP 网络分配 IP 地址等，增强了 UE 与 PGW 间通信的安全性。

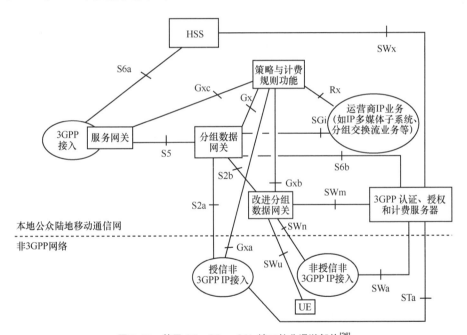

图 8-18　基于 S5、S2a、S2b 接口的非漫游架构[26]

终端通过 S2c 接口接入 PDN GW 时，采用双栈移动 IPv6（Dual Stack Mobile IPv6，DSMIPv6）协议，承载接入部分可以是授信 Non-3GPP 网络，也可以是非授信 Non-3GPP 网络。在非授信接入方式下，终端可以得到 3 个 IP 地址，分别是 WLAN 分配的 IP 地址、ePDG 分配的 IP 地址和 PDN GW 分配的 IP 地址。

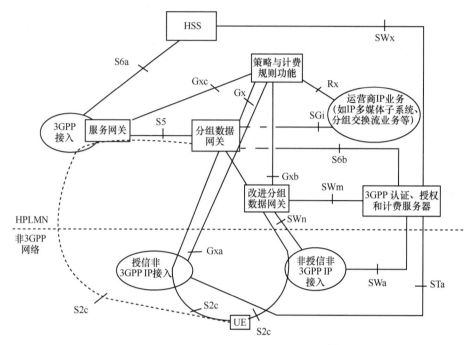

图 8-19　基于 S5、S2c 接口的非漫游架构[26]

（2）无线接入网络侧的聚合

由于 E-UTRAN 支持 LTE-WLAN 聚合，故在 eNB 配置下处于 RRC_CONNECTED 状态的 UE 可以同时利用 LTE 和 WLAN 的无线资源。LWA（LTE-WLAN Aggregation）的系统架构可以参考 LTE 双连接的系统架构，其支持两种部署场景，即共址融合和非共址融合。

在 LTE 与 WLAN 共址融合场景下，WLAN AP 可以与 LTE eNB 集成在一起，有理想的或内部的回传链路。其无线协议架构如图 8-20 所示。而在非共址融合场景下，没有一个理想的回传链路，一个或多个 WT（WLAN Termination）可以通过 Xw 接口与 LTE eNB 相连，其中 WT 是 WLAN AP 和 eNB 之间一个逻辑节点。Xw 接口支持用户面和控制面。其无线协议架构如图 8-21 所示。

LTE eNB 在收到核心网传输下来的数据分组后，会考虑诸多因素，如当前 LTE eNB 的负载情况、UE 与 WLAN AP 间的链路状态等，来动态决定数据分组或是某些业务是由 LTE 网络还是 WLAN 传送给 UE。如果 LTE eNB 决定将某些数据由 WLAN 传送给 UE，那么这些数据分组可以由 DPCP 层进行动态分流，并通过新添加的适配层或适配功能将 LTE 数据分组适配和包装后发送给与之相连的 WLAN AP，并由 WLAN AP 发送给相应的 UE,而 UE 收到 WLAN 分流的数据分组后,会在 DPCP 层与经由 LTE 侧发送的数据流进行合并,再传送高层。而且,LTE eNB 可以根据实时的网络状况和用户业务状态对使用的 LTE 网络或 WLAN 资源进行快速的、动态的调整,以达到资源的最大利用率。

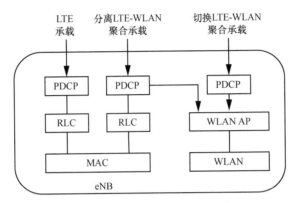

图 8-20 共址融合无线协议架构[27]

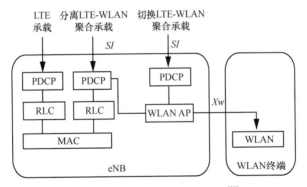

图 8-21 非共址融合无线协议架构[27]

LWIP (LTE/WLAN Radio Level Integration with IPSec Tunnel) 允许在 RRC_CONNECTED 状态的 UE 通过 IPSec Tunnelling 运用 WLAN 的无线资源进行业务传输,其整体架构如图 8-22 所示。为了提供数据安全,UE 和 LWIP Se-GW 之间传送 IP 数据分组使用 IPSec 协议封装,然后数据分组在 LWIP-SeGW 和 LTE eNB 之间传送。端到端地从 UE 到 eNB 之间通过 WLAN 的路径为 LWIP 的隧道。其协议架构如图 8-23 所示。

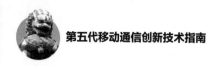

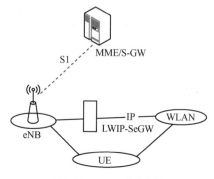

图 8-22　LWIP 整体架构

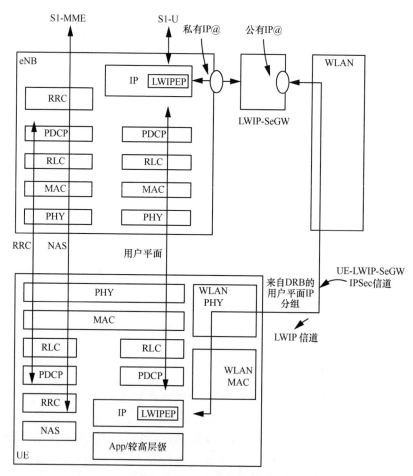

图 8-23　LWIP 无线协议架构[27]

8.4.2.2　5G 与 WLAN 融合组网的切换机制

（1）基于 3GPP EPC 融合架构的切换机制

在基于 3GPP EPC 的融合网络架构中，当终端在网络中移动时，网络应该能够保证终端用户正在进行的业务的连续性，这就涉及 IP 层切换的问题。基于移动 IP 技术的异构网络的切换无法由网络侧决定和发起，只能由终端（操作系统或上层应用）决定发起。

为了实现 3GPP 网络与 WLAN 之间无缝切换，在 3GPP Release 13 中对 3GPP 和 Non-3GPP 融合组网中的切换机制在之前的基础上进行了补充。其中，基于 S2a 口授信的 Non-3GPP 和 3GPP 网络的切换流程主要有几个步骤：发现网络并启动切换、按照规定的接入方式连接目标网络、与用户相关的原网络资源释放等。

（2）基于无线侧聚合承载的建立和释放

基于无线侧聚合承载的建立和释放，分别通过 LWA 和 LWIP 进行。

在 LWA 中，E-UTRAN 支持其控制的数据流在 LTE 网络和 WLAN 网络中的双向转换，形成 RAN 控制的 WLAN 互操作。E-UTRAN 可以给 UE 发送一个执行命令让数据流在这两种网络中转换，然后 UE 的上层响应这个指示，并决定哪些数据流可以从 WLAN 网络转发。数据流从 E-UTRAN 转向 WLAN 如图 8-24 所示。

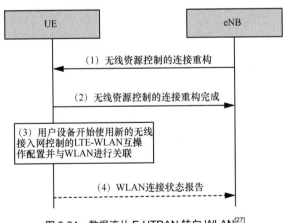

图 8-24　数据流从 E-UTRAN 转向 WLAN[27]

流量从 WLAN 网络转向 E-UTRAN 时，也如以上步骤，由 eNB 发起向用户发起无线资源控制连接重配置消息，然后用户响应。

在 LWIP 中，对于下行数据承载，用户收到通过 IPSec 隧道传送的数据分组时，直接交付给上层处理。在上行链路中，用户接收来自 eNB 的 RRC 信令，决定数据从 LTE 网络还是 WLAN 传输。

8.4.3　宏微异构网络融合架构

8.4.3.1　宏微异构网络融合概述

宏基站与微基站共存的异构网络融合是 3GPP 在 LTE-Advanced 中就提出的网络部署方法[28]。具体来说，是指在传统的宏基站覆盖的基础上，在"盲区"和"忙区"增加低功率的小型化基站，如微基站、毫微基站、毫微微基站、中继等，以提升小区的分裂增益，进而提升网络的吞吐量和系统频谱效率。图 8-25 为宏微异构网络的一般拓扑图。

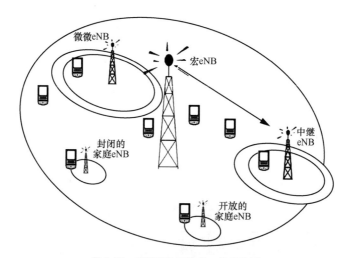

图 8-25　宏微异构网络的一般拓扑图

通过在宏基站覆盖的范围内部署低功率的小型化基站，可消除传统宏基站覆盖的"忙区"和"盲区"，提升网络总容量。大量的微基站部署，也带来了一些新的挑战，如更加复杂的干扰管理和移动性管理。

8.4.3.2　异构网络的干扰管理

针对异构网络引入的增强型小区间干扰协调（eICIC）技术，分为时域 eICIC、频域 eICIC 和功率控制 3 类[29]。将干扰对齐技术引用到异构网络中，需根据异构蜂窝网络的特性与干扰特点进行改进。例如，较传统的蜂窝网络，异构蜂窝网络的干扰的复杂性主要体现在：异构蜂窝网络的干扰分布严重依赖微基站的接入模式；异构蜂窝网络的上/下行传输的不对称性影响网络的干扰分布；异构蜂窝网络的干扰具有不确定性[30]。

8.4.3.3　宏微异构网络的切换

宏微异构网络中，由于宏基站与小基站、小基站与小基站的重叠覆盖，且小基站的覆盖范围较小，使得宏微异构网络中的切换较传统的宏蜂窝部署的网络中更为频繁，故将导致较高的切换信令开销和"乒乓效应"。切换是衡量用户体验的一项重要指标，异构网络间的垂直切换需要采用有效的机制，保证进行无缝切换，以获得良好的用户体验。

传统的切换方法是根据接收信号强度（RSS）选择合适的小区进行切换，然而，在宏微异构网络中，由于宏基站与小基站的发射功率不同，即使用户在小基站覆盖范围内，该小基站也很少被选择，故宏微异构网络中的切换需要考虑更多的切换准则。

（1）用户侧触发的切换

切换的发起由一定的触发条件判决，在用户侧，用户可以根据自身感知或接收的基站信息来判断自身网络情况，在必要的时候做出切换决策。

① 基于临时区域合作伙伴的切换[31]。将系统内的用户分为源用户和目标用户，并将源用户和目标用户所在区域称为临时区域。源用户是指需要切换的用户，目标用户是指已经与目标基站建立连接的用户。该切换技术的触发条件为源用户与原来小区之间的链路中断。这时，源用户需要向最近的目标用户发送求助；目标用户则提醒自己所在的目标小区发送重新建立连接请求给这个源用户，通过源用户返回请求信号获得源用户的 ID 和它原服务小区的 ID；目标小区再经过判断决定是否接入该用户，若满足接入条件，则允许该用户接入；否则，该用户停滞一段时间后，将进行下一个目标小区的选择。基于临时区域合作伙伴的切换算法模型如图 8-26 所示。

② 避免"乒乓效应"的提前准备切换（EHOPPPA）[32]。用户能够接收多个目标小区的交接命令，可以选择其中最好的小区进行接入。具体步骤为：当邻小区的

切换边缘偏置值大于服务小区时，切换事件将被触发；接着，用户将发送当前的测量报告给服务小区；服务小区基于测量报告发送准备切换信令给目标小区；目标小区返回确认信号；服务小区接收确认信号后，发送切换命令给该用户；这时用户不会马上做出切换事件,而是在一定时间范围内进行进一步测量等来选择最佳的小区、最佳的时间进行切换。

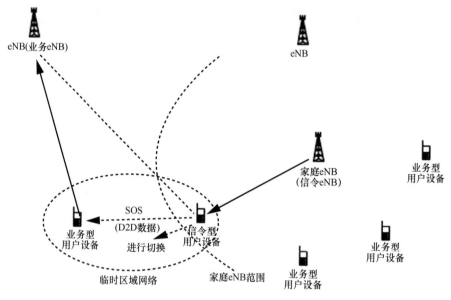

图 8-26　基于临时区域合作伙伴的切换算法模型

③ 基于链路质量的自适应偏置值切换[33]。利用对数路径距离损耗和阴影环境的数学分析来确定偏置值的表达式，表达式是与用户距离和宏微小区（即 Macrocell 和 Femtocell 连在一起表述）RSS 差值相关的函数。首先按照一定的采样间隔，将宏微小区间的距离分为若干等份，如图 8-27 所示。将这段距离进行采样后，需要求取每个采样点分别来自宏小区和毫微微小区的 RSS 值，来自宏小区的 RSS 为：

$$S_m[k] = P_{m,k} - \mathrm{PL}_m[k] - u_m[k] \qquad (8\text{-}9)$$

其中，$P_{m,k}$ 表示宏小区的发射功率，$\mathrm{PL}_m[k]$ 为路径损耗，$u_m[k]$ 表示与阴影衰落相关的函数，毫微微小区的表达式类似，只是需要将下标 m 换为 f。

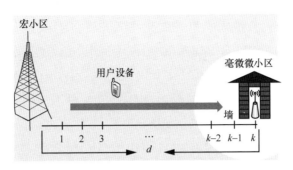

图 8-27　基于对数距离的采样点设置

接着，按照一个规定的窗函数采集宏微小区 RSS 值，求取两者之间的差值，得到偏置值的表达式：

$$\Delta = \begin{cases} \overline{S_f}[d-\text{FB}] - \overline{S_m}[d-\text{FB}] + p, \text{用户从宏小区切换到毫微微小区} \\ \overline{S_m}[d-\text{FB}] - \overline{S_f}[d-\text{FB}] + p, \text{用户从毫微微小区切换到宏小区} \end{cases} \quad (8\text{-}10)$$

其中，FB 表示毫微微小区的服务边界。p 为一个滞后门限值。可以看出，偏置值与宏微小区之间的 RSS 的差值有关，偏置值能够随着链路质量的变化而自适应改变自己的值。最后，通过比较毫微微小区的 RSS 是否小于链路质量门限值，以及毫微微小区的 RSS 是否大于宏小区加上偏置值后的总值，当两个条件同时满足时，用户实行切换，并切换到当前的毫微微小区。

（2）基于系统控制的切换

通过系统控制用户切换，不仅可以增加容量和覆盖范围，而且能够起到节约能源的作用。

① 基于小区范围扩展（Cell Range Expansion, CRE）的衍生切换[34]。在通常情况下，用户可以选择具有最大 SINR 值的基站进行切换接入，而小区范围扩展算法则是通过设置偏置值，在考虑整个网络基础上，允许 UE 接入较低 SINR 的微小区。

② 基于业务卸载的切换算法及其优化算法[35]。基于业务卸载（Traffic Offloading，TO）的切换首先利用系统的吞吐量和功耗表达出能量效率增益函数。为了避免所有用户都切换到微小区，设置一个最小 SINR 值，当用户的 SINR 大于最小 SINR 值时才具有切换资格，通过这样控制了切换数量。通过仿真可以看出，当用户从宏小区卸载到微小区后，能源效率增益随卸载用户数的增加而增加。这表明，用户切换数目越多，能源效率增益越大，越能够节约能源。

TO 算法主要分为两部分，第一部分为挑选出潜在目标小区。用户通过从各个微微小区（Picocell）接收的 RSRP 值加上一个固定的偏移值，和从宏小区接收的 RSRP 值进行比较，将大于宏小区测量值的微微小区定为潜在目标小区。第二部分为确定目标微小区。选择潜在目标微小区中具有最大 RSRP 值的小区作为目标切换对象，这个目标微小区还应该满足网络的负载未达到最大负载上限。通过判断潜在目标微微小区和确定目标微小区这两个步骤，具有切换资格分用户从宏小区切换到微小区。通过调整偏移值可以控制潜在目标小区数量，挑选潜在目标小区的表达式为：$r_j + \mathrm{RSRP}_0 > r_0$。

③ 以最小化能耗为目标的切换算法[36]。首先将能耗问题分为两种类型，即完全信息和非完全信息进行分析。在完全信息情况下，定义一种不同能耗累计的临界段，并给出一个减少能耗的切换开关方法；在非完全信息情况下，主要采用基于不完全信息的启发式算法获得切换开关策略。在一个宏小区和一个微小区的场景下，以某一时隙为研究范围，定义两种类型下的与用户数量和小基站状态相关的能耗公式。

切换算法的基本思想是：当不能切换接入小基站时，用户只能选择宏基站进行接入；当能够接入小基站时，为了最大化能量的节约，用户将优先选择切换接入小基站，直至小基站不能再容纳新的用户为止。在能耗计算式中，将用户接入微小区的传输功率设置为变量，且根据微小区是否接入新用户。基于此，通过理论分析得出完全信息类型中的功耗计算式，以及通过算法获得非完全信息中当前的小基站状态，表示出能耗的计算式。

④ 以最小化成本为目标的切换算法[37]。以负载均衡和业务成本最小化作为主要优化目标，综合考虑网络情况，确定切换机制。其主要步骤为：一是选出切换候选用户组，二是优化目标函数。

步骤 1：首先考虑多种实际因素影响，挑选出发起切换的候选用户组；由于发起切换的人群分为两类，即当用户由 Femtocell 服务，UE 与 Femtocell 之间的 RSS 降低小于一定门限值 R_f，或者用户由 Macrocell 服务，UE 与相邻的 Femtocell 之间的 RSS 超过一定门限值 R_m。不管用户属于哪种类型，都需要获取与相邻 Femtocell 之间的 RSS；通过判断，将用户划分为请求切换的用户集合和与连接点具有良好连接的用户集合。

对系统覆盖内的待切换的用户均进行上述判断，将得到由切换候选用户集合形成的切换决策矩阵 X。在矩阵 $X = \{X_{ij}\}_{(m+n) \times L}$ 中，很多值为 0，因只有满足接入点

RSS 大于某个门限值的小区才会有一定的概率表示。

步骤 2：考虑整个网络情况，优化目标函数。

$$\min G = \min\left(w_1 \sum_{1 \leqslant i \leqslant N+M} \left(\frac{\rho_i + r_i(X)}{B_i} \right)^\alpha + w_2 \sum_{1 \leqslant i \leqslant N+M} \sigma_i r_i(X) \right) \qquad (8\text{-}11)$$

目标函数右边的前部分为负载相关的表示，可以防止高负载的接入点阻塞，后半部分为最小化成本函数，其中，$r_i(X)$ 是与决策矩阵相关的函数，w_i 为负载和成本在切换判决时所占权重，ρ_i 是对于每一个宏小区或微小区接入点 i 的负载，B_i 是小区 i 可以承受的最大负载（带宽），$\alpha = 2$，σ_i 是接入点 i 每单位带宽的成本。优化的结果是得到切换决策矩阵来考虑所有的切换候选用户，保证避免冲突。

│ 参考文献 │

[1] 4G Americas. Recommendations on 5G Requirements and Solutions, 2014.

[2] 中国无线电管理网. 国内 5G 研究进展[Z]. 2015.

[3] IMT-2020(5G)推进组. 5G 网络架构设计白皮书[R]. 2016.

[4] 华为技术有限公司. 5G 网络架构顶层设计理念白皮书[R]. 2015.

[5] 中兴通讯股份有限公司. Pre5G 构建通往 5G 的桥梁白皮书[R]. 2016.

[6] NGMN Alliance. NGMN 5G whitepaper[R]. 2015.

[7] 5G PPP Architecture Working Group. View on 5G Architecture[R]. 2016.

[8] 3GPP. Generation partnership projcct; technical specification group services and system aspects; study on architecture for next generation system, 3GPP SA2: TR 23.799 V1.0.2[S]. 2016.

[9] 刘云璐, 杨光, 杨宁. 面向 5G 的多网融合研究[J]. 电信科学, 2015, 31(6): 57-61.

[10] WANG J, YAO Y, ZHAO M, et al. Conceptual platform of distributed wireless communication system[C]//Proceedings of IEEE 55th Vehicular Technology Conference(VTC Spring 2002). Piscataway: IEEE Press, 2002: 593-597.

[11] 王京, 姚彦, 赵明, 等. 分布式无线通信系统的概念平台[J]. 电子学报, 2002, 30(7): 937-940.

[12] ZHOU S, ZHAO M, XU X, et al. Distributed wireless communication system: a new architecture for future public wireless access[J]. IEEE Communications Magazine, 2003: 108-113.

[13] 牛志升, 龚杰, 周盛.能效与资源优化的超蜂窝移动通信系统基础研究[J]. 电信科学, 2014, 30(12): 34-47.

[14] 赵明, 许希斌, 牛志升. 面向未来移动通信的超蜂窝网络架构[J]. 中兴通讯技术, 2014,

20(2): 11-16.

[15] 牛志升, 周盛, 周世东, 等.能效与资源优化的超蜂窝移动通信系统新架构及其技术挑战[J]. 中国科学: 信息科学, 2012, 42(10): 1191-1203.

[16] 周盛, 张珊, 牛志升. 超蜂窝网络的高能效基站部署及其动态控制[J]. 中国科学: 信息科学, 2017, 47(11): 1566-1582.

[17] 赵明, 王京, 田志刚. 开放 5G 网络架构与开源平台[J]. 中兴通讯技术, 2016, 22(3): 6-11.

[18] SU X, ZENG J, CHEN Y, et al. Evaluation of signaling loads in No Stack 5G mobile network[J]. China Communications, 2017(7): 57-66.

[19] ZENG J, SU X, GONG J, et al. 5G virtualized RAN based on No Stack[J]. China Communications, 2017, 14(6): 199-208.

[20] ZENG J, SU X, GONG J, et al. 5G virtualized radio access network approach based on No Stack framework[C]//Proceedings of IEEE ICC 2017 Next Generation Networking and Internet Symposium. Piscataway: IEEE Press, 2017.

[21] ZENG X, GE L, TANG Y, et al. NO Stack for enhancing mobility performance in 5G radio access network[C]//Proceedings of 2018 International Conference on Computer, Information and Telecommunication Systems (CITS). Piscataway: IEEE Press, 2018.

[22] ZENG J, RONG L, SU X. NO Stack: a software-defined framework for 5G mobile network[C]//2016 23rd International Conference on Telecommunications (ICT). Piscataway: IEEE Press, 2016.

[23] WU B, GE L, ZENG J, et al. An innovative EPC with not only stack for beyond 5G mobile networks[C]//Proceedings of 2018 IEEE 87th Vehicular Technology Conference (VTC Spring). Piscataway: IEEE Press, 2018.

[24] 郑祥赟. 一种非栈式可重定义网络的关键技术研究[D]. 成都: 电子科技大学, 2019.

[25] 3GPP. 3GPP system to wireless local area network(WLAN) interworking: system description. TS 23.234 (V12.0.0)[S]. 2014.

[26] 3GPP. Architecture enhancements for non-3GPP accesses: TS 23.402 (V13.1.0)[S]. 2015.

[27] 3GPP. Evolved universal terrestrial radio access and evolved universal terrestrial radio access network: TS 26.300 (V13.3.0)[S]. 2016.

[28] DAMNJANOVIC A, MONTOJO J, WEI Y, et al. A survey on 3GPP heterogeneous networks[J]. Wireless Communications IEEE, 2011, 18(3): 10-21.

[29] Summary of the descreption of candidate eICC solutions, SGPP Std.:R1-104968[S]. 2010.

[30] ZHANG H, CHEN S, LI X, et al. Interference management for heterogeneous networks with spectral efficiency improvement[J]. IEEE Wireless Communications, 2015, 22(2): 101-107.

[31] DAMPAGE U, WAVEGEDARA C B. A low-latency and energy efficient forward handover scheme for lte-femtocell networks[C]//Proceedings of 2013 ICIIS. Piscataway: IEEE Press, 2013.

[32] PARK H,CHOI Y. Taking advantage of multiple handover preparations to improve handover performance in LTE networks[C]//Proceedings of FGCN. Piscataway: IEEE Press, 2014.

[33] HUNG M, PAN J, HUANG Z. Analysis of handover decision with adaptive offset in next-generation hybrid macro/femto-cell networks[C]//Proceedings of 2014 Tenth International Conference on Intelligent Information Hiding and Multimedia Signal Processing. Piscataway: IEEE Press, 2014.

[34] SUN S, LIAO W, CHEN W. Traffic offloading with rate-based cell range expansion offsets in heterogeneous networks, mobile and wireless networks[C]//Proceedings of 2014 IEEE Wireless Communications and Networking Conference (WCNC). Piscataway: IEEE Press, 2014.

[35] LIU Q, FENG G, QIN S. Energy-efficient traffic offloading in macro-piconetworks[C]// Proceedings of Wireless and Optical Communication Conference. Piscataway: IEEE Press, 2013: 236-241.

[36] WANG L, FENG X, GAN X, et al. Small cell switch policy: a consideration of start-up energy cost[C]//Proceedings of ICCC. Piscataway: IEEE Press, 2014.

[37] 刘淑慧. LTE 及 Macrocell/Femtocell 双层网络无线资源管理的研究[D]. 北京: 北京邮电大学, 2012.

第 9 章

新型无线安全

阐述 5G 无线安全需求，讨论 5G 安全架构，提出 5G 应具备的新的安全能力，强调无线通信系统的物理层安全配合应用层安全的重要性；对比传统单一的安全加密机制，探讨 5G 物理层安全技术，包括人工加噪法、波束成形法和协作干扰法，以及物理层安全应用，包括毫米波通信场景、大规模 MIMO 场景、无线携能通信场景和协作网络场景下的物理层安全应用；通过分析应用层安全特性和应用层安全风险，归纳应用层安全要点，进而探讨应用层安全技术及应用，包括 D2D 通信安全技术、网络身份管理技术、灵活的身份认证技术和 SDN / NFV 安全技术。

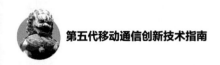

| 9.1 无线安全概述 |

9.1.1 无线安全需求

　　无线安全是随着无线网络的创立而出现的，长期困扰着无线安全的是其网络潜在的复杂性、基于专属及周边的安全方案难于管理以及身份识别管理比较落后等。无线安全水平的提高，得益于移动网络的兴起，特别是非 IP 无线网络转为基于 IP 的无线网络之后，基于 IP 的通信引入无线网络，越来越多基于 Internet 的安全威胁迁移到了无线网络[1]。

　　无线网络通常采用的是 OSI 协议架构，其弱点、受到的安全威胁以及实施的安全保护措施都与这种分层状况有关。为了保护无线传输免受无线攻击，例如窃听窃密攻击、拒绝服务攻击、数据欺骗攻击、节点泄漏攻击等，无线网络必须采取相应的安全措施。以典型的安全需求——数据保密为例，它与限定只有已授权用户才能进行数据接入的能力有关。安全的无线通信应该是鉴权、保密、完整性和有效性都能够得到满足[2]。

　　对于 5G 通信，业界不仅在实时性、可靠性、有效性等性能方面有了更高的要求，而且对其网络安全和终端安全提出了更大的期望。无线通信的传输媒介具有开放性、广播性以及传播链路的不稳定性等特点，使无线通信系统相比于传统的有线通信系统面临着更加严峻的安全威胁。尤其是在数据传输过程中，极易被非法用户截获与监听，使得传输数据丢失泄密。

5G 网络面向用户的全开放、软件化、可编程的性能特征以及控制面（CP）/用户面（UP）分离的组网方式等，在网络系统的各个层面迎来更加复杂的安全问题。5G 生态圈的网络能力开放、接口开放、业务开放，意味着由多个资源、业务拥有者或提供者相互协作提供业务服务，不同的网络参与者间建立合作互信、合理授权、资源使用 SLA（服务等级协议）关系都必须有一套完善的安全机制作为保证。

9.1.2　5G 安全架构

5G 网络支持不同参与者间、不同业务间的资源和信息充分共享，以便更好地协作，同时也保证隔离，这是信息与设备安全性要求以及故障隔离要求。通常，5G 网络的业务切片是解决共享与隔离问题的主要途径。5G 安全架构既要具备对认证、授权、计费的保护能力，也要具备对这种开放网络本身的保护能力，同时还要有能力保护这种架构下的用户隐私等。

5G 针对服务化架构、隐私保护、认证授权等安全方面的增强需求，提供了标准化和更强的安全保障机制。5G 安全既包括由终端和网络组成的安全，也包括网络本身通信安全，即网络承载的上层应用安全。5G 继承了 4G 网络分层分域的安全架构，在安全分层方面，5G 安全框架分为传送层安全、归属层/服务层安全和应用层安全，各层间相互隔离。在安全分域方面，5G 安全框架分为接入域安全、网络域安全、用户域安全、应用域安全、服务域安全、安全可视化和配置安全等，与 4G 网络安全架构相比，增加了服务域安全[3-4]。

5G 网络具备的新的安全能力包括[5]如下几点。

（1）统一的认证框架。为了使用户可以在不同接入网间实现无缝切换，5G 网络将采用一种统一的认证框架，实现灵活并且高效地支持各种应用场景下的双向身份鉴权，进而建立统一的密钥体系。

（2）多层次的切片安全。切片安全机制主要包含 3 个方面：UE 和切片间安全、切片内 NF（网络功能）与切片外 NF 间安全、切片内 NF 间安全。

（3）差异化安全保护。5G 安全设计支持满足业务多样性的差异化安全需求，

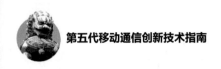

即用户面的按需保护需求。

（4）开放的安全能力。5G 网络安全能力可以通过 API 开放给第三方业务（如业务提供商、企业、垂直行业等），让第三方业务能便捷地使用移动网络的安全能力，让运营商的网络安全能力深入地渗透到第三方业务生态环境中。

（5）灵活多样的安全凭证管理。5G 网络安全支持多种安全凭证的管理，包括对称安全凭证管理和非对称安全凭证管理。

（6）按需的用户隐私保护。5G 网络支持安全、灵活、按需的隐私保护机制。

9.1.3　物理层和应用层安全

传统的无线通信安全手段大多依靠认证和密码技术在系统上层实施，与系统下层如物理层相对独立。5G 的物理层安全技术，能够有效阻止窃听者通过非法途径接收并获取信息，对无线传输过程中的信息形成有力保护。物理层安全技术不依赖于计算复杂度，即使 5G 网络中未经授权的智能设备具有强大的计算能力，对 5G 网络实现的安全也不会造成致命影响。物理层安全技术也具有较好的可扩展性，可以用于提供直接的安全数据通信，有利于在 5G 网络中分发加密密钥等。

5G 网络向用户提供极为丰富的网络应用资源。这些应用将不仅满足用户对于数据通信、娱乐、网络漫游等传统互联网的服务性需求，还可提供针对底层网络的数据预处理、数据转发等控制层操作的相关功能。这使 5G 网络的应用层更具攻击价值，保障应用层安全的重要性的迫切性更加突出。5G 网络向应用层提供开放的软件接口，因而在应用层的程序设计和实现中，横跨网络域的应用安全、网元自身应用安全及两者间的安全通信成为 5G 应用层安全操作的主要内容。

｜9.2　物理层安全｜

9.2.1　物理层安全分析

在传统无线安全场景中，安全通信旨在实现用户信息的无差错传输，同时防止窃听方窃取有效信息。当前，大部分无线通信系统仍沿袭有线通信的安全机制，即假设物理层能提供一条无差错的传输链路，利用上层协议通信节点的数据传输，进行鉴权和密钥的加密，使窃听者难以获得有效信息。然而，一方面，完美的传输链路难以实现，用以传输密钥的信道也难以安全。另一方面，随着高性能计算机的出现，基于数学复杂度实现加密的传统方法将不再可靠。这是因为随着计算机硬件技术的飞速发展，计算机的计算性能几乎呈指数增长，以前在短时间内不能解决的问题现阶段可以很迅速地得到答案。因此，加密系统也会随之改进，需要更复杂的编码方案或者更长的密钥信息。然而，未来总会有一天，计算机的发展速度超过了现有的加密系统难度，或者说密钥已经发展到一个不可能更加复杂的程度，信息的安全保障就会受到威胁。因此开始考虑是否有别的方法，区别于现有的网络层加密系统来保障信息的安全传输。

传统的无线通信通过使用加密算法和加密密钥对数据进行隐藏，完成对数据信息的保护，实现数据传输安全。由于对数据进行加密一般都发生在无线通信传输协议的上层，故传统加密算法与无线通信传输协议的下层（如物理层）是不产生关系的。因此，传统保密通信对数据进行加密隐藏的方法存在一定的弊端，只要非法用户能够获取足够的信息或者获知密钥的分布或者其他的处理手段，就能得到密钥，而这种情况在无线通信中是极易发生的，有时甚至不可避免。研究发现，利用物理层的特性可以形成物理层安全技术，再有机地结合多种上层安全技术，有望实现无线通信的综合安全性能的大幅提高。物理层是无线通信协议的最底层，与通信链路密切相连。物理层安全是无线通信安全的第一道屏障，主要利用物理信道的唯一性和互易性实现信息加密、产生密码、辨识合法用户等安全功能。长期以来，基于物理层的安全机制一直未能得到重视，如果可以借用信道传输的物理特点，从物理层来确保数据的安全传输，那么可以从本质上满足系统的安全性，同时有效简化系统的安全体系架构。因此，利用无线传输媒介的衰落、干扰和噪声等特性，有必要研究物理层在实现无线安全通信中的地位和价值，探索与信道特性紧密相连的无线通信物理层安全体制及相关技术[6]。

9.2.1.1　传统加密机制

在传统的无线通信网络中，其安全性通常都是依靠认证和密码技术，在通信协议栈的上层解决安全保护问题。其中，用于信息加密的密码技术，是实现通信安全的最重要的技术手段之一，也是其核心内容。传统的加密机制，是在链路层或应用层采用经典密码技术，通过一定的密码算法对信息流进行加/解密，其特点是建立在物理层之上，并假设物理层能够实现无差错传输。

现有的保证信息机密传输的手段主要是根据香农提出的信息论安全方案，在网络层信号编码和解码阶段使用加密方法，通过安全密码算法或者公钥方法，确保只有拥有私钥的用户才能解码出原始信息。随着计算机技术的迅速发展进步，密钥分配变得越来越困难，通过加密手段保证系统安全性也越来越困难。基于密钥的传统通信加密解密方式，更加容易被破解。这对民用和军用通信都带来了极大的安全隐患。

经典密码体制根据密钥类型分为私钥（对称）和公钥（非对称）密码体制两种。前者是使用同一个密钥进行加/解密操作，要求发送者和接收者在通信之前协商一个安全的密钥，并且必须保持密钥的秘密性。例如，20 世纪 70 年代公开发表的作为美国联邦数据加密标准的 DES 算法和在 2000 年被推荐为美国 21 世纪数据加密标准、在 2001 年成为美国联邦信息处理标准的 AES 算法等。为了解决私钥密码体制中通信双方有时难以确定一条合理的安全通道用于传输密钥这一问题，Diffie 和 Hellman 于 1976 年提出了公钥密码体制的思想，即加密密钥和解密密钥成对出现，从其中一个推算出另一个在计算上不可行，这样就可以把加密密钥和算法公开，任何人都可以用它来加密要传送的明文消息，只有拥有秘密的解密密钥的人，才能将接收到的密文消息解密出来。RSA（Rivest，Shamir，Adleman）体制是目前使用最为广泛的一种公钥密码体制。

采用传统加密机制的无线通信链路如图 9-1 所示。加密操作在物理层之外完成，加密后的密文信息输送到物理层进行无线传输。物理层的作用是将信息转换成适合无线信道传输的形式，发射端主要包括信道编码、数字调制、基带后处理、射频调制等功能模块，接收端对接收的信号进行相应的恢复，主要包括射频解调、同步与信道估计、数字解调、信道解码等功能模块。

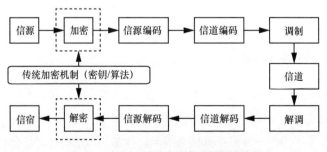

图 9-1 采用传统加密机制的无线通信链路

传统加密机制与物理层独立分开设计,必须在两个基本假设成立的前提下进行。

- 第一点:加密机输出的密文与解密机接收的密文完全一致,即加/解密之间的信道是无差错传输的完美信道。
- 第二点:仅有信息发送者和合法接收者才知道用于加密和解密的密钥,窃听者只能通过接收的信号破译出密钥后才可能解密信息。

对于第一点,由于无线信道的开放性、广播性和衰落性,无线信道中广泛存在的各种噪声和干扰以及加/解密之间的信道是无差错传输的完美信道这一假设往往难以成立,且在无线通信网络中用于密钥传输的安全通道也往往难以保证。因此,当物理层不可靠时,仅采用传统加密机制的系统的安全性将有所下降。对于第二点,若物理层对窃听者完全透明,则窃听者极易通过无线信道对传输信息进行非法接收。一旦窃听者破译出或通过其他途径知悉了上层信息加密/解密的密钥,将严重威胁通信安全。物理层安全技术,可对上层加密信息在无线传输过程中形成保护,从而阻止窃听者通过非法途径接收获取有用信息,提高通过无线信道窃听和破译加密信息的难度,增强无线通信的安全性[7]。

9.2.1.2　物理层安全研究现状

物理层安全是从信息论出发,利用噪声通信信道的随机性确保恶意窃听用户无法获取发送消息里的任何信息,而不是通过增加计算复杂度设计密钥来解决通信安全性问题。1975 年,Wyner 针对 Wire-tap 模型首次讨论了在物理层解决通信安全问题的可行性,从香农信息论的角度定义了安全容量,并证明了实现安全容量的编码方案的存在性,这为信息安全保障提供了一种全新的思路,奠定了物理层安全理论的基础。现在物理层安全关于窃听信道模型中,有一个重要的假设,是关于窃听信道的状态,瞬时 CSI 或者窃听信道 CSI 的分布是已知的,以此为基础,假设窃听用户是被动地,即遵守协议不截取或者干扰信息的传输,只是试图解调出原有的信号。在无线通信系统的设计中,提出了通过波束成形和预编码技术增加信号在特定方向的能量传输,从而使得接收端和窃听端信号的差值增加。

在 Wyner 这一开创性研究的引领下,以信息论为基础,利用无线信道物理特性的物理层安全研究不断深入。相关研究主要发展为以下两大分支:一是基于无线信道物理特性的随机动态密钥生成,即利用主次信道差异性产生密钥,进而用产生的密钥来加密消息;二是基于 Wire-Tap 信道模型,利用主次信道差异性直接通过安全编码来实现消息安全传送。

9.2.2 物理层安全技术

9.2.2.1 人工加噪

1975 年，Wyner 证明：在离散无记忆信道中，如果窃听信道的质量比主信道差，那么总能找到一种信道编码，使在合法用户能够正确解调的情况下，窃听者无法从收到的信号中得到任何信息，达到完善保密的状态。这样的编码方式的码率存在一个上限，这个上限定义为保密容量（Security Capacity）。

人工加噪方案的核心思想在于，天线发送的信号是有用信号与人工噪声信号之和，是在对合法接收节点不影响或者影响非常小的前提下，降低窃听信道的信道质量，从而提高安全速率。在 MIMO 系统中，一种比较简单的实现方式为在合法信道的零空间中发送高斯随机热噪声，从而使人工噪声只会影响到窃听者。其中，人工噪声与合法信道的信道特征函数相互正交。在窃听信道模型中，要求窃听信道的信道容量小于合法信道，才能确保一定的保密容量，保密通信才成为可能。协作干扰技术的主要目的就是引入差异化干扰，使得窃听信道的噪声水平高于合法信道，或窃听信道的信道质量劣于合法信道的信道质量。

简化的窃听信道基本模型如图 9-2 所示，在不加入人工噪声时，合法接收用户和窃听用户的信息序列为：

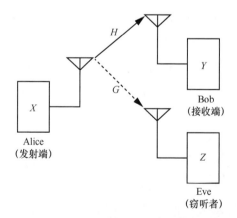

图 9-2 简化的窃听信道基本模型

$$\begin{cases} Y = HX + n_y \\ Z = GX + n_z \end{cases} \tag{9-1}$$

其中，X 为需发送的信息序列，Y 为合法接收用户，Z 为窃听用户，H 为发送序列与合法用户之间的主信道的冲击响应，G 为窃听信道的冲击响应，假设合法信道的噪声序列为 n_y，窃听信道的噪声序列为 n_z。

加入人工噪声时，假设人工噪声为 W，此时发送信息序列为：$X+W$。合法接收用户和窃听用户的信息序列为：

$$\begin{cases} Y = H(X + W) + n_y \\ Z = G(X + W) + n_z \end{cases} \tag{9-2}$$

而人工加入的噪声与合法信道的冲击响应正交，即：$HW=0$。因此，简化合法接收用户和窃听用户的信息序列为：

$$\begin{cases} Y = HX + n_y \\ Z = GX + GW + n_z \end{cases} \tag{9-3}$$

加人工噪声之后的窃听信道模型如图 9-3 所示。

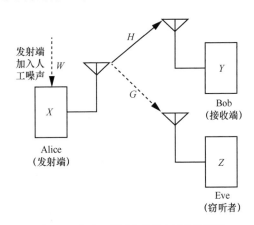

图 9-3　加人工噪声之后的窃听信道模型

此时合法用户信道的噪声仍为不加人工噪声之前的 n_y，而窃听信道的噪声变成了 $GW+n_z$。由此可见，再加入人工噪声之后，可以在不改变合法用户信道的条件下使窃听信道的信道质量大大降低，从而很好地增加了信息序列传输的安全性。

9.2.2.2　波束成形

波束成形是一种用于定向信号传输或对接收信号进行处理，确定信号来波方向，从而可对信源进行精确定向的技术。波束成形技术建立在多天线系统上，例如大规模MIMO，在接收端采用一定的算法对多个天线收到的信号进行处理，可以明显改善接收端的信噪比。即使在发射端距接收端较远时，也能获得较好的信号质量。

基站给接收端周期性地发送信号，接收端将信道信息反馈给基站，于是基站可根据信道状态发送导向数据分组给接收端。从天线方向图（pattern）视角来看，这样做相当于形成了规定指向上的波束。当接收端进行信号处理时，可以通过对多天线阵元接收的各路信号进行加权合成，形成所需的理想信号。在相位天线阵中，每一个天线组成天线阵列里的一个元素，最终天线阵列里，所有的由信号引入并形成不同的元素组合成为一个新的信号输出。波束成形可以实现信号的定向传输，相比其他方向，在某个特定的方向有着更高的增益，这个方向在波束成形中叫做定向波束。通过调节天线阵列中不同元素的相位，可以控制定向波束的方向，相当于将单个天线增益的简单相加，从而波束成形获得了阵列增益。根据阵列在不同方向或者角度绘制关于能量的分布图，在不同于定向波束的方向，能量分布图有着较低的值，阵列输出几乎为零。在定向波束旁边两个低谷中间的波束为主瓣，当主瓣的宽度越窄，所对应的最高功率值越大，对应表示波束方向对准更加精确。在信息的传输过程中，调整天线阵列将主瓣波束对准确定的接收端，将会增加阵列增益，使得接收信号质量更高。在物理层安全中，将能量分布图中低谷的角度对准未知或已知的窃听者，会减少信号发送到窃听端的功率，有效地提高系统的安全性[8]。

图9-4中，在发射端与接收端之间进行合法通信的时候，发射端可以根据合法接收端的位置有效地采用波束成形技术，使信号的大部分功率都集中发射到合法的终端处，极大地减小了窃听者的信道容量以及窃听速率，可以有效地提高信息传输的安全速率。

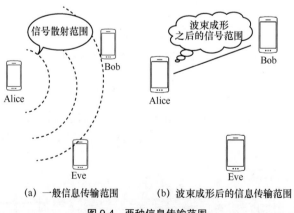

(a) 一般信息传输范围　　　　(b) 波束成形后的信息传输范围

图9-4　两种信息传输范围

使用辐射方向性很强的天线进行信号的传输，可以实现信号瞄准一个方向进行传输。然而此类天线往往体积比较大，很难大量安装到人们日常生活中使用的手机或者其他终端上，并且一旦终端进行移动，通常需要转动天线的方向来进行对准。

无线通信过程中，两列信号波之间会发生干涉现象，即某些方向振幅增强，某些方向振幅减弱。智能天线阵列是通过对天线进行合适的加权处理，使在合法用户方向得到最强的传输信号，而在其他方向信号最弱。因此，对发射端的 M 根传输天线进行合理的功率分配，可以显著增强多天线系统的抗窃听能力。通常情况下，采用多中继协作联合波束成形方法，能有效提高主信道的信道容量。波束成形使得中继转发信号在接收端产生相长干涉，而在窃听端则产生相消干涉，从而极大地提高了物理层的安全性能。若在多个中继节点中选择一个安全容量最大的中继对信息进行转发，则可认为是增强物理层安全的优异方案。

通常，多波束天线系统面临的主要挑战是功率限制和同信道干扰。采用波束成形方法，通过调整波束图案，结合功率控制，可以最小化发射功率或最大化信干噪比，从而提升系统的安全容量。由于多用户系统的保密容量难以计算，因此可采用最大保密速率来衡量系统的安全性。

（1）迫零（ZF）波束成形

ZF 波束成形算法的基本思想是使合法用户间的干扰为零，并且使对窃听者的信号泄漏为零。对发送信号进行波束成形加权，可抵消同信道干扰，并将对窃听者的信号泄漏置零。此时，求解最大保密速率问题可转化为求解最佳波束成形矢量以及最佳功率分配问题。可求解最佳波束成形矢量[9]：

$$W_{k,\mathrm{opt}} = ((I_M - F_e)h_k^*)/(\|(I_M - F_e)h_k^*\|), k = 1,2,3,\cdots, F_e = (H_k)^\dagger H_k \qquad (9\text{-}4)$$

其中，I_M 表示 M 阶单位矩阵，$(H_k)^\dagger$ 是矩阵 H_k 的伪逆。再利用标准注水算法，解得：

$$P_{k,\mathrm{opt}} = [u - 1/r_k]^\dagger, u \geqslant 0, \forall k \qquad (9\text{-}5)$$

其中，常数 u 表示注水高度，r_k 表示信道矩阵的第 k 个特征值。

（2）增强信噪漏比（E-SLNR）波束成形

E-SLNR 波束成形算法的基本思想则是将合法用户间的信号泄漏与窃听者的信号泄漏统一进行波束成形矩阵设计。定义 E-SLNR 为合法用户接收信号功率与泄漏信号功率加噪声的比值，则能得到波束成形矩阵的最优解：

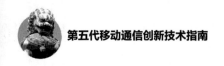

$$W_k = \max.\text{eigenvector}((I_M / P_k + H_k^H H_k)^{-1} h_k^* h_k^T)$$ （9-6）

结果表明，ZF 算法与 E-SLNR 算法均能增强系统的安全性能，但在用户数目较大时，E-SLNR 算法表现出更好的系统安全性能。

9.2.2.3 协作干扰

由于发射端的发射功率有限，而现实场景中的无线通信系统大部分是长距离的，故往往需要采用协作通信技术。协作通信的核心思想是，发射端 Alice 先将信号发给中继站，再由中继站发往接收端 Bob。近年来，基于无线多接入信道的窃听信道模型也有了一定的研究进展。中继节点除了具备中继转发功能外，还可作为协作干扰节点。通过发送人为干扰，降低窃听端的接收信噪比，提升系统的安全性。参考文献[9]在不同协作机制下，推导出可最大化安全容量的中继信息加权向量。参考文献[10-11]则分别基于多天线、双向中继协作机制，结合其他物理层安全方法，在理论上证实了协作干扰可提高系统的安全容量。

协作干扰技术中常用的干扰信号有 3 类：高斯白噪声、其他信源的发送信号以及合法接收端已知的信号。高斯白噪声虽然易于产生及实现，在干扰窃听者的同时，也会影响合法接收者的接收性能，因而对系统安全容量的提升作用不大。若利用其他信源的发射信号，虽然能节省大量的发射功率，但实现过程较为复杂，且可能对其他信道产生依赖，故安全稳定性较差。使用最多的是合法接收端已知的信号，虽然其主要优点是在降低窃听端接收性能的同时，不会对主信道的状态造成影响，但接收端仍需要采用消除信号的合理方法，因而也具有一定的复杂度。理论上，协作干扰可应用于所有的窃听信道模型，能广泛对抗信道信息窃听行为。

9.2.3 物理层安全应用

9.2.3.1 毫米波通信场景

与目前采用较低频率的无线通信系统相比，较高频率的毫米波信号的自由空间路径损耗增加了几个数量级。因此，只有地理上相邻的窃听者能够窃听到信号，而地理上较远的用户无法捕获信号。在毫米波系统中，可以采用与较窄波束的高度定向通信来抑制相邻的干扰。窃听者的接收信噪比可能非常低，使得窃听者不能从窃听消息中恢复有用信息。

高频微波频段有着极为丰富的频谱资源，现代通信系统正在向高频微波特别是毫米波频段发展。毫米波通信与传统的无线电短波、超短波和微波通信相比，具有不少独特之处。由于毫米波是以微波和光波作左右邻（它的波长介于微波和光波之间），故兼有微波和光波的某些优点。通信设备的体积很小，可利用小巧尺寸的天线获得很高的方向性，便于通信的隐蔽和保密。毫米波在传播过程中受杂波影响小，对尘埃等微粒穿透能力强，通信比较稳定。毫米波通信具有良好的安全保密性：

（1）毫米波在大气中传播受氧气、水气和降雨的吸收衰减很大，点对点的直通距离很短，超过一定距离信号就会变得十分微弱，这就增加了敌方进行窃听和干扰的难度；

（2）毫米波的波束很窄，且副瓣低，这又进一步降低了其被截获的概率。

同时，毫米波通信意味着其信号的波长只有传统无线通信信号波长的十分之一甚至更小。信号波长的缩小意味着接收天线可以做到更小的尺寸，毫米波通信给无线终端在尺寸大小和信息安全方面都带来了极大的好处。在毫米波通信场景下，终端天线尺寸的减小可以使整个接收端的智能天线阵列达到更好的性能，波束成形技术会使信号的能量集中在接收端所在的方向，很好地改善频谱利用效率，以提高主信道安全传输速率，来实现物理层安全通信。

9.2.3.2　大规模 MIMO 场景

大规模 MIMO 技术可以在不增加基站密度的情况下，提高频率效率，降低发送功率，通过形成范围很窄的波束来降低干扰，提高安全性。在大规模 MIMO 场景中利用方向调制技术来传输数据，不仅可以实现数据的大量、高速传输，而且可以在物理层面上实现数据的安全传输。

参考文献[12-13]利用天线阵列的冗余性和信道分集的特点，通过随机选择各天线阵元的加权系数，形成发射端与窃听者之间等效信道的快速随机变化，当窃听者使用盲均衡方法时无法收敛，从而恶化窃听者的误码性能，达到低概率截获的目的。该方法的安全性主要依赖于两方面，一方面是随机设置依赖发射天线的加权系数，另一方面是发射天线信道的不相关性。该方法的缺陷在于功率利用率太低，为了保证合法用户的通信质量必须拥有很强的发射功率。

为了解决随机加权系数造成功率利用率过低的问题，参考文献[14]提出在天线阵列固定的情况下通过每次随机选取若干天线进行发射，以达到等效信道随机变化的目的。它的主要思想是，发射端将映射成星座点的信息符号随机分配到若干个天线上并分别加权后发射，使得各阵元发出的信号在期望方向上始终同相叠加，不仅形成正确的星座图，而且得到最高的发射增益。由于非法方向信道的随机快变造成窃听者每次接收的信号增益和相移都会随机变化，产生的星座图也是畸形的，故窃听者无法有效地通过盲均衡算法解调信息，保证了窃听者的低截获率，实现了安全传输。

在 MIMO 系统中，物理层安全的预编码方案主要是通过设计波束成形向量以及人工噪声实现的。引入人工噪声的思路是在对合法接收节点不影响或者影响非常小的前提下，降低窃听信道的信道质量，从而提高安全速率。

假设大规模 MIMO 的窃听信道模型如图 9-5 所示。在发射端 Alice 配备了 M 根天线，而在接收端 Bob 处有 N 根天线，同样地，在窃听端 Eve 处存在 Q 根天线。MIMO 系统可以有效地对抗无线信道的衰落以及增加无线信道的容量。然而，窃听端同样可以利用 MIMO 的结构来增加从发射端广播到窃听端的窃听信道模型的无线信道容量。因此，想要在大规模 MIMO 系统中提高合法信道容量，就需要对其进行合适的设计。如果采用传统的开环空时编码，那么接收端首先应该估计主信道矩阵 H_m，然后接收端用估计出来的主信道矩阵 H_m 对接收端收到的信息序列进行空时解码，从而获得最佳的分集增益。同样，在窃听端，窃听者同样可以对窃听信道矩阵 H_w 进行估计，从而实现相应的空时解码，并且也可以得到最佳的分集增益。因此，传统的开环空时编码并不能有效地阻止窃听端得到用户发送的秘密信息。

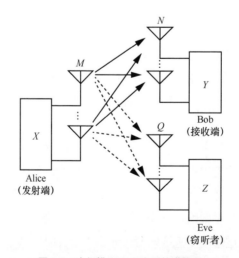

图 9-5　大规模 MIMO 窃听信道模型

一般而言，若发射端采用 M 根天线来将信息发送给接收端，则窃听端通过多天线的布置可以截取 M 根天线发送的信息。为了避免窃听端得到发送信息，发射端可以采用一个预处理过程，通过考虑主信道矩阵 H_m 和窃听信道矩阵来 H_w 自适应调整发送信息的结构来使只有合法接收端可以获得最佳的分集增益，而窃听端则得不到任何的信息。这意味着需要在发射端设计一个自适应发送过程，在增加主信道容量的同时降低窃听信道的容量，从而有效地抵抗窃听端对发送信息的接收。假设主信道和窃听信道的信道状态信息（CSI）都是已知的，就可以设计一种自适应发送过程来最大化 MIMO 传输过程中的保密容量。在实际传输过程中，可能只知道主信道的信道状态信息，而窃听端处于不被知道的地方，窃听信道矩阵 H_w 是未知量，这个时候自适应发送过程可以只针对主信道传输过程使主信道传输容量达到最大化。由于自适应发送过程是基于主信道矩阵 H_m 来优化的，故在大规模 MIMO 系统下，可以保证主信道容量总是优于窃听信道容量，从而实现信息的安全传输。

针对上述自适应发送过程设计，主要有 3 种具体的方法：发送波束成形、功率分配以及发射天线选择。发射波束成形是一种信号处理技术，可以在发射端结合多个发射天线，使想要发送的信号能够以特定的方向发送到目的地。实际通信过程中，接收端和窃听端往往距离较远且位于不同的方向，因此通过波束成形技术处理的信号在窃听端只有相当弱的接收信号，从而防止窃听端的窃听攻击。功率分配是通过调整发射端在 M 根天线处的分配功率，使得传输过程中主信道容量最大。假设窃听信道矩阵 H_w 也是已知的，就可以通过调整在 M 根天线上的分配功率从而使发送的信息保密容量达到最大。通过选择发射端的发射天线也可以有效地提高 MIMO 系统下的物理层安全性能。发射端通过综合主信道状态信息和窃听信道状态信息选择适配当前 MIMO 系统下的发射天线，从而使传输信息过程中具有最高的信息保密容量。这 3 种方法都可以用来提高大规模 MIMO 场景下的物理层安全性能。

9.2.3.3　无线携能通信场景

无线携能通信（Simultaneous Wireless Information and Power Transfer，SWIPT）可以在传播传统信息类无线信号时，同时向无线设备传输能量，携能信号在被具有获能电路的无线设备接收后，经过一系列转换可以将无线能量存储在无线设备的电池中，这些捕获的能量将会被用于该无线设备的正常的信息交互电路的耗能以及能量捕获电路的耗能。运用无线携能通信技术后，可以减少电线、排线的成本，也可以免去给无线设备更换电池的麻烦。无线携能通信是将无线能量传输（Wireless Power Transfer，WPT）与无线信息传输（Wireless Information Transmission，WIT）相结合的产物，并有望"一加一大于二"。将 WPT 与 WIT 技术相结合将进一步拓展其各自的应用领域。

多天线技术可以为 SWIPT 提供两方面的好处。一方面，由于无线信道的广播性，使用多天线可以为接收端提供更多的能量；另一方面，额外的天线可以用来设计波束成形，从而显著提高信息和能量接收效率。

具有窃听用户的信息传输模型如图 9-6 所示，基站 BS 广播信号到自由空间，h 表示的是主链路用户的信道，EA 表示对合法用户链路进行窃听信息的窃听者，g_i 表示基站到第 i 个窃听用户的窃听信道。假定基站装有 $N_i>1$ 根天线，合法用户和窃听用户装备的天线数均只有一对，考虑如图 9-6 所示的 MISO 窃听信道模型，多天线基站 BS 发送信号矢量 $x = v_0 s_0 + \sum_{i=1}^{d} w_i s_i$ 广播到自由空间，合法用户在接收信号的同时，各个窃听用户 EA 试图窃听信息，其中 v_o 和 w_i 为波束成形矢量，在合法用户和窃听用户处接收到的信号分别可以表示为：

$$y_0 = h^{\mathrm{H}} x + z_0 \tag{9-7}$$

$$y_k = g_k^{\mathrm{H}} x + z_k, k = 1, 2, 3, \cdots \tag{9-8}$$

其中，z_0 表示在合法用户接收端的高斯白噪声，z_k 表示在窃听用户接收端的高斯白噪声。

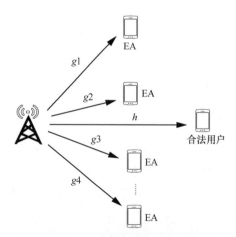

图 9-6　具有窃听用户的信息传输模型

在合法用户接收端处引用动态功率分配设计装置，将一部分信号进行能量采集，转化成化学能储存在电池中以便其循环使用，而另一部分的信号则进行信息解码处理，从而完成与基站之间的信息传输与交互工作，于是在合法用户接收端的信噪比为：

$$\text{SINR}_h = (\rho|v_0^H h|^2)/(\rho\sum_1^d |w_i^H h|^2 + \rho\sigma_0^2 + \delta_0^2) \tag{9-9}$$

同时收集的能量为：

$$E = \eta(1-\rho)(|v_0^H h|^2 + \sum_1^d |w_i^H h|^2 + \sigma_0^2) \tag{9-10}$$

其中，ρ 表示功率分配，η 表示二极管理想因数。从能量采集的角度出发，一方面，接收到的信息以及附加噪声和高斯白噪声都可以成为能量采集的来源；另一方面，在窃听用户接收端，同样可以得到接收的信噪比为：

$$\text{SINR}_{g_k} = (|v_0^H g_k|^2)/(\sum_1^d |w_i^H g_k|^2 + \sigma_k^2), \forall k \tag{9-11}$$

根据保密信息传输的定义，可以得到该系统模型的保密传输容量为：

$$R = \min_{1\leqslant k\leqslant K} \text{lb}(1+\text{SINR}_h) - \text{lb}(1+\text{SINR}_{g_k}) \tag{9-12}$$

与没有采用 SWIPT 技术的系统相比，整个系统的优化提高了和速率，使得整个无线通信系统有了更好的可靠性，实现了信息的安全传输，多用户级联的时候相较于此安全速率也会大大地提高，从而实现了整个无线系统信息的安全传输。

9.2.3.4　协作网络场景

协作通信是指多个用户间相互转发对方发送的信息从而对源端和终端的通信提供多条路径，由此带来了多用户协作分集。将协作通信运用到中继网络中，即得到协作中继网络。协作中继网络中，利用多个移动终端作为中继，相互协作转发信号，可以形成一个类似 MIMO 的多天线阵列。具有 MIMO 技术的优势：增加空信息容量、降低能量消耗以及很好的便携性[15]。

在多中继网络中利用波束成形技术，可以通过简洁明了的信号加权，实现信号的定向传输，提高接收端信号的信噪比。在物理层安全中，利用多中继协作通信，可以使用更多的技术，比如波束成形、协作干扰和干扰对齐来提高系统的安全容量。

高斯噪声物理层安全模型如图 9-7 所示，协作干扰首先在多用户同时进行信息传输的通信系统中提出。假设 S 和 R 同时和用户 D 进行通信，此外系统中还存在一个窃听者 E。如果 R 到 E 之间的信道链路状况比 R 到 D 之间的好，R 应该同时发送叠加高斯噪声的信号，那么对比 D 端受到的干扰，对 E 的干扰强度会更大，从而提高 S 和 D 之间通信的安全速率。

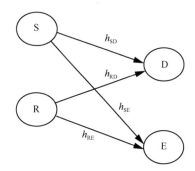

图 9-7　高斯噪声物理层安全模型

　　协作中继网络结合了协作通信和中继网络的性能优势。通过对协作中继网络中各种新兴技术的使用，可以减小在信号传输过程中由于多径、时延等造成的衰落，提高信息传输质量，提高系统的可靠性。同时，利用协作中继网络，可以通过波束成形和人工噪声等技术减少信息在物理层传输过程中的泄漏，保证无线通信系统的安全性[16]。

　　协作中继网络的信道模型如图 9-8 所示。所有节点处于同一个无线自组织网中，拥有有效的 MAC 层协议进行同步。每个节点只有一根天线，工作于半双工模式。节点的结构和功能完全相同，只是在某个传输时间段内分配的角色不同。当 Alice 和 Bob 两个节点需要进行通信时，由于之间距离较远，故要选择一个节点作为中继节点 Relay，采用放大转发（AF）的方式进行工作。Relay 节点可能是不可信的，是内部窃听者，在执行正常转发功能的同时进行窃听。同时，系统中还存在只进行被动窃听的外部窃听者 Eve。因此，为了保证通信信息的安全性，需要选择 N 个协助干扰节点 J 进行一定的干扰。整个传输过程分为两个阶段：

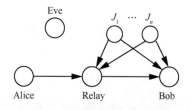

图 9-8　协作中继网络的信道模型

（1）中继节点获得来自发射端和干扰节点的含噪信号，该信号为人工噪声和信息的叠加。

（2）该含噪信号被转发至目的节点，同时各干扰节点发送噪声抵消信号，以帮助目的接收端消除干扰还原出原始信息。

在多中继协作系统中，多个中继在接收发射信号后，基于放大转发（Amplify-and-Forward，AF）或译码转发（Decode-and-Forward，DF）协议，将信号转发至接收端。采用 AF 协议时，中继只是简单地将接收的信号进行放大处理后转发至接收端。而采用 DF 协议时，中继在对接收的信息进行解码后再进行转发。

| 9.3　应用层安全 |

9.3.1　应用层安全特性和风险

9.3.1.1　应用层安全特性[17-18]

无线通信应用层的安全问题具有一定特殊性，主要集中在波及范围广、隐蔽性较强、复杂程度高、更新速度快、攻击时间短、防护难度高以及防火墙缺陷等方面，具体如下。

（1）波及范围广。一般无线通信网络层的安全问题会导致网络暂时性瘫痪或者无法访问，无线通信应用层的危害则是导致用户信息泄漏，直接威胁用户的利益。

（2）隐蔽性较强。无线通信应用层的木马或者病毒可以长期潜伏在系统中，利用 Web 漏洞等发起攻击，普通安全方法难以及时辨识。

（3）复杂程度高。无线通信应用层的安全威胁具有多态性。

（4）更新速度快。目前，无线通信应用层的安全威胁正在逐年递增，一方面是由应用层的复杂性决定的，另一方面是应用层软件的问题。

（5）攻击时间短。无线通信应用层的攻击时间很短，可以快速获取管理员权限。

（6）防护难度高。无线通信应用层比网络层更加贴近用户，用户使用失误导致的安全风险更高。

（7）防火墙缺陷。传统防火墙无法识别无线通信应用层的攻击，更无法主动预

测与防御应用层的攻击。

9.3.1.2　应用层的安全风险[17-18]

无线通信应用层的安全风险主要体现在缺少漏洞检测方案、无法对用户进行有效认证、无法有效阻挡应用层攻击、缺乏实时的应用层安全监控以及缺乏完善的应用层安全审计等方面。

（1）缺少漏洞检测方案

黑客攻击成功的前提是网络上存在安全漏洞，可以是主机、服务器操作系统漏洞，也可以是应用软件漏洞。以计算机系统为例，以 Windows 操作系统的漏洞问题最为突出（用户多、范围广、安全漏洞多），常见的比如本地缓冲区溢出漏洞、本地堆溢出漏洞、远程缓冲区溢出漏洞、远程任意代码执行漏洞等。

传统的无线通信网络中缺乏全面的扫描安全漏洞的方法，无法及时发现复杂多变、层出不穷的应用层漏洞，只能处于被攻击的被动状态，系统没有及时安装安全补丁，应用软件没有及时更新至最新版本，这些都可能是导致主机或网络被攻击的致命问题。

虽然有部分企业部署有 Web 漏洞扫描和系统漏洞扫描等安全设备，但是存在缺乏合理的部署和管理，或者采用非认证扫描方式，或者扫描器发现的漏洞得不到及时的更新等问题。

（2）无法对用户进行有效认证

身份认证是保证无线通信网络信息安全的一项重要方面，通过身份认证可以保证信息的机密性、完整性、不可否认性和可控性等。身份认证是安全防御的第一道防线，也是用户获得访问系统或网络权限的第一步。身份认证也伴随着用户权限的控制，系统中每个用户在执行指令时应该仅被给予完成指令的最小权限。身份认证的方法主要包括密码口令、动态口令牌、U 盾、生物识别技术（包括指纹、虹膜、脸型、语音等）、智能卡、动态短信密码等。

（3）无法有效阻挡应用层攻击

应用层攻击有着危害大、隐蔽性强、复杂多变、层出不穷、攻击时间短、难以防范的特点，然而传统的无线通信网络安全设备无法阻挡应用层攻击，因此这些网络都存在巨大的应用层安全风险。虽然部分企业部署了 UTM、应用层防火墙等支持应用层安全防护功能的设备，但是由于技术限制和设备性能瓶颈，应用层防火墙在全面开启应用层安全防御功能后，网络时延明显加大，网络分组丢失率明显增加，很多都选择了关闭部分或全部的应用层安全防御功能，导致网络应用层安全风险较高。

（4）缺乏实时的应用层安全监控

传统的无线通信网络缺乏实时的应用层安全监控。监控设备虽然不像防护设备可以有力地阻止攻击，但是如同安全要求比较严格的大厦一样，缺不了放置在进出口处的安检设备，也缺不了可以监控整栋大厦的监视器。监控设备的好处在于，它可以监控整个网络，并且基本上不会加大网络时延。

（5）缺乏完善的应用层安全审计

传统的无线通信网络缺乏网络访问的行为审计和日志审计。从安全技术和安全管理两个角度出发，无论技术多么先进，安全管理多么完善，也无法确保网络不会遭受黑客的入侵，无法保证网络是否处于安全状态。因此，需要定时对网络数据、日志进行审计，查找黑客攻击的踪迹和证据。安全审计实际上是对安全技术的管理，审计的目的就在于通过分析黑客攻击的方法来及时修补网络中的安全威胁，进一步提升网络的安全性。

9.3.1.3　5G 应用层的安全

5G 网络时代，人们对无线通信网络空间的依赖将达到新的高度。5G 网络将成为国家最重要的信息基础设施，而 5G 的安全问题将成为主要课题。为了解决这一问题，一方面需要研究解决 5G 网络自身的安全问题，保证 5G 网络安全可信、可管可控、稳定可靠的运行；另一方面，也要研究解决承载在 5G 网络之上的各种应用的安全问题，提高 5G 应用层的安全性[19-20]。具体来说，应该解决如下问题。

（1）应用层自身的安全

包括终端应用的自身安全、服务方（Provider）应用的安全以及终端与服务方之间的安全通信。在 5G 网络时代，终端数量、种类大幅度增长，应用的广度和深度也与之前不可同日而语，安全技术要适应这种需求。例如，为适应小型物联网终端的要求，需设计安全性高、运算速度快、资源能耗比较小的轻量级密码算法；5G 的接入云、处理云和控制云都将与应用层之间有互相协作的接口，应该有一整套安全机制来建立互信、合理授权、资源共享与隔离等。

（2）5G 网络向应用层提供的安全服务

网络能力开放、接口开放、业务开放是 5G 生态圈的重要特征。安全技术和能

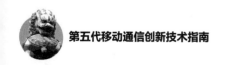

力是每一个服务提供者都需要的共性需求，例如用户身份的认证、访问权限控制、安全事件的追溯、密钥的分配和管理、网络攻击的防护等。5G 时代的众多应用提供者，安全能力参差不一，急需由第三方提供方便、可靠的安全服务。5G 网络提供的信息安全服务将随着 5G 业务的发展而不断发展。目前来看，5G 安全服务可以包括但不限于身份管理、身份认证、访问控制、信息保护、隐私保护、密钥管理、密码计算、电子签名等。5G 网络提供的信息安全服务，将有效降低应用层面的信息安全门槛，支撑物联网、工业 4.0、互联网+等新业务、新应用的发展。

9.3.2　应用层安全技术及应用

9.3.2.1　D2D 通信安全技术

设备到设备（D2D）通信是 5G 的一种有应用前景的技术。它允许数据传输的高吞吐量，减少通信时延并降低能耗和流量负载。D2D 技术将增强传统蜂窝网络的容量和性能。作为 5G 的一部分，D2D 通信面临许多安全挑战。

D2D 通信的无线电特性引入了各种安全威胁。主要威胁包括：窃听攻击、模仿攻击、伪造攻击、搭便车攻击、主动攻击控制数据、侵犯隐私以及拒绝服务攻击[21]。

面对上述威胁，安全的 D2D 通信系统应该满足以下安全要求，不管它们是否受到辅助，控制或自动执行。

（1）认证：必须检查通信方的身份。

（2）数据机密性：设备之间传输的数据必须使用加密机制保密。

（3）数据完整性：应该验证授权设备传输的数据是否被更改。

（4）隐私：必须保护身份、SIM 卡号码和地理位置等隐私信息。

（5）可追溯性：有必要跟踪安全违规企图的来源。而且，隐私和可追溯性之间的一些冲突情况必须考虑到。

（6）匿名性：通信 UE 可以彼此匿名。

（7）不可否认性：指的是防止 UE 拒绝发送或接收消息的能力。在密码学方法中，数字签名是防止传输不可否认的有效工具，同时还需要一个额外的机制来确保接收的不可抵赖性。

（8）可用性：即使在 DoS 或搭便车攻击下，D2D 服务也应该可以随时随地访问，以免用户不愿意使用该技术。

（9）可撤回性：指的是在检测到恶意时降低 D2D 服务用户权限的能力。

（10）细粒度的访问控制：在访问其服务时考虑为 UE 指定的访问规则的细粒度。它被视为克服隐私和数据传输安全问题的有效解决方案。

基于分层的安全方法可以提供对 D2D 通信安全性的清晰理解，并有助于实现更好的协议设计[22]。基于这种方法，具体要取决于解决方案所属的层。在应用层，密钥管理机制被认为是利用密码技术的解决方案的基础。参考文献[23]提出一种基于对称和非对称加密并用于 LTE-A 网络中的 D2D 通信的一个安全数据共享协议，它融合了公钥加密和对称加密的优点，实现了 D2D 通信中的数据安全。具体来说，一个基于公钥的数字签名与蜂窝网络的相互认证机制相结合，保证实体认证、传输不可否认性、可追溯性、数据权威性和完整性。同时，采用对称加密确保数据机密性。该协议的一个显著特点是它可以通过记录用户设备（UE）的当前状态来检测搭便车攻击，并通过 UE 与演进 NodeB 之间的密钥提示传输实现接收不可否认性，从而提高系统可用性。此外，在不同的应用场景中建立各种时延模型，以寻求最佳的初始服务提供商（SP），以实现成本和可用性之间的折中。

包括蓝牙和 Wi-Fi Direct 在内的大多数现有 D2D 协议都容易受到中间人（MITM）和移动多跳网络中的重播攻击。为了解决这个问题，参考文献[21]提出了一种使用基于密文策略属性的加密（CP-ABE）的安全初始密钥来建立的 D2D 认证协议。通过利用 CP-ABE，使终端用户能够以可扩展和安全的方式共享初始密钥，此外，消息中包括由 PIN 和序列号生成的消息完整性代码以增强移动多跳网络中的安全性。

9.3.2.2　网络身份管理技术

5G 实现网络能力开放的前提条件是实现跨网络层与业务层的鉴权整合，也就是网络层和业务层之间可以实现可靠、方便的身份信息传递。网络身份管理技术包括身份标识的数据模型、生命周期管理、用户权限控制、身份信息授权访问、用户隐私保护等多个方面。

网络身份管理的重点是身份标识的设计，虽然基于 IP 地址的身份标识是最方便易用的技术方向，但需要解决 IP 地址的身份位置二义性问题。此外，网络层和业务层之间安全的身份信息交互也非常重要，既要达到业务方便可用的效果，又要能够保障用户隐私。

在传统蜂窝网络中，身份管理依赖于全球用户身份识别（USIM）卡。但是，在5G 网络中，有很多设备，例如智能家居设备、传感器和车辆，这些设备都不支持USIM 卡。

统一的数据管理（UDM）将处理基于云的身份管理。此外，在5G 网络中的许多使用案例中都需要匿名服务。因此，与传统蜂窝网络相比，5G 网络中的身份管理将有所不同，新的身份管理机制是必需的。

借助大量连接的设备和应用程序，高效管理大量身份对于确保服务性能非常重要。在传统蜂窝网络中，身份管理是基于设备的。对于诸如智能家居之类的特定新用例，一个用户可以具有访问网络和服务所需的多个设备。基于用户的身份管理将更有效地让用户确定哪些设备被允许访问网络和服务。一个用户可能会有多个设备标识，除了仅考虑设备身份之外，可以将服务身份与设备身份一起添加为设备和服务身份管理。设备标识是唯一的，并且服务标识可以由服务提供商在特定会话中通过服务标识分配，撤销过程将被简化。而且，对于信任的服务提供商，可以应用联合身份管理简化身份管理并改善用户体验。5G 网络中的身份管理对于所有用例都不统一，根据用例的特点，可以应用不同的身份管理，如图9-9 所示。

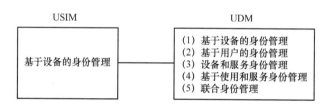

图 9-9　5G 网络中的身份管理

9.3.2.3　灵活的身份认证技术

在传统蜂窝网络中，用户和网络之间应用相互认证。然而，用户和服务提供商之间的认证不是由网络实施的。在5G 网络中，一些使用案例可能要求服务提供商和网络提供商与用户进行认证。在传统的蜂窝网络中，对于3GPP 接入，认证和密钥协商（AKA）被应用在用户设备和移动管理实体之间。对于非 3GPP 接入，在用户设备和认证授权计费（AAA）服务器之间应用 AKA。一旦用户更改其访问技术，就需要进行完全身份验证。接入和移动性管理功能（AMF）可以处理独立于接入技术的认证，换句话说，当用户改变其接入技术时，不需要完整的认证。同时，基于策略控制功能

（PCF），AMF 可以针对不同的业务需求执行不同的认证方案。

5G 网络需要灵活的认证，以确保安全性，同时满足服务质量要求。认证机制选择的输入和输出如图 9-10 所示。输入信息可以包含在 PCF 中，它可以控制 AMF 执行认证过程。

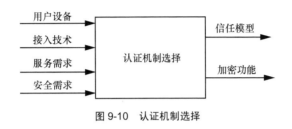

图 9-10　认证机制选择

9.3.2.4　SDN/NFV 安全技术

为提高系统的灵活性和效率，并降低成本，5G 网络架构引入了新的 IT 技术，如 SDN（软件定义网络）和 NFV（网络功能虚拟化）。这些新技术的引入，为 5G 网络安全带来了新的挑战[24]。

5G 网络通过引入虚拟化技术实现了软件与硬件的解耦，通过 NFV 技术的部署，使部分功能网元以虚拟功能网元的形式部署在云化的基础设施上，网络功能由软件实现，不再依赖于专有通信硬件平台。同时，5G 网络中通过引入 SDN 技术提高了 5G 网络中的数据传输效率，实现了更好的资源配置，但同时也带来了新的安全需求，即需要考虑在 5G 网络环境下，虚拟 SDN 控制网元和转发节点的安全隔离和管理，以及 SDN 流表的安全部署和正确执行。SDN 的应用层和应用控制接口都会遭受未经认证的应用程序、欺诈性规则插入和政策执行的安全问题或攻击。

云安全服务的普及程度在不断提高的同时，大多数的云安全服务还没有标准接口来允许用户或客户端调用网络安全服务所需的功能。描述网络安全功能接口的标准应该记录在实施按需请求期间动态创建、更新和测试安全服务的过程中。因此，对于网络安全功能，需要标准化，这将允许在云基础架构中灵活而有效地提供所需的安全服务。定义普通安全功能的标准接口是实现这种虚拟化网络平台安全服务时最困难的任务。用户可以通过他们使用这些接口的需求创建他们自己的安全服务。比如，用户可以通过选择预定义的一般安全性的子集来创建一个防火墙应用程序。

对于住宅区的接入网络，提供了使用虚拟化安全服务的开放操作以及管理和管理接口（OAM）的选项。云安全服务吸引了安全社区的大量关注，这也与接入网络中操纵安全服务的难度以及客户端设备的高成本有关。

　　支持基于 SDN 的安全服务框架和运行在 SDN 控制器之上的安全服务的应用程序如图 9-11 所示。在管理员通过应用接口将安全策略应用于安全服务之后，SDN生成适当的访问控制策略规则，以在自主和操作模式中提供这样的安全策略。还需要提出必要的要求，以确保使用基于 SDN 的安全服务，保护网络资源的灵活性和动态管理，防止网络攻击[25]。

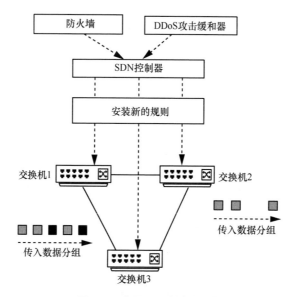

图 9-11　基于 SDN 的安全服务

┃ 参考文献 ┃

[1]　AHMAD I, SHAHABUDDIN S, KUMAR t, et al. Security for 5G and beyond[J]. IEEE Communications surveys & tutorials, 2019, 21(4): 3682-3722.

[2]　ZOU Y, ZHU J, WANG X, et al. A survey on wireless security: technical challenges, recent advances, and future trends[J]. Proceedings of the IEEE, 2016, 104(9): 1727-1765.

[3]　3GPP. Security architecture and procedures for 5G system: TS 33.501 V15.4.0[S]. 2019.

[4]　IMT-2020（5G）推进组. 5G 安全报告[R]. 2020.

[5]　IMT-2020（5G）推进组. 5G 网络安全需求与架构白皮书[R]. 2017.

[6] YANG N, WANG L, GERACI G, et al. Safeguarding 5G wireless communication networks using physical layer security[J]. Communications Magazine IEEE, 2015, 53(4): 20-27.

[7] MAZIN A, DAVASLIOGLU K, GITLIN R D. Secure key management for 5G physical layer security[C]//Proceedings of Wireless and Microwave Technology Conference. Piscataway: IEEE Press, 2017: 1-5.

[8] LV T, GAO H, YANG S. Secrecy transmit beamforming for heterogeneous networks[J]. IEEE Journal on Selected Areas in Communications, 2015, 33(6): 1154-1170.

[9] DONG L, HAN Z, PETROPULU A P, et al. Improving wireless physical layer security via cooperating relays[J]. IEEE Transactions on Signal Processing, 2010, 58(3): 1875-1888.

[10] HUANG J, SWINDLEHURST A L. Secure communications via cooperative jamming in two-hop relay systems[C]//Proceedings of Global Telecommunications Conference. Piscataway: IEEE Press, 2010: 1-5.

[11] JEONG C, KIM I M, DONG I K. Joint secure beamforming design at the source and the relay for an amplify-and-forward MIMO untrusted relay system[J]. IEEE Transactions on Signal Processing, 2012, 60(1): 310-325.

[12] MOLISCH A F, WIN M Z. MIMO systems with antenna selection[J]. IEEE Microwave Magazine, 2004, 5(1): 46-56.

[13] LI X, HWU J, RATAZZI E P. Using antenna array redundancy and channel diversity for secure wireless transmissions[J]. Journal of Communications, 2007, 2(3): 24-32.

[14] 穆鹏程, 殷勤业, 王文杰. 无线通信中使用随机天线阵列的物理层安全传输方法[J]. 西安交通大学学报, 2010, 44(6): 62-66.

[15] WU Y, KHISTI A, XIAO C, et al. A survey of physical layer security techniques for 5G wireless networks and challenges ahead[J].IEEE Journal on Selected Areas in Communications, 2018, 36(4): 679-695.

[16] FANG D, QIAN Y, HU R Q. Security for 5G mobile wireless networks[J]. IEEE Access, 2018(6): 4850-4874.

[17] 栾宁. 面向应用层的网络安全方案的设计与讨论[J]. 网络安全技术与应用, 2016 (2): 76-76.

[18] 江超. 面向应用层的网络安全方案的设计与实施[D]. 北京: 北京邮电大学, 2013.

[19] MANTAS G, KOMNINOS N, RODRIUEZ J, et al. Security for 5G communications[Z]. 2015.

[20] JIMÉNEZ E C, NAKARMI P K, NÄSLUND M, et al. Subscription identifier privacy in 5G systems[C]//Proceedings of 2017 International Conference on Selected Topics in Mobile and Wireless Networking (MoWNeT). Piscataway: IEEE Press, 2017: 1-8.

[21] HAMOUD O N, KENAZA T, CHALLAL Y. Security in device-to-device communications: a survey[J]. Iet Networks, 2017, 7(1): 14-22.

[22] ORSINO A, OMETOV A. Validating information security framework for offloading from LTE onto D2D links[C]//Proceedings of the 18th Conference of FRUCT Association. Pisca-

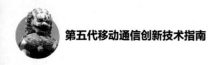

taway: IEEE Press, 2016: 241-247.

[23] ZHANG A, CHEN J, HU R Q, et al. SeDS: secure data sharing strategy for D2D communication in LTE-advanced networks[J]. IEEE Transactions on Vehicular Technology, 2016, 65(4): 2659-2672.

[24] IMT-2020（5G)推进组. 5G 愿景与需求白皮书[R]. 2014.

[25] AGEYEV D, BONDARENKO O, ALFROUKH W, et al. Provision security in SDN/NFV[C]// Proceedings of 14th International Conference on Advanced Trends in Radioelecrtronics, Telecommunications and Computer Engineering (TCSET). Piscataway: IEEE Press, 2018: 506-509.

缩略语

缩略语	英文全称	中文全称
2G	The Second Generation Mobile Communications	第二代移动通信
3GPP	The 3rd Generation Partnership Project	第三代合作伙伴计划
4G	The Fourth Generation Mobile Communications	第四代移动通信
5G	The Fifth Generation Mobile Communications	第五代移动通信
5GMF	The Fifth Generation Mobile Communication Promotion Forum	第五代移动通信推进论坛
5G NR	5G New Radio	5G 新空口
5G PPP	The 5G Infrastructure Public Private Partnership	5G 基础设施公私合作计划
6G	The Sixth Generation Mobile Communications	第六代移动通信
AAA	Authentication, Authorization, and Accounting	认证、授权和计费
ABS	Almost-Blank Subframe	几乎空白子帧
ADC	Analog to Digital Converter	模数转换器
AES	Advanced Encryption Standard	高级加密标准
AF	Amplify-and-Forward	放大转发
AFC	Adaptive Feedback Cancellation	自适应反馈抑制
AI	Artificial Intelligence	人工智能
AKA	Authentication and Key Agreement	认证和密钥协商
AL	Access Link	接入链路
AMC	Adaptive Modulation Coding	自适应调制编码
AMF	Access and Mobility Management Function	接入和移动性管理功能
AP	Access Point	接入点
API	Application Program Interface	应用程序接口
APN	Access Point Name	接入点名称
App	Application	应用程序

（续表）

缩略语	英文全称	中文全称
ARCEP	The France's Electronic Communications, Postal and Print media distribution Regulatory Authority	法国电子通信与邮政管制局
ARIB	The Association of Radio Industries and Businesses	无线工业及商业联合会（日本）
ASA	Azimuth Spread of Arrival Angles	水平到达角度扩展
ASD	Azimuth Spread of Departure Angles	水平离开角度扩展
ASIC	Application Specific Integrated Circuit	专用集成电路
BBU	Base Band Unit	基带单元
BC	Broadcast Channel	广播信道
BDM	Bit Division Multiplexing	比特分割复用
B-DMC	Binary-input Discrete Memoryless Channel	二进制输入离散无记忆信道
BER	Bit Error Ratio	误比特率
BF	Bit Flipping	比特翻转
BLER	Block Error Ratio	误块率
BP	Belief Propagation	置信传播
BTS	Base Transceiver Station	基站收发信台
BS	Base Station	基站
CA	Carrier Aggregation	载波聚合
CAC	Call Admission Control	呼叫接纳控制
CAP-MIMO	Continuous Aperture Phase-Multiple Input Multiple Output	连续孔径相位多输入多输出
CAZAC	Constant Amplitude Zero Auto-Correlation	恒包络零自相关
CB	Circulating Block	循环块
CBAM	Correlation Based Analytical Models	基于相关性的分析信道模型
CBBU	Centralized BBU	集中式 BBU
CCFD	Co-time Co-frequency Full Duplex	同时同频全双工
C/M/D	Control/Management/Data	控制/管理/数据
CMOS	Complementary Metal-Oxide-Semiconductor	互补金属氧化物半导体
CNN	Convolutional Neural Network	卷积神经网络
CoMP	Coordination Multiple Point	协作多点
CP	Cyclic Prefix, Control Plane	循环前缀，控制面
CP-ABE	CipherText Policy Attribute Based Encryption	密文策略属性的加密
CPU	Central Processing Unit	中央处理单元

（续表）

缩略语	英文全称	中文全称
CR	Cognitive Radio	认知无线电
C-RAN	Cloud-Radio Access Network	云无线接入网
CRC	Cyclic Redundancy Check	循环冗余校验
CRE	Cell Range Expansion	小区范围扩展
CSI	Channel State Information	信道状态信息
CTI	Code-book Type Index	码本类型指示
CU	Control Plane and User Plane, Centralized Unit	控制面和用户面,集中处理单元
C-V2X	Cellular Vehicle to Everything	车辆到万物的蜂窝网
D2D	Device to Device	装置到装置
DA	Distributed Antenna	分布天线
DBBU	Distributed BBU	分布式 BBU
DC	Data Center	数据中心
DCP	Differ of Convex Programming theory	凸优化可微理论
DES	Data Encryption Standard	数据加密标准
DF	Decode-and-Forward	译码转发
DFE	Decision Feedback Equalization	判决反馈均衡
DFT	Discrete Fourier Transform	离散傅里叶变换
DLA	Discrete Lens Array	分立透镜阵列
DL/UL	Down Link/Up Link	下行链路/上行链路
DMRS	Demodulation Reference Signal	解调参考信号
DNS	Domain Name System	域名系统
DoS	Denial of Service	拒绝服务攻击
DPC	Dirty Paper Coding	脏纸编码
DPI	Deep Packet Inspection	深度数据分组检测
DS	Delay Spread	时延扩展
DS-CDMA	Direct Sequence – Code Division Multiple Access	直接序列扩频码分多址
DSFT	Discrete Symplectic Fourier Transform	离散辛傅里叶变换
DSL	Digital Subscriber Line	数字用户线
DSMIPv6	Dual Stack Mobile IPv6	双栈移动 IPv6 协议
DSP	Digital Signal Processing	数字信号处理,数字信号处理器

（续表）

缩略语	英文全称	中文全称
dTP	donor Transfer Point	施主传输点
DVB	Digital Video Broadcasting	数字视频广播
DWCS	Distributed Wireless Communications System	分布式无线通信系统
DWMT	Discrete Wavelet Multi-Tone	离散小波多频
E2E	End to End	端到端
EHOPPPA	Early Handover Preparation with Ping-Pong Avoidance	避免乒乓效应的提前切换准备
eICIC	Enhanced Inter-cell Interference Coordination	增强的小区间干扰协调
eIMTA	The further Enhancements to LTE TDD for DL-UL Interference Management and Traffic Adaptation	对 LTE TDD 的进一步增强，用于 DL-UL 干扰管理和业务自适应
eMBB	Enhanced Mobile Broadband	增强型移动宽带
eNB	Enhanced Node B	增强型基站
EPC	Evolved Packet Core	演进的分组核心
ePDG	Evolved Packet Data Gateway	演进的分组数据网关
E-SLNR	Enhanced Signal to Leakage and Noise Ratio	增强信噪漏比
eSON	enhanced Self-Organizing Network	增强自组织网络
E-UTRAN	Evolved UMTS Terrestrial Radio Access Network	演进的 UMTS 陆地无线接入网
EVM	Error Vector Magnitude	误差矢量幅度
FBMC	Filter Bank Multi-Carrier	滤波器组多载波
FCC	Federal Communications Commission	联邦通信委员会（美国）
FDD	Frequency Division Duplexing	频分双工
FDE	Frequency Domain Equalization	频域均衡
FFT-FBMC	Fast Fourier Transform-Filter Bank Multi-Carrier	快速傅里叶变换-滤波器组多载波
FMT	Filtered Multi-Tone	滤波多音
FN	Function Node	函数节点
F-OFDM	Filtered Orthogonal Frequency Division Multiplexing	滤波正交频分复用
FQAM	Frequency and Quadrature -Amplitude Modulation	频率正交幅度调制
FSK	Frequency Shift Keying	频移键控
FSPA	Full Search Power Allocation	全搜索功率分配
FTN	Faster Than Nyquist	超奈奎斯特

（续表）

缩略语	英文全称	中文全称
FTPA	Fractional Transmit Power Allocation	部分传输功率分配
GC	Global Control	全局控制
GFDM	Generalized Frequency Division Multiplexing	广义频分复用
GFTN	General Faster Than Nyquist	广义超奈奎斯特
GMC	Generalized Multi-Carrier	广义多载波
GNV	Global Network View	全局网络视图
GSM	Global System for Mobile Communications	全球移动通信系统
GTP	GPRS Tunnelling Protocol	GPRS 隧道协议
HARQ	Hybrid Automatic Repeat reQuest	混合自动重传请求
HCAN	Hyper Cellular Architecture Network	超蜂窝架构网络
HHS	Home Subscriber Server	归属用户服务器
HO	Hand Over	切换
HPPP	Homogeneous Poisson Point Process	齐次泊松点过程
IA	Interference Alignment	干扰对齐
IaaS	Infrastructure as a Service	基础设施即服务
IAI	Inter-Antenna Interference	天线间干扰
IBDFE	Iterative Block Decision Feedback Equalization	迭代块判决反馈均衡
IC	Interference Cancellation	干扰删除
ICDT	Intelligence-Computation-Data-Telecommunications	智能、计算、数据和通信
ICI	Inter-Code Interference，Inter-Carrier Interference，Inter-channel Interference， Inter-Cell Interference	码间干扰，载波间干扰，信道间干扰，小区间干扰
ID	Identity Document	身份标识文件
IDD	Iterative Detection and Decoding	迭代检测解码
IDFT	Inverse Discrete Fourier Transform	离散傅里叶逆变换
IFFT	Inverse Fast Fourier Transform	快速傅里叶逆变换
IIP	Intermodulation Intercept Point	交调截取点
IM	Index Modulation	指数调制
IoT	The Internet of Things	物联网
IP	Internet Protocol	互联网协议
IPSec	Internet Protocol Security	互联网安全协议
IPv6	Internet Protocol Version 6	互联网协议第 6 版

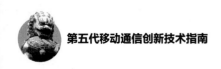

（续表）

缩略语	英文全称	中文全称
ISFFT	Inverse Symplectic Finite Fourier Transform	逆辛有限傅里叶变换
ISIM-OFDMA	Interleaved Subcarrier Index Modulation-Orthogonal Frequency Division Multiple Access	交织子载波索引调制的正交频分复用多址
IT	Information Technology	信息技术
ITU	International Telecommunication Union	国际电信联盟
KKT	Karush-Kuhn-Tucker Conditions	卡拉什库恩塔克条件
*K*NN	*K*-Nearest Neighbor	*K* 最邻近分类算法
KPI	Key Performance Index	关键性能指标
LC-IBDFE	Low Complexity-Iterative Block Decision Feedback Equalization	低复杂度迭代块判决反馈均衡
LDPC	Low Density Parity Check Code	低密度奇偶校验码
LDS	Low Density Signature	低密度签名
LLR	Log-Likelihood Ratio	对数似然比
LMS	Least Mean Squares	最小均方
LO	Local Oscillator	本地振荡器
LOS	Line of Sight	视距
LS	Least Square	最小二乘
LSE	Least Squares Estimator	最小二乘估计器
LSP	Large Scale Parameter	大尺度参数
LTE	Long Term Evolution	长期演进
LTE-A	Long Term Evolution-Advanced	长期演进技术升级
LWA	LTE-WLAN Aggregation	LTE-WLAN 聚合
LWIP	LTE WLAN Radio Level Integration with IPsec Tunnel	LTE 和 WLAN 通过 IPSec Tunnel 的射频级别聚合
M2M	Machine to Machine	机器到机器
MAC	Multiple Access Channel，Media Access Control	多址接入信道，媒体访问控制
MAP	Maximum A Posteriori	最大后验估计
MCM	Multi-Carrier Modulation	多载波调制
MCS	Modulation and Coding Scheme	调制与编码策略
MEC	Mobile Edge Computing	移动边缘计算
MIMO	Multiple Input Multiple Output	多输入多输出
MISO	Multiple Input Single Output	多输入单输出

（续表）

缩略语	英文全称	中文全称
MITM	Man-in-the-Middle Attack	中间人攻击
ML	Maximum Likelihood，Machine Learning	最大似然，机器学习
MLS	Maximum Length Sequence	最大长度序列
MLSD	Maximum Likelihood Symbol Detection	最大似然符号检测
MME	Mobility Management Entity	移动性管理实体
MMSE	Minimum Mean Squared Error	最小均方误差
mMTC	Massive Machine Type Communications	大规模机器通信
MPA	Message Passing Algorithm	消息传递算法
MQAM	Multiple Quadrature Amplitude Modulation	多进制正交幅度调制
MRM	Multi-RAT Management	多无线网接入管理
MRT	Maximum Ratio Transmission	最大比率传输
MSA	Multiple Stream Aggregation	多流聚合
MSE	Mean Square Error	均方误差
MTP	Micro Transfer Point	宏传输点
MU-BICM-ID	Multiple User-Bit Interleaved Coded Modulation-Iterative Decoding	迭代多用户译码的比特交织编码调制
MUD	Multi-User Detection	多用户检测
MU-MIMO	Multiple User-Multiple Input Multiple Output	多用户多输入多输出
MUSA	Multi-User Shared Access	多用户共享接入
MWC	Mobile World Congress	世界移动通信大会
NF	Network Function	网络功能
NFV	Network Functions Virtualization	网络功能虚拟化
NGFI	Next Generation Fronthual Interface	下一代前传接口
NLMS	Normalized Least Mean Squares	归一化最小均方
NLOS	None Line of Sight	非视距
NOMA	Non-Orthogonal Multiple Access	非正交多址
NOS	Not Only Stack	非栈式协议框架
NOS-RAN	NOS based Radio Access Network	基于 NOS 的无线接入网络
NP	Non-deterministic Polynomial Complete	多项式复杂程度的非确定性问题
NSA	Non-Stand Alone	非独立组网
NSF	National Science Foundation	国家科学基金会（美国）

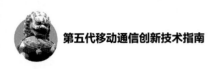
（续表）

缩略语	英文全称	中文全称
OAM	Operation Administration and Maintenance	操作管理维护
OFDM	Orthogonal Frequency Division Multiplexing	正交频分复用
OMA	Orthogonal Multiple Access	正交多址
OOB	Out of Band	带外
OQAM-OFDM	Offset Quadrature Amplitude Modulation Based Orthogonal Frequency Division Multiplexing	基于交错正交幅度调制的正交频分复用
OSI	Open System Interconnection	开放式系统互联
OTFS	Orthogonal Time Frequency Space	正交时频空调制
PaaS	Platform as a Service	平台即服务
PAM	Pulse Amplitude Modulation	脉冲幅度调制
PAPR	Peak-to-Average Power Ratio	峰均功率比
PCF	Policy Control Function	策略控制功能
PDCP	Packet Data Convergence Protocol	分组数据汇聚协议
PDFE	Part Decision Feedback Equalization	部分判决反馈均衡
PDMA	Pattern Division Multiple Access	图样分割多址
PDN	Packet Data Network	分组数据网络
PD-NOMA	Power Domain Non-Orthogonal Multiple Access	功率域非正交多址
PDP	Power Delay Profile	功率延迟剖面
PEP	Pairwise Error Probability	成对差错概率
PF	Proportional Fairness	比例公平
PGW	PDN GateWay	PDN 网关
PHY	Physical layer	物理层
PMI	Precoding Matrix Index	预编码矩阵指示
PN	Pseudo Noise	伪噪声
PNLMS	Proportionate Normalized Least Mean Squares	均衡的归一化最小均方
PRB	Physical Resource Block	物理资源块
PSD	Power Spectral Density	功率频谱密度
PSK	Phase Shift Keying	相移键控
PSS	Primary Synchronization Signal	主同步信号
PU	Primary User	主用户
QAM	Quadrature Amplitude Modulation	正交幅度调制

（续表）

缩略语	英文全称	中文全称
QoE	Quality of Experience	体验质量
QoS	Quality of Service	服务质量
RAN	Radio Access Network	无线接入网
RAT	Radio Access Technology	无线接入技术
RAU	Remote Antenna Unit, Remote Access Unit	远程天线单元，远程接入单元
RB	Resource Block	资源块
RE	Resource Entity	资源实体
RF	Radio Frequency	射频
RLC	Radio Link Control	无线链路控制
RIePDMA	Random Interleaver enhanced PDMA	随机交织器增强的 PDMA 系统
RMS	Root Mean Square	均方根
RNC	Radio Network Controller	无线网络控制器
RRC	Radio Resource Control	无线资源控制
RRH	Remote Radio Head	射频拉远头
RRM	Radio Resource Management	无线资源管理
RRU	Remote Radio Unit	射频拉远单元
RSA	Ron Rivest，Adi Shamir，and Leonard Adleman	RSA 加密算法
RSMA	Resource Spread Multiple Access	资源扩展多址
RSPG	Radio Spectrum Policy Group	无线频谱政策组（欧盟）
RSRP	Reference Signal Receiving Power	参考信号接收功率
RSS	Received Signal Strength	接收信号强度
rTP	relay Transfer Point	中继传输点
SA	Stand Alone	独立组网
SBA	Service Based Architecture，Software Based Architecture	基于服务的网络架构，基于软件的网络架构
sBL	self-Backhaul Link	自回传链路
SC	Successive Cancellation	连续消除
SC-FDMA	Single Carrier-Frequency Division Multiple Access	单载波频分多址
SCL	Successive Cancellation List	串行抵消列表
SCMA	Sparse Code Multiple Access	稀疏码分多址

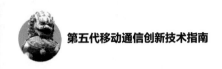

（续表）

缩略语	英文全称	中文全称
SDAI	Software Defined Air Interface	软件定义空口
SDN	Software Defined Network	软件定义网络
SDR	Software Defined Radio	软件无线电
SE	Spectral Efficiency	频谱效率
SeGW	Security GateWay	安全网关
SER	Symbol Error Ratio	误符号率
SF	Shadow Fading	阴影衰落因子
SFFT	Symplectic Finite Fourier Transform	辛有限傅里叶变换
SGW	Serving GateWay	服务网关
SIC	Serial Interference Cancellation	串行干扰消除
SIM	Subscriber Identity Module	用户身份识别模块
SIMO	Single Input Multiple Output	单输入多输出
SINR	Signal to Interference plus Noise Ratio	信干噪比
SISO	Single Input Single Output	单输入单输出
SLA	Service Level Agreement	服务等级协议
SM	Spatial Modulation	空间调制
SNR	Signal to Noise Ratio	信噪比
SoC	System on Chip	片上系统
SP	Service Provider	服务提供商
SPA	Sum-Product Algorithm	和积算法
SRRC	Square Root Raised Cosine	平方根升余弦
SRS	Sounding Reference Signal	探测参考信号
SSD	Single Stage Decoding	单级译码
SSS	Secondary Synchronization Signal	辅同步信号
STC	Space Time Coding	空时编码
STP	Small Transfer Point	小型传输点
SU	Secondary User	次用户
SU-MIMO	Single User-Multiple Input Multiple Output	单用户多输入多输出
SVD	Singular Value Decomposition	奇异值分解
SVM	Support Vector Machine	支持向量机
SWIPT	Simultaneous Wireless Information and Power Transfer	无线携能通信

（续表）

缩略语	英文全称	中文全称
TDD	Time Division Duplexing	时分双工
TEID	Tunnel Endpoint Identifier	隧道端点标识
THP	Tomlinson-Harashima Precoding	汤姆林森-哈拉希玛预编码
TLSP	Transformed Large Scale Parameter	转换大尺度参数
TO	Traffic Offloading	业务卸载
TP	Transfer Point	传输点
TSG	Technical Specification Group	技术规范组
TTI	Transmission Time Interval	传输时间间隔
TTM	Time To Marketing	产品上市周期
U/C/M	User/Control/Management	用户/控制/管理
UCN	User Centric Network	用户中心网络
UDM	Universal Data Management	统一数据管理
UDN	Ultra-Dense Network	超密集组网
UE	User Equipment	用户设备
UFMC	Universal Filtered Multi-Carrier	通用滤波多载波
UF-OFDM	Universal Filtered Orthogonal Frequency Division Multiplexing	通用滤波正交频分复用
UMTS	Universal Mobile Telecommunications System	通用移动通信系统
UP	User Plane	用户面
uRLLC	Ultra-Reliable and Low Latency Communications	高可靠低时延通信
USIM	Universal Subscriber Identity Module	全球用户身份识别模块
UTM	Unified Threat Management	统一威胁管理
V2V	Vehicle to Vehicle	车辆到车辆
V-BLAST	Vertical Bell Labs Layered Space-Time	垂直贝尔实验室分层空时
VM	Virtual Machine	虚拟机
VN	Variable Node	变量节点
V-OFDM	Vector-Orthogonal Frequency Division Multiplexing	矢量正交频分复用
VP	Vector Perturbation	矢量扰动
VR	Virtual Reality	虚拟现实
VSB	Vestigial Sideband	残留边带
WCE	Windowing Chase Equalization	加窗 Chase 均衡
Wi-Fi	Wireless Fidelity	无线保真

（续表）

缩略语	英文全称	中文全称
WIT	Wireless Information Transmission	无线信息传输
WLAN	Wireless Local Area Network	无线局域网
W-OFDM	Wideband-Orthogonal Frequency Division Multiplexing	宽带正交频分复用
WPT	Wireless Power Transfer	无线能量传输
WRC	World Radiocommunication Conference	世界无线电通信大会
WSR	Weight and Speed Ratio	权重和速率
WT	WLAN Termination	无线局域网终端
xDSL	x Digital Subscriber Line	x 数字用户线
xGW	x-Gateway	x 网关
ZF	Zero Force	迫零
ZP – OFDM	Zero Prefix-Orthogonal Frequency Division Multiplexing	零前缀正交频分复用
ZSA	Zenith Spread of Arrival Angles	垂直到达角度扩展
ZSD	Zenith Spread of Departure Angles	垂直离开角度扩展

名词索引

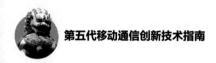